THE MASTER BUILDER

How the New Science of the Cell
Is Rewriting the Story of Life

细胞
地球生命的建筑师

（Alfonso Martinez Arias）

[西] 阿方索·马丁内斯·阿里亚斯 著

祝锦杰 译

中信出版集团 | 北京

图书在版编目（CIP）数据

细胞：地球生命的建筑师 /（西）阿方索·马丁内斯·阿里亚斯著；祝锦杰译. -- 北京：中信出版社，2024.7. -- ISBN 978-7-5217-6728-5

I. Q2-49

中国国家版本馆 CIP 数据核字第 2024C8B508 号

细胞：地球生命的建筑师

著者： 〔西〕阿方索·马丁内斯·阿里亚斯

译者： 祝锦杰

出版发行：中信出版集团股份有限公司

（北京市朝阳区东三环北路 27 号嘉铭中心 邮编 100020）

承印者： 三河市中晟雅豪印务有限公司

开本：787mm×1092mm 1/16 印张：24.25 字数：260 千字
版次：2024 年 7 月第 1 版 印次：2024 年 7 月第 1 次印刷
京权图字：01-2024-2325 书号：ISBN 978-7-5217-6728-5
定价：79.00 元

献给我的父母，感谢他们让我学会相信

目录

CONTENTS

第三部分
细胞与我们

推荐序

我是一名细胞生物学家。

细胞生物学是一门让人着迷的学科，它探究的是生命最基本的结构和功能单位——细胞。每一个细胞都是一个精密的小宇宙，蕴含了生命的全部奥秘。它们在我们体内执行着各种复杂而精妙的任务，从产生能量到信号传导，再到细胞增殖和死亡。细胞通过其内部机制和外部信号的协同作用，构建了生物体复杂的结构和功能。

我的研究领域是细胞的应激反应和稳态调控，主要关注细胞如何感知和应对线粒体（细胞中最重要的能量来源）的损伤和营养物质的匮乏。通过这些研究，我深刻体会到细胞在面对环境变化时的智慧和灵活性。细胞能够感知外界对线粒体的威胁，并启动一系列保护和修复机制，确保它们能够继续正常工作。同时，细胞通过mTOR信号通路敏锐地感知营养物质的变化，调整它们的代谢和生长。这种精细的调控机制不仅展示了细胞的适应能力，还揭示了生命在演化过程中如何优化自身以应对外界环境的变化。

在阅读《细胞：地球生命的建筑师》时，我深深感受到作者对细胞生物学的研究热情。他通过生动的叙述和翔实的研究实例，将细胞这一微观世界展现在读者面前。书中的每一个章节都仿佛是一段探索生命奥秘的旅程，带领我们从细胞的起源到其在生物体内的复杂功能，再到细胞在疾病中的角色，逐步揭示了细胞的伟大与奇妙。

这本书不仅激发了我的共鸣，更让我从多个角度重新审视了自己的研究领域和生物学的核心本质。

尤其令我印象深刻的是，作者对细胞与基因之间关系的深刻探讨。在我们的研究和教学中，基因常常被视为生命的指挥者，但实际上，正如书中所述，细胞不仅仅是基因的执行者，更是生命真正的建筑师。细胞通过对基因表达的调控，决定了生物体的形态和功能。这一观点不仅挑战了传统的基因中心论，也为细胞生物学研究提供了新的视角和思路。

书中关于细胞在胚胎发育中的角色的描述，使我对细胞分化和组织形成的复杂过程有了更深的理解。细胞在发育过程中，通过精确的信号传导和位置感知，逐步形成了复杂的组织和器官。这个过程不仅依赖于基因的指导，更需要细胞之间的高度协作和互动。这种协同工作的能力，使得细胞不仅仅是生物体的基本单位，更是生命体系中不可或缺的建筑师。

此外，书中对细胞在疾病中的角色的探讨，也使得读者能够认识到细胞功能的异常是许多疾病的根源。从癌症到神经退行性疾病，细胞的异常行为都是这些疾病的重要原因。通过深入研究细胞的功能和调控机制，我们不仅可以揭示疾病的本质，还可以开发出新的治疗方法，这对于医学的发展具有重要的意义。

对细胞的研究不仅能够帮助我们理解生命的基本原理，还为解决许多实际问题提供了理论基础和技术手段。未来，随着科技的进步，我们将能够更加深入地探索细胞的奥秘，为人类健康和福祉作出更大的贡献。书中的许多实例和研究成果也恰恰展示了细胞生物学在解决现代医学难题方面的巨大潜力。例如，干细胞研究和再生医学的发展为治疗许多疑难杂症带来了新的希望。通过对细胞分化和再生机制的深入理解，我们有望开发出更加有效的治疗方法，甚至可能在实验室中培养出替代受损器官的功能性组织。此外，针对细胞信号通路的研究，也为我们提供了新的药物靶点和治疗策略，从而提高了疾病治疗的精确性和有效性。

《细胞：地球生命的建筑师》是一部内容丰富、条理清晰的科学普及著作。这本书不仅是对细胞生物学知识的一次系统梳理，更是对我们关于生命的认知的一次深刻启迪。无论读者是正在从事生命科学研究的专业人士，还是对生物学怀有浓厚兴趣的非专业人士，这本书都是不可多得的佳作。希望这本书能让更多的人关注并理解细胞生物学的魅力和重要性，从而推动这一领域的研究与发展，加深我们对生命奥秘的理解。

刘颖

北京大学未来技术学院教授、副院长

序

我的肺腑是你所造的。我在母腹中，你已覆庇我。

我要称谢你，因我受造奇妙可畏。

——《旧约全书·诗篇》139：13–14

地球上所有的动物和植物都有一种无以言表的美感：参天的橡树，精致的蝴蝶，优雅的瞪羚，气势磅礴的鲸，当然还有我们人类这种集万千优点与缺点于一身的生物。这些无比美丽的生命究竟从何而来？为了回答这个问题，人类的历史上诞生了数不清的故事。比如，玛雅人认为生命起源于玉米，其他文明则用各种各样的"生命之卵"作为解释。在很多文化中，世间的生物都出自一位法力无边的神或仙之手。这些文化认为生命本是一种类似黏土的材料，创世者靠自己的神力和想象力把黏土捏成不同的形状，再注入灵气，土偶便活了过来。生命诞生之后迅速繁殖，地球很快就变得生机勃勃。话虽如此，但谁也说不清这个过程的细节。

在过去的一个世纪里，我们发现了一种从唯物视角解释生命起源的方式，这个理论不需要借助神力，它的基础是一种能把数亿年间出现的所有生物联系起来的物质：脱氧核糖核酸（DNA）。用美国国家人类基因组研究所的话说，"基因组（或者说DNA）是一份操作指南，它包含了你从一个单细胞发育成今天的样子所需的全部指令"。虽然基因与我们的样子及我们如何变成这样有毋庸置疑的关联，但要准确回答它们在这个过程中究竟扮演了怎样的角色十分有难度。

只要对基因的工作方式和它们的能力上限有较为深入的了解，再将这些事实与人们声称它们所具有的功能进行比较，你就会发现断言基因组就是人类或任何生命的"操作指南"，这种说法有多么可疑。在围绕生物体如何形成的讨论中，我们忽略了（或者更确切地说是忘记了）另一种力量：我们的细胞。本书的内容正是介绍这种力量的源头和它的威力。

将你我塑造成不同人类个体的并不是独特的DNA，而是细胞及其活动的独特组织方式。52岁的卡伦·基根急需更换一颗肾脏，她的故事就是一个很好的例子。

通过咨询医生，卡伦得知自己必须寻找遗传背景与她尽可能相似的肾脏捐献者，以降低免疫系统将外来的肾脏视为异物并发生排斥的可能性。医生告诉卡伦，她很幸运：作为三个成年儿子的母亲，她极有可能在自己的直系血亲里找到配型合适的肾脏。根据遗传学定律，她与每个孩子都有大约一半的DNA是相同的，这意味着他们都是理想的器官捐献者。接下去要做的工作仅仅是给母子四人验血，分析每个儿子具体遗传了卡伦的哪些DNA，并据此确定最佳捐献人选。可是，当实验室出具检验结果时，卡伦得知了一个令她震惊的消息：医生说，三个儿子中有两个不可能是她亲生的，原因是他们的DNA与她不够相似。卡伦提出异议，她认为肯定是实验室把检验结果弄错了。她经历过妊娠和分娩，三个儿子都是自己生的，就连他们在她子宫内生长（和蹬腿！）的感觉她都记得清清楚楚。

医院的专家琳恩·尤尔与卡伦熟识，所以她知道三个儿子都是卡伦亲生的。如果是抱错了，抱错一个孩子还好说，但两个儿子都抱错的概率几乎为零。同样，实验室把三份血液样本都弄错的可能性几乎不存在。凭借直觉，尤尔决定用卡伦的血液样本对比卡伦其他部位的组织。检验结果解开了谜团：卡伦身上的细胞含有不止一套DNA（或者说基因组），她有两套。

53年前，在卡伦的母亲怀孕之初，有两个卵子分别完成了受精，并独立地发育成细胞团，每团细胞都有属于自己的一套DNA。卵子受精后迅速发生分裂增殖，直到某个时刻，两团细胞融合为一团。这两个同时受精的卵子最终没有发育成双胞胎，而是发育成了卡伦，原本属于两个独立细胞团的细胞随机分布于卡伦全身。虽然卡伦身上绝大多数的细胞都来自同一个细胞团，但就是这么巧，她的两个儿子是源于另一个细胞团的后代。

拥有不止一套完整基因组的人被称为"chimera"（嵌合体），也就是希腊神话中的"奇美拉"（传说这是一种口能喷火的怪兽，形似狮子，背上长着山羊头，尾巴是一条蛇。所以，奇美拉的意思是多种生物拼接而成的怪物）。同卡伦一样的天然嵌合体其实很多。世界上第一例关于人类嵌合体的报道发表在1953年，也就是DNA的双螺旋结构被发现的那一年。今天，按照某些科学家的估计，约有15%的人是嵌合体。有的嵌合体仅仅是因为不同的血细胞在发育过程中混合在一起，也有的同卡伦的情况一样，是因为两个受精卵在发育时合二为一，导致全身各个部位都有两种不同的细胞。

从詹姆斯·沃森和弗朗西斯·克里克于1953年揭示DNA双螺旋结构的那一天起，我们就开始对基因顶礼膜拜。从眼睛的颜色到某种疾病的易感性，我们认为自身的一切都是由DNA决定的。在某些人心目中，DNA甚至还决定了一个人的智力水平或性格："这都是刻在基因里的"，家长会如此评价孩子。我们用拭子从口腔里刮下一些细胞，通过检测DNA来认识"自己是谁"，仿佛只要知道从哪一位先辈身上遗传到了什么样的基因，就能知道关于自己的一切。DNA在身份认同中扮演了无比重要的角色，以至于我们会在社交场合拿它来打比方："团结写在我们的DNA里"，公司的CEO（首席执行官）或球队的教练经常会这样说。然而，DNA不能决定我们是什么样的人，嵌合体恰恰是大自然向我们展示这一点的方式之一——卡伦无法被一套DNA序列定义，因为她有两套。

人类基因组序列的公布开创了一个全新时代，自那以后，DNA与我们的密切联系日益凸显。人们认为绝大多数非传染性疾病都有一定的遗传学基础，比如囊性纤维化、血友病或者镰状细胞贫血，科学家几乎总能通过DNA检测找到治疗这些疾病的手段。秉承这种理念的新技术层出不穷，比如近年来风头正劲的CRISPR（"Clustered Regularly Interspaced Short Palindromic Repeats"的首字母缩写，意思是"成簇规律间隔短回文重复"），被称为"基因剪刀"，能让我们随心所欲地编辑DNA。这种技术在未来医疗中的潜力不可限量。举个例子，科学家已经成功利用CRISPR对β球蛋白的基因进行了编辑，修复了该基因内的一个单核苷酸突变，从而使镰状细胞贫血患者恢复了健康。其他临床试验也在筹备当中。

但即便是在这些情景中，前面所说的理念也有问题。一个基因突变与一种功能障碍之间的关系，往往不像我们在镰状细胞贫血中看到的那么简单直白。乳腺癌相关基因1号（*BRCA1*）或乳腺癌相关基因2号（*BRCA2*）突变造成的结果是，人体可能更难以合成某种所需的特定功能蛋白，导致机体不能有效清除乳腺组织中的癌变细胞，但这并不意味着一定会得乳腺癌。从基因突变和细胞功能障碍入手研究二者的对应关系，这或许有助于我们认识某个基因在出错或缺失的情况下会造成怎样的后果，但很多人不知道的是，这种研究方法往往不能告诉我们细胞本来会如何利用正常的基因构建正常的组织和器官。事实上，超过60%的新生儿缺陷都没有明确的关联基因。许多慢性疾病的致病因素也不是遗传倾向，而是细胞对环境做出的反应。乳腺癌的情况就是这样，在确诊的患者中，*BRCA1*或*BRCA2*发生突变的情况仅占3%。

当然，基因的确携带着决定我们是谁的信息。同卵双胞胎是最经典的例子，两个人在出生时拥有完全相同的DNA，所以他（她）们的长相惊人地相似。与此同时，在一个屋檐下朝夕相处的同卵双胞胎依旧会养成不同的性格、患上不同的疾病，就连身体特征也有可能不同。因此，问题不在于DNA是否与我们的长相和行为有关系，而在于DNA究竟与它们有怎样的关系。

我们对一种以基因为中心的生命观居然如此笃信，这本身就是一件很奇怪的事。早在一个世纪以前，我们就已经对细胞的功能有了认识，经年累月的研究更是让我们对细胞的内部结构及相互之间的组织协作方式了解得细致入微。其中一些被认为是机体不可或缺的功能实体，比如由种类繁多的细胞构成的免疫系统，它的功能是对抗感染和疗愈伤口；神经元则负责处理信息，产生并控制我们的运动和思维。最新的技术成果让我们可以深入分析细胞的组成和活动，相关的研究结果让我们看到，细胞其实是一种能够创造和打破时空界限的动态实体。我们不仅录下了它们互动的影片，而且观察到它们是如何通过协作来构建和维护生物体的。我们得知人体总是处于变化状态，因为构成人体的细胞本身不断在变化。当我们从细胞的角度看待生命时，眼前浮现的是一支令人惊叹的时空舞蹈。

我一直致力于研究细胞如何构建动物（从果蝇到小鼠再到人类）的器官和组织。我所受的科研训练是成为一名遗传学家，职业生涯的大多数时间，我都是剑桥大学遗传学系教授，基于基因科学探索生物学领域的大问题。但是，眼看着人们把许多莫须有的罪名归咎于基因，我心里越来越不是滋味。遗传学为我们认识动植物的发育现象提供了重要的窗口，我们却不知节制地用基因来解释一切。

原因很简单。到目前为止，寻找基因突变和功能障碍之间的关联向来是一种成果颇丰的研究方法，遗传学在这方面取得的成功导致我们掉进了把相关性当成因果性的陷阱。我们把研究手段当作解释，把研究生命的工具当作生命的建筑师和施工队。这就好比，如果我们移走承重墙上的几块砖头，随后房子轰然倒塌，想必谁都不会认为砖头是这栋房子的设计图或建筑师。那么，凭什么从基因组里移除一个基因，然后看到生物体停止发育或出现功能障碍，我们就认为基因是生命的设计图或建筑师呢？套用法国著名数学家亨利·庞加莱的句式：砖头再多也不是房子，基因再多也不是细胞。[①]

　　许多人会说，没有什么东西能挑战基因在生物发育和演化研究中的核心地位。毕竟，无一例外，所有细胞都是基因组里的基因活动和互动的产物。这种说法确实有几分道理，但事实上，细胞拥有一些令DNA望尘莫及的本事。DNA无法命令你体内的细胞向左或向右移动，也不能决定你胸腔里的心脏和紧邻胸腔的肝脏呈对侧分布；它无从测量你的臂长，也无法指示双眼对称地分布在你的脸上。之所以这么说，是因为通常情况下生物体内每个细胞的DNA都完全相同，不仅如此，DNA的结构也千篇一律。我们会在后文中看到，细胞能发号施令、测量长度，而且它的本事远不止这些。在像卡伦·基根这样的嵌合体体内，两种细胞搁置了基因组的差异，通过合作形成了一个完整的机体。为了完成自己的任务，细胞熟练地掌握了"使用"基因的方式，它们知道应该在何时打开或者说"表达"某个特定的基因，才能在恰当的时间将这个基因的产物部署到正确的位置。生物体是细胞活动的产物，而基因仅为细胞提供了必要的原材料。

　　我在本书中分享的生物学观点曾常年萦绕在我的脑海中，后来，随着我的实验室开展了各种各样的研究，在我看来这些观点（连同其他一些新的观点）变得越发显而易见。在这些研究中，细胞无不展现出其令人惊异的本领。我们的实验始于试图弄清为什么细胞在体外培养条件下的表现与其在胚胎中不一样。我们发现，当把胚胎

———————————

① 庞加莱的原话是：科学是由事实筑成的，正如房子是由砖头砌成的；但事实的堆砌不是科学，正如砖头再多也不是房子。——译者注

干细胞（一种可以分化成任何器官或组织的细胞）这种特殊的小鼠细胞放进培养皿里并任其生长时，只要条件得当，这种细胞就会慢慢变成不同类型的细胞；这些不同类型的细胞的确是构成胚胎所需的，但它们各自为政，缺少有序的组织。同样是这些细胞，同样是这些基因，如果把胚胎干细胞放进一个处于发育早期阶段的胚胎里，它们就可以成为胚胎的一部分，尽心尽力地为胚胎的发育添砖加瓦。可细胞还是这些细胞，基因也还是这些基因。因此，肯定有某种除基因以外的东西在胚胎的形成中发挥作用。为了证明这一点，我们摸索出恰当的实验条件，使实验室培养的细胞模拟了许多原本只有在胚胎首次构建机体时才会发生的过程。这种利用细胞构建类组织、类器官甚至类胚胎结构的技术代表了生物工程学的一个新领域，我们可以由此看到细胞如何利用它们的工具以及需要遵循怎样的规则，才最终构建出完整的生物体。

我从这项研究里发现，基因和细胞之间存在某种能促进创造的张力，研究这种张力正是生物学的核心所在。细胞不仅会增殖、调控、沟通、运动和探索，还会计数、感受力与几何形状、创建形态，甚至会学习。你从来都不只是一个或一堆基因，你存在的源头完全可以追溯到母亲腹中的第一个细胞。一旦人体的第一个细胞形成，它就会开始做一些没有写在DNA里的事。凭借增殖，它创造出属于自己的空间，使后续出现的新细胞获得各自的身份并承担各自的角色，帮助它们交换信息，让它们根据各自的相对位置构建组织、雕琢器官，最终形成完整的人体——你。

接下来的内容将向你介绍细胞，包括细胞的起源、细胞与基因之间及细胞彼此之间的关系，还有它们如何构建胚胎这个"个性大熔炉"。我的叙述将分为三幕。第一幕，简要回顾基因是什么，以及我们为何会把它们视为命运的预言家；随后，我将介绍细胞并探讨它们与基因之间的关系。我们会看到，细胞总能在生命发展到某个特定阶段时，获得利用基因进行协作和交流的永久性能力，这种能力是动植物得以诞生的基础。目前主流的生物学采用众所周知的"自私的基因"视角，我将对这种观念提出挑战，并提出如何从细胞的角度重新看待我们的世界。第二幕，我们将深入探讨细胞与基因之间的关系，认识细胞在构建胚胎时所用的语言和技术，其中有的非常隐秘，就像我们人类胚胎所用的那样。在这一部分的章节里，我们不仅会看到细胞在胚胎形成过程中发挥的作用，还会了解到我们在母亲腹中的隐秘起源。在结尾处，我会介绍一项惊人的新发现，它表明你拥有的基因组其实不止一套，而是有很多套，以至于你有多少个细胞就有多少套基因组，甚至更多——这个发现彻底推翻了我们与单一基因组之间存在牢固关联的说法。你将在第三幕中了解到，从细胞的角度看，每一年的我们都是不同的人。我会向你介绍干细胞，分享这些负责修复身体的神奇细胞的最新应用进展，以及针对它们的研究蕴藏着多么巨大的潜力，有朝一日，我们或许可以通过驾驭这些细胞，在实验室里重构器官、组织和胚胎。从细胞的角度看待生命，让我们对人类的身份和本质产生了疑问，这是我们必须关注和解决的问题。因为我们正在向这样的未来迈进：通过操纵细胞，我们能做的将不仅仅是量产特定的结构，用于修复身体；让很多人意想不到的是，我们或许可以直接制造完整的个体，等到时机成熟，我们甚至能创造出类似人类的生物。

本书讲述的故事远非全面和完善。我的本意并不是为读者提供细胞生物学的速成课程，抑或关于细胞如何构建生物体的学术解释；我的目的是针对眼下那些与身份认同、健康和疾病有关的争论，把细胞推到台前，彰显它们在生命相关的这些方面扮演的关键角色。因此，为了实现这个目标，我的解释将尽可能简洁，举的例子也会带有选择性，感兴趣的读者可以根据本书末尾列出的推荐材料，做拓展阅读。

我必须就本书的一个特点诚挚地道歉：我的故事几乎只关注动物，而没有关注植物。部分原因在于我的专业，因为我是一名研究动物发育的发育生物学家，我的兴趣是研究人类的诞生及身份。作为人类同胞，亲爱的读者，我相信你一定能够体会这份心情。除此之外，在新冠病毒肆虐全球的背景下，重点关注动物细胞也显得格外合乎时宜。当我在巴塞罗那写下这些话时，新冠病毒对世界的威胁似乎已经显现出减弱的迹象，不过人类胜利的希望不在针对病毒颗粒的生物学研究——病毒颗粒不过是蛋白质衣壳加一段RNA（核糖核酸）——而在针对我们自身细胞的生物学研究。上百万死于新冠病毒感染的患者都是被细胞的过度反应杀死的，而这种细胞反应的本意是保护我们免于感染。疫苗的工作原理是将适量的病毒暴露给免疫细胞，使其形成关于病毒的"记忆"，以便在同样的RNA序列进入你的身体时，立即发动免疫细胞将其摧毁，从而阻止病毒试图让感染的细胞倒戈、对宿主发动攻击的行为。因为有新技术的光环傍身，全世界的媒体都在对RNA疫苗的效力大书特书，但我们不应该忘记，真正要感谢的其实是自身的细胞。

在对细胞如何利用基因有了更全面的认识之后，将这种认识应用于治疗包括新冠病毒感染在内的众多疾病可谓势在必行。这会改变所有人（无论是不是科学家）讨论与看待生命的方式。DNA、基因和CRISPR已然成为我们日常用语的一部分，而在接下来的几年里，细胞、胚胎和发育应该也会变成我们的常用词汇，因为它们与我们来自何处、我们是谁及我们将变成什么样息息相关。

我的初衷是分享自己通过多年动物发育研究积攒的对自然界的看法。但在写作本书的过程中，我意识到胚胎发育的方式对完全用基因定义生老病死的主流观念提出了挑战。根据我在自己实验室中的所见所闻，再结合几十年来的基因和细胞实验，我认为细胞不只是构成组织和器官的结构单位，它们也是生命的建筑师和工程师，这一点毋庸置疑。在我们能将这一层现实融入对生命的认识之前，任何围绕人与健康的讨论都无异于镜花水月。

1

第一部分

细胞与基因

区区一个受精卵便携带了一个物种生长发育所需的全部遗传信息，而且它只用数天或数周就能变成软体动物或人类，这是自然界最伟大的奇迹之一。为了解释与此有关的各种问题，我们必须从一开始就坚定地相信一个事实：促使生殖细胞形成个体的能量并不是由外界赋予的，而是来自它本身固有的某种内在组织性，这种特性由受精卵承载，通过细胞分裂代代相传，并一直保持不变。至于这种组织性的本质具体是什么，我们并不清楚。

　　　　　　　　　　　　　——埃德蒙·比彻·威尔逊，《发育和遗传中的细胞》

　　一想到基因组与细胞的涌现行为之间可以没有关联，二者在生物体中也不必相互匹配，我就会有一种莫名其妙的如释重负之感。

　　　　　　　　　　　　　——帕维尔·托曼恰克[①]在推特上回复其他用户的留言

[①]　帕维尔·托曼恰克（Pavel Tomancak）：马克斯·普朗克分子细胞生物学和遗传学研究所领军科学家，著名演化和发育生物学家。——编者注

第 1 章

不在基因之中

在进行入境检查时，世界上许多国家的机场都会要求你把食指放在一个带玻璃板和闪光灯的小盒子上，它是一种"读取"指纹的扫描仪。之所以要使用这种设备，是因为相比用护照上的照片比对长相，检测指纹能更可靠地确定你的身份。拍完证件照，你可能会换发型，可能发胖或变瘦，嘴角渐渐长出法令纹，额头上多了几道抬头纹。哪怕这些变化都没有发生，至少你的面相也会随时间推移而变老。唉，谁没有老去的那一天呢？除此之外，我们还可以通过化妆模仿他人的长相，骗过人类和计算机。相比之下，你手指上的纹路则没那么容易改变。从你出生的那天起，它们就不曾改变——事实上，应该说它们在你还没出生的时候便已经定型了。而且，每个人的指纹都不相同。

正因为每个人的指纹都不一样，你可能会认为指纹这种性状应当是由某个基因决定的，或者没准儿跟两三个基因有关。毕竟我们会反复听到这样的话：DNA定义了我们，基因是什么样，我们就是什么样。然而，基因和指纹之间的关系并没有那么直接和紧密，即使是DNA相似性达到100%的同卵双胞胎，他（她）们的指纹也完全不同。不要说是双胞胎，哪怕是同一个人，十个手指头的指纹也各不相同。这就是为什么你明明可以用某根手指解锁手机，用另一只手上对应的手指却不行。

尽管相关的遗传学研究已经发现了数百个似乎与指纹有关的基因，但其中每一个都只起到了很小的作用，即使把这数百个基因的效应加在一起，它们对指纹的影响也没多大。[1]对于指尖上的纹路应该长成什么样，基因没有起到主导性作用，它在这个过程中只是个小配角。指纹的设计图并非印刻在我们的基因里。

眼睛和头发的颜色、鼻子的形状和大小，或者手指的长度，我们以为很多类似的性状都与父母遗传给我们的基因有关，但实际上，遗传对这些特征产生的影响并非我们认为的那样。眼睛的底色（棕色、蓝色、灰色或绿色）的确遗传自父母，但如果你仔细看看自己的虹膜，就会发现它的纹理十分复杂精巧。虽然双眼的基因完全相同，每只眼睛的虹膜卷缩轮、隐窝和沟纹却不完全一样。与指纹的情况类似，我们无法单凭基因预测虹膜实际的模样。

最常被用于确定个人身份的生物学特征却没有印刻在我们的DNA里，这着实出人意料。因为不管是指纹还是虹膜，都不是由基因决定的，它们依仗的其实是细胞。如果你用放大镜仔细观察自己的指纹，就会看到指尖精巧的纹理位于一层柔软的指垫之上，而你看不见的是，这些纹理由成千上万个细胞堆叠而成。当你还在母亲的子宫里时，正是这些细胞利用基因提供的工具和原料，在你的指尖上形成了指纹。

那么，今天的我们为什么会相信自己的存在和身份都是由基因决定的呢？为了回答这个问题，我们首先要弄明白，在解释"人类从何而来"的核心叙事中，基因是如何一步一步成为故事主角的。我们将从头开始回顾，重新审视基因是什么、如何工作，为什么我们经常把它们视为一种简便的工具和说法，用于解释自己是什么样的人，以及自己为何成为这样的人。这个故事涉及核酸、蛋白质和变异，你将看到极富创新精神的科学家及其远见卓识。了解这些与人类的存在息息相关的细节，对我们认识细胞在其中所起的作用至关重要。

遗传的规则

在漫长的岁月中，人们认识到自己身上的某些关键特征可以遗传给后代。龙生龙，凤生凤，古代的动物养殖和农业实践全部建立在这种性状能代代相传的认识之上。日常生活中最常见的例子莫过于我们长得很像父母或祖父母。这种代际相似性使人联想到，或许有某种对生物体的存在来说不可或缺的东西被传递给了后代。而在很长一段时间里，人们都怀疑它是血液。这种观念的产生与世袭制度密不可分：贵族的头衔与特权正是基于血脉传承的。

后来人们发现，同一家族的人不光长得像，在其他许多方面也很相似，这加深了人们对特征可以遗传的印象。1751 年，博学多闻的法国人皮埃尔–路易·莫罗·德·莫佩尔蒂出版了一部包含三代人的家谱，其中许多家族成员都有六根手指，他由此得出了六指这个特征可以遗传的结论。莫佩尔蒂很有可能是世界上第一个针对特定的人类性状，用规范的家谱记录其遗传状况的人。同样的观察和研究方法后来被应用于某些疾病，比如血友病。1803 年，费城医生约瑟夫·康拉德·奥托首次描述了这种病症："男性的家族性出血性疾病。"奥托对血友病进行了溯源，一直追溯到一名在 1720 年定居于新罕布什尔州普利茅斯市的女性。

随着人类对遗传的认识日益增加，我们把这些知识应用于实践。数千年来，我们一直凭自己的喜好繁育动物，不断提高畜肉和皮毛的品质，以满足我们的需要和特定的需求。到了 18 世纪，农民和畜牧人具备了足以支持大规模繁育实践的遗传学知识。对后世影响最大的育种者要数英国莱斯特郡迪什利农庄的罗伯特·贝克威尔，他在英国国内广泛搜集各个品种的绵羊，并培育出一个毛质上乘且产肉量高的新品种。不仅如此，他培育的公牛也比普通的公牛更壮硕：在英国农业革命爆发前的 1700 年，公牛被屠宰时的平均体重为 170 千克；而一个世纪以后，这个数字变成了 370 千克。贝克威尔的育种方式建立在动物个体的层面上，对于想要的特征，他会先找到具备这些特征的个体，然后让它们互相交配，直到所有特征集中到一个个体身上。在这个过程中，任何不符合要求的后代都会被简单粗暴地剔除。尽管贝克威尔取得了非凡的成功，但这种育种手段完全基于我们肉眼可见的动物性状，今天的科学家把这样的性状称为"表（现）型"。

遗传现象的背后肯定有某种原理，这对从事动植物育种的人来说早就不是什么新鲜的话题了，但探究系谱背后具体的机制需要的是可行的实践手段、对细节的关注，以及耐心地数豆子。

　　世界上第一项试图解释遗传现象的科学研究出现于 1866 年，摩拉维亚僧侣格雷戈尔·孟德尔在这一年举办了一系列讲座，展示他在豌豆杂交实验中得到的结果。孟德尔观察到，如果用于杂交的两株亲本结的都是表皮褶皱的豌豆，那么它们的后代也会结表皮褶皱的豌豆。而如果只有一株亲本结表皮褶皱的豌豆，另一株亲本始终稳定地结表皮圆润光滑的豌豆，那么双方杂交得到的后代都会结表皮光滑的豌豆。令人惊讶的是，当孟德尔让这些杂交所得的正常豌豆相互杂交时，下一代植株却又结出了一些表皮褶皱的豌豆。孟德尔发现其他成对的性状也存在同样的现象，比如：植株是高还是矮，豆荚的形状是干瘪还是饱满，花的颜色是紫色还是白色。从亲本到后续数代的子代，性状的遗传、消失和重现都有清晰的规律可循。不仅如此，这种遗传规律还可以被精确地量化。

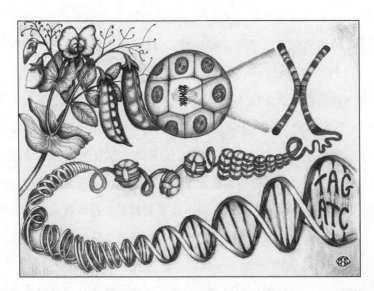

图 1　格雷戈尔·孟德尔的豌豆实验为基因、染色体及日后DNA双螺旋结构的发现奠定了基础

孟德尔据此认为，生物的性状与某种可以代际传递的实体粒子有关。他说，植物的每一个特征都对应两个这样的粒子，其中一个来自父本，另一个来自母本。有的粒子占主导地位（显性），有的则占从属地位（隐性），所以当一个显性粒子和一个隐性粒子配对时，我们只能看到后代表现出显性粒子对应的性状。比如，相较于褶皱的豌豆表皮，光滑的表皮是显性性状，因此只有当子代豌豆分别从两株亲本那里各获得一个对应褶皱表皮的粒子时，它们才会表现出褶皱表皮的性状。虽然这种遗传规律可以解释孟德尔观察到的现象，但它的作用也仅限于此。孟德尔既不知道这种粒子的本质，也不明白这种遗传现象背后的生物学机制（他只知道这与有性生殖有关）。

孟德尔激动地发表了自己的实验结果，却只引起了少数科学家的关注。据说孟德尔的论文被原封不动地摆在查尔斯·达尔文的书房里，从未被翻阅。直到 20 世纪初，科学家在许多不同的植物身上观察到类似的遗传规律，孟德尔的论文才得以重见天日。尤其值得一提的是英国生物学家威廉·贝特森，他被孟德尔的实验深深吸引，并与伊迪斯·桑德斯及剑桥大学纽纳姆女子学院的一个女性科学家团队一起，对生物性状的遗传开展了具有突破性的详细研究。一个接一个的动植物实验证实和补充了孟德尔的遗传定律：每个生物性状都以粒子的形式由亲本传递给后代，性状有显性和隐性之分，基于某种神秘且不可见的机制，性状的遗传严格遵循固定的比例。

1905 年，贝特森发明了 "genetics"（遗传学）一词，用来指代所有针对性状遗传的科学研究。这个词的词根是希腊语 "genos"，意为"诞生"。几年后，人们又提出了"gene"（基因）的概念，对于可观察的遗传性状，基因是遗传的最小功能单位——相当于孟德尔想象的那种决定豌豆的表皮是褶皱还是光滑的粒子。类似但不同于肉眼可见的表型，对应特定性状的基因组合被称为"基因型"。在之后的几年里，遗传学逐渐从研究遗传的学科变成了研究基因的传递方式和效应的学科，尽管当时谁也没有见过真正的基因，甚至没有人知道基因是由什么构成的。在孟德尔的遗传定律得到确证后，科学家转而开始寻找这些令人费解的粒子。他们第一个想到的地方自然是生命最基本的单位：细胞。

当科学家用显微镜细致观察细胞的内部结构时，他们看到细胞有一个核心：细胞核。它像一个墓穴一样，里面充斥着一种类似细线的微小结构。科学家把这种细线样的结构命名为"chromosome"（染色体，源于希腊语"chromo"和"soma"，意思分别是"色彩"和"体"），因为它们可以被特定的染料染上颜色。通过检查染色体的数目，以及观察这个数目在动植物繁衍后代的过程中发生的变化，科学家确信被贝特森称为基因的东西最有可能存在于染色体中。有意思的是，每个物种的染色体数目似乎都是固定的，而且每种染色体均成对存在，这与孟德尔的发现不谋而合。比如，人类有23对染色体，总计46条；果蝇有4对染色体，总计8条；寄居蟹有127对染色体，多达254条。这还不是最多的，世界纪录的保持者是某些蕨类，它们有大约1 200条染色体。除了染色体数量的物种差异，同一个物种的染色体还存在性别差异：雌性和雄性有一对染色体不同，以人类为例，女性有两条X染色体，而男性只有一条X染色体和一条较小的Y染色体。那么，染色体会不会就是个体差异的来源呢？

它们会不会就是孟德尔想象的实体粒子所在的地方？

至此，尽管科学家知道了基因可能位于哪里，但是未解的谜团还有很多。细胞核中的染色体会由亲本传递给后代，染色体数目又与生物的种类严格对应，因此科学家怀疑这种结构与生物的表型有关。话虽如此，他们对染色体如何决定表型却毫无头绪。只有弄清染色体复杂的化学构成（包括蛋白质、酸根、碱基，还有生物学体系中十分少见的元素磷），科学家才有可能破译这份被精心保存在细胞核里的遗传设计图。

基因"里面"有什么？

1943 年，第二次世界大战激战正酣，在美国纽约市的洛克菲勒医学研究中心，一位细菌学家梳理和总结了自己 20 年来的工作。他的研究课题是一种被他称为"转化因子"的东西的化学本质。肺炎球菌是一种可以引发肺炎的细菌，有致病菌株和非致病菌株之分，而这种神秘的转化因子似乎能把非致病菌转变成致病菌。

在第一次世界大战临近结束时爆发的西班牙流感给欧洲和美国造成了巨大损失，为了防止类似的瘟疫大流行再次发生，20 世纪 20 年代，奥斯瓦尔德·埃弗里投身疫苗研发工作，这段工作经历让他对肺炎球菌产生了兴趣。当时，由于流感病毒尚未得到鉴定，肺炎球菌被视为公共卫生的头号公敌。埃弗里对英国公共卫生部的弗里德里克·格里菲思所做的研究一直抱有浓厚的兴趣。格里菲思发现了肺炎球菌的两种菌株：R 型菌株和 S 型菌株。将它们注入小鼠体内，引发的后果迥然不同。R 型菌株极少引发肺炎，而 S 型菌株具有百分之百的感染致死率。然而，当格里菲思把死亡的 S 型菌株与活的 R 型菌株混合注射时，每只接受注射的实验动物都死了。埃弗里对此很好奇，究竟是哪一种细胞成分拥有如此强大的力量，以至于在细胞已经死亡的情况下，这种物质居然还能改变其他活细胞的生物学特征。

科学研究常常是一个循序渐进的试错过程。改变其中一个变量，看看会发生什么；然后从头开始，改变另一个变量；再从头开始，如此循环往复，直到发现显著的因果关系。为了确定是哪种物质将非致病的 R 型菌株变成了致病菌，埃弗里每次只从死亡的 S 型菌株中去掉一种成分。随着实验的进行，一种名为 DNA 的物质引起了他的注意。当埃弗里将 DNA 从 S 型菌株的细胞残骸中去除时，R 型菌株并没有转化为致病菌，而是保持原样。正是 S 型菌株的 DNA 把 R 型菌株变成了致命杀手。有了这样的发现，埃弗里事实上已经找到了遗传的物质基础，并且证实它能够改变生物体的特征。

DNA 决定了肺炎球菌的基本特征。在一封写给他弟弟的信中，埃弗里思考了这些发现的影响：

"转化因子的化学本质是什么？……当然，这个问题牵涉甚广……它涉及遗传学、酶化学、细胞代谢与碳水化合物的合成，等等。眼下，除非有大量充分、翔实的证据，不然谁也不会相信……区区 DNA，在不需要蛋白质的情况下，竟能拥有如此鲜活具体的生物学属性。"埃弗里的发现是我们认识遗传现象的关键性飞跃。神秘的孟德尔粒子似乎就是由 DNA 构成的。更有意思的是，这些性状不仅能在亲代和子代之间传递，还能在细胞和细胞之间横向转移。就算不涉及繁育和生殖，细胞的特征也可以发生改变。

或许是因为这一步迈得太大，埃弗里的发现没能引起多少人的关注，他的境遇同当年的孟德尔如出一辙。詹姆斯·D. 沃森是少数注意到埃弗里研究的人之一，当时他还只是芝加哥大学的一名学生。沃森预感到，生物性状遗传的奥秘或许就隐藏在埃弗里发现的转化因子中。

20 世纪 50 年代初，沃森在英国剑桥与物理学家弗朗西斯·克里克一起研究 DNA 的物理结构。当时，DNA 的化学结构已基本阐明，但相比地球上形形色色的生命形式，它的结构显得过于单薄。DNA 由核糖、磷酸和碱基构成。碱基共有 4 种，分别是腺嘌呤（A）、胞嘧啶（C）、鸟嘌呤（G）和胸腺嘧啶（T）。"碱"指它们的化学本质。这 4 种碱基的比例因物种而异。它们会不会就是地球生命的奥秘所在？在回答这个问题之前，我们要先解决另一个问题：这些化学成分究竟以怎样的形式构成了 DNA ？

这个问题的答案蕴藏在一系列清晰的 DNA 分子 X 射线衍射图像中。拍摄这些图像的人是技艺精湛的年轻科学家罗莎琳德·富兰克林，1951—1953 年，沃森和克里克在未经富兰克林允许的情况下分析了她拍摄的图像。根据衍射图像反映的结构，二人梳理出标志性的双螺旋结构：以核糖和磷酸分子为骨架的两条长链相互盘绕，每条链上都整齐地排布着若干数量的 A、C、G 和 T。两条长链反向平行，链上的碱基以固定的搭配方式精确配对：A 对应 T，G 对应 C。假设双螺旋结构的其中一条链上的碱基序列是 AGCT，另一条链上对应的碱基序列就是 TCGA。

沃森和克里克（借助富兰克林的实验数据）成为发现 DNA 结构的功臣，但他们还做了一件更大胆、影响也更为深远的事。前人留下了很多问题，包括孟德尔的遗传粒子、贝特森的基因、埃弗里的转化因子，还有遗传学家研究的变异现象的基础，而在提出双螺旋模型后，沃森和克里克立刻看到了解答这些问题的关键。他们的双链理论能够解释细胞和生物体的增殖：两条链互为对方的镜像复制，只需获得其中一条链，就能以该链为模板，得到另一条互补的链。双螺旋结构可以解释为什么麻雀只能生出麻雀而生不出燕子，为什么蓝鲸只能生出蓝鲸而生不出海豚，以及为什么你的孩子会长得像父母或祖父母。双链的互补性意味着每当细胞分裂或生物体繁殖时，每条链都能以自己为模板，一模一样地合成另一条链（这样的方式自然很不容易出错）。沃森和克里克提出，无论是什么让一个生物体变成了麻雀、燕子、鲸、海豚或你我，这种东西都应当在碱基的序列里。双螺旋模型奠定了以基因为中心的自然观，并在将近一个世纪的时间里主宰着我们对生命的看法。

可是，这种基因中心论并不能解释一切。自从DNA的结构被发现，这种分子就经常被人称为"生命之书"，它由 4 种字母（A、G、C和T）写成，充当构建生物体的说明书。但是，这份说明书的具体内容是什么，又由谁来负责执行里面的指令？

其实DNA跟说明书一点儿也不像。想象一下日常生活中我们常见的说明书是什么样，比如家具的安装指南，我们可能会想到丰富的图示，告诉用户每一步要用到哪些零件，还有各种各样的箭头，指导你一点儿一点儿把书架或橱柜组装好。说明书起码应该展示做一件事的顺序、操作的位置，以及完成每一步所需的工具和材料，可DNA并不是这样的。沿DNA链整齐排列的碱基对并不遵循固定的先后顺序。不过，碱基对的特定顺序确实携带着遗传信息，这样的序列也就是我们所说的"基因"。寻找基因可不是一件简单的事。

就我们目前具备的遗传学知识而言，要把DNA拆分成一个一个的功能单位（基因）可没那么容易。如果你有机会跟生物学家聊天，他们很可能会告诉你，要精确定义基因几乎不可能。在有的生物学家看来，基因仅仅指一种简单的化学结构，它包含一段特定的DNA序列，由4种基本的字母排列组合而成，并进行代际传递。但许多人（有的是科学家，有的不是）认为，基因特指与某种性状直接有关的遗传单位。双方的分歧源于一个令人尴尬的事实：在你的基因组（每个细胞内所有的DNA）中，只有1%~3%与可遗传的生物性状直接相关。虽然确切的比例因物种而异，但纵观整个生物界，与基因有关的DNA都只占很小的比例。至于除基因以外的A、G、C、T序列有什么用，我们仍然不甚明了。正因为如此，所以有的人说，基因犹如被海量乱码隔开的文字；当然，基因本身也不同于人类的文字，它是化学物质。

不过，把基因比作"文字"确实有一定的道理：同文字一样，基因是有意义的；不仅如此，构成一个基因的字符串越长，它承载的信息就越多。字符串上的每一个位置都有4种可选的字母，即A、G、C和T。举个例子，假设一个基因含有4个字母，它就有4^4或者说256种可能的组合方式，也就是256种不同的化学意义。如果它有5个字母，那么可能的组合有4^5或者说1 024种。常见的基因往往有多达数千个字母，可能的组合方式事实上趋近于无限多种。尽管如此，同人类的语言一样，字母和词语的搭配只有遵循一定的规则才有意义，并不是能写多长就写多长，想怎么组合就怎么组合。

要想理解基因究竟是什么，以及它们扮演的角色是否真如基因中心论宣称的那般重要，科学家需要进行更为深入的研究，以便破译基因组的文本内容，弄清遗传密码的书写和读取规则。

基因语言

史蒂夫·琼斯是伦敦大学学院的遗传学家，他写过几本关于遗传学的畅销书。在每学期的第一堂遗传学课上，琼斯都会告诉学生，他的工作就是把性讲得索然无味。琼斯对学生说，遗传学研究的是性，不过仅限于跟欢愉完全不沾边的那部分。他很可能是对的。谈遗传就不得不谈论性，毕竟遗传学里有豌豆的杂交实验，也有小鼠的杂交实验。可是，边数豌豆边对其进行分类，统计小鼠的毛色，做大量的指数运算，还有像念经一样不停地念叨 AAAGTCCCTTA……无论怎么看，这些都不是能让人欲火焚身的事。

总而言之，与其说基因组是一部叫人面红耳热的爱情小说，不如说它更像一个需要破译的悬疑故事。除了把 DNA 称为"生命之书"或"生命脚本"，科学家还经常说 DNA 携带的信息会被"转录"成基因和性状之间的信使。扮演这个信使角色的是另一种核酸：RNA。RNA 的分子结构与 DNA 十分相似，但有两个不同之处：DNA 中的脱氧核糖被 RNA 中的核糖取代，胸腺嘧啶（T）被尿嘧啶（U）取代。这些差异导致 RNA 不会像 DNA 一样形成双螺旋结构，而是形成简单的线性分子或复杂的三维结构。

当发生转录时，染色体中的某段 DNA 双链如拉链一般被拉开，这个过程被称为"解旋"。这段细胞执行特定功能所需的 DNA 序列随即被抄录成 RNA，而与 DNA 不同的是，RNA 可以脱离染色体。

这就是基因"表达"的过程，通常也叫转录。DNA里的基因往往只有一个拷贝，但一个基因可以转录出许多个RNA分子。除此之外，DNA分子的寿命不短于细胞的寿命，甚至在生物体死后依然能存活一定的时间，这正是奥斯瓦尔德·埃弗里能用死亡的致病菌做实验的原因；RNA分子的寿命则很短。一旦转录完成，DNA就会恢复原先的双螺旋结构，将遗传信息丢失的风险降到最低。

有的RNA分子在DNA功能的调控中扮演着重要角色，比如它们决定了基因应当在何时何地表达。更重要的是，DNA的加密"文字"必须靠RNA分子才能破译：DNA先把信息传递给RNA，RNA再根据自身携带的信息合成蛋白质。这种负责传递信息的RNA被称为信使RNA（简称mRNA）。

种类繁多的蛋白质是细胞功能的实际执行者。其中有一大类蛋白质负责在各种各样的生理过程中（包括将食物分解成小分子并产生能量的消化过程，或者将毒性物质分解成无害废物的免疫应答）催化化学反应。其他蛋白质则主要发挥结构性功能：角蛋白不仅为细胞提供结构支持和保护，而且是毛发和指甲的主要成分；血红蛋白不仅是红细胞的填充物，还负责把氧气运送到全身各处；抗肌萎缩蛋白（肌养蛋白）是一种柔韧的黏结剂，它将细胞连接到其他细胞或细胞外基质上，协助细胞的移动和细胞之间的通信。

将信使RNA变成蛋白质需要依靠一种叫作"翻译"的过程，之所以如此命名，是因为构成蛋白质的基本单位是氨基酸，一类完全不同于核酸的重要化学物质。DNA和RNA分别由4种分子单元构成，遵循严格的配对规则，形成线性或螺旋形的分子：构成蛋白质的氨基酸则多达20种，而且相互之间差别极大。构成DNA双螺旋结构的 4 种碱基十分相似，相比之下，氨基酸犹如花样繁多的乐高积木，凭借丰富的种类和多变的拼接顺序，能组合出数量惊人的结构和形状。氨基酸的排列顺序由核酸的序列决定：一种由 4 个字母构成的语言被翻译成另一种由 20 个字母构成的语言。

DNA 的碱基没有固定的排列顺序，所以 RNA 的碱基也没有固定的排列顺序，但是，RNA 必须抄录 DNA 携带的信息，两种序列唯一的区别是 RNA 把 DNA 上的 T 换成了 U。一个碱基后面可以跟任何碱基。由于碱基共有 4 种，通过简单的排列组合可知，三个碱基的组合便可以涵盖所有的天然氨基酸。如果是一个碱基决定一个氨基酸，那么 4 种碱基只能对应 4 种氨基酸；同样，两个碱基只能对应 16（4×4）种氨基酸，这个数量仍少于构成天然蛋白质所需的 20 种。如果编码一个氨基酸需要三个碱基，那么所有可能的组合将多达 64（4×4×4）种，不仅数量足够，而且有富余。

许多实验都证实了这种碱基三联体对应一个氨基酸的编码方式，而且有的氨基酸对应了不止一个三联体。其中还有一些特殊的三联体，比如 ATG，它在遗传序列中代表蛋白质合成的起始点；再比如 TAA、TAG 和 TGA，它们表示遗传序列的翻译就此终止。这套遗传编码适用于所有现存的动植物，这种通用性意味着某种惊人的可能：现有的 DNA 全部来自亿万年前同一个成功的分子祖先。翻译的过程由一种奇妙的细胞器负责，它的名字叫核糖体，由蛋白质和 RNA 构成，能像扫描电报纸条的机器一样读取信使 RNA 上的信息，并根据这些信息合成蛋白质。

现在，对于基因是什么以及它们如何被翻译成肉眼可见的性状，你应该有大概的认识了。首先，DNA 解旋，让一部分序列能够被转录成RNA；随后RNA又被翻译成用来执行特定功能的蛋白质，比如酶。在染色体上，DNA转录成RNA的起点和终点对应着由碱基A、G、C、T组成的特殊序列，于是我们把这种起点和终点之间的序列称作"基因"。也就是说，基因的"意义"建立在RNA和蛋白质之上，而RNA和蛋白质的合成又涉及遗传信息的读取、传递和翻译。这些过程的具体机制以及它们最初是如何起源的，足够再写一本书，因此我们不在这里对这些问题做详细探讨。

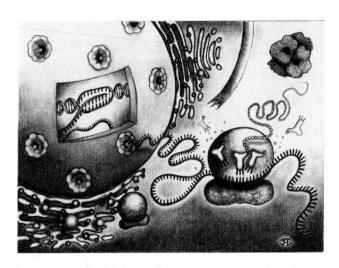

图2　分子生物学的中心法则认为，细胞核是DNA发生自我复制和被转录成信使RNA的地方。部分RNA被送到细胞质，一种大型结构随即附着到RNA分子上，它们是名为核糖体的纳米级细胞器，一边沿着信使RNA链移动，一边将信使RNA翻译成蛋白质

　　在人类的基因组里搜寻指导蛋白质合成的基因，犹如在一份总计60亿个字母的说明书里找出一段总长度为两万词且不连贯的书架组装说明。经过多年的反复试错，我们已经学会了如何辨别这些遗传信息和在染色体上定位它们，而且经常能将其破译。不过，我

们并不清楚这些指令的排布遵循怎样的先后顺序，如果想利用这些
DNA序列人工构造生物体，我们将不得不尝试每一种可能的字母组
合，看看这些组合方式会得到怎样的结果。

作为一份说明书，基因组并不好用；作为一本书，它非常难读。
尽管如此，基因组依然包含了与各种细胞的零部件、工具和原材料
有关的信息，这些东西通过某种方式组合成了动物、植物、你我。
不过，即使能从基因组的犄角旮旯里找出编码特定性状的序列，我
们也仍不清楚DNA携带的这些信息究竟如何被转化成复杂的组织和
器官，并使我们的生命得以延续。直到更为深入地研究了单个基因
的意义和表达机制，这个谜题的答案才有了些许眉目。

正常基因与异常基因

正如前文所说，早在孟德尔之前，人们就已经发现某些疾病可
能具有遗传性了，只是他们不知道这种可遗传的东西（导致遗传病
的物质基础）究竟是什么。人类发现的第一种符合孟德尔遗传定律
的疾病与某种酶有关，它的名字叫尿黑酸氧化酶。由于缺乏这种酶，
尿黑酸尿症患者无法分解它们体内一种名为尿黑酸的物质，导致这
种酸在尿液中大量积聚。尿黑酸水平超标还有可能引发关节炎等问
题。暴露在空气中的尿黑酸会发黑，因此尿黑酸尿症也经常被称作
"黑尿症"。在19世纪的最后几年，这种罕见的表型引起了伦敦大奥
蒙德街医院的阿奇博尔德·加罗德医生的注意。

加罗德开始留意和记录那些尿布上有黑色污迹的新生儿，并
发现这种病症带有明显的家族性。后来他又发现，这种病不仅表现

出家族性，而且患儿的父母往往是堂表亲。加罗德去剑桥咨询了威廉·贝特森，贝特森向他介绍了孟德尔的豌豆实验。由于尿黑酸尿症极其罕见，它显然是一种隐性性状。加罗德在 1902 年发表的论文里称，患儿继承了某种"化学上的独特性"。在"基因"一词普及后，尿黑酸尿症便被划入遗传病范畴，它的病因是编码尿黑酸氧化酶的基因发生了"突变"，而患者正好继承这种性状或者说缺陷。致病机制被阐明后，这种病的治疗不再是难题，只要为患者补充他们缺失的蛋白质即可。

正因为尿黑酸尿症的病因是基因突变导致某种酶缺失，科学家曾以为基因总是与酶有关。但事实上，许多基因和性状之间的联系并没有那么简单直接，针对这些基因的研究让我们有了意料之外的发现。

1900 年前后，一位名叫阿比·拉斯洛普的退休教师在美国马萨诸塞州做起了宠物繁育和销售的生意。为稳妥起见，她首先选择了小鼠和大鼠（这些小型动物的繁殖速度快），这能让她尽早实现盈利。拉斯洛普最早饲养的动物中有一对日本华尔兹小鼠，这是一种17 世纪起源于日本和中国的宠物鼠。这个品种的小鼠最大的特点是它们的行为表现：华尔兹小鼠不像普通小鼠那样不爱动或总是沿直线跑来跑去，它们喜欢绕圈跑，就像人在跳舞一样。有时候，它们甚至不是在跑步，而是单纯地绕着一条后腿旋转，一口气能转上数百圈。另外，它们总是摇头晃脑的。你应该看得出来人们为什么要培育这个品种，在电视和互联网发明之前，这种可爱的小鼠极大地满足了人们的好奇心。

随着时间的推移，这对小鼠及拉斯洛普饲育的其他"神奇"小

鼠的后代总数突破了一万只。拉斯洛普知道华尔兹小鼠独特的行为
表现是可遗传的，所以她必须让华尔兹小鼠彼此交配，只有这样才
能保证它们的后代也是华尔兹小鼠。正因为如此，她饲养的小鼠都
是近亲繁殖，有的是兄弟姐妹交配，有的是堂（表）兄弟姐妹交配。
但没过几年，拉斯洛普就发现，有些近亲繁殖的华尔兹小鼠皮肤上
长出了肿块，而且肿块会遗传。她觉得这种肿块类似肿瘤，于是联
系了一些科学家，询问他们的意见。最后，拉斯洛普与圣路易斯华
盛顿大学的里奥·勒布达成合作，一起研究哪些近亲繁殖的小鼠更容
易患癌症。1913—1918 年，他们先后发表了 10 篇开创性的论文，主
题均与小鼠性状的遗传性有关，并且指出小鼠的乳腺肿瘤具有遗传
性。从那以后，小鼠就成了实验室研究肿瘤的生物学模型，直到今
天。同样延续到现在的还有基因能引发疾病的观点，尤其是基因与
癌症之间的关系。

　　说豌豆的颜色和纹理可遗传是一回事，说癌症和神经系统的病
症可遗传则是另一回事了。不要忘记，此时距离埃弗里观测到DNA
的转化能力还有 30 多年的时间，距离沃森和克里克阐明DNA的化
学结构及确定四种碱基（A、C、G和T）在DNA里呈线性排列，还
有将近半个世纪。

　　今天，当说到突变时，我们指的是发生在某一段DNA序列中的
变化。这种变化既可以是一个或多个字母被替换，也可以是序列中
的某些字母发生缺失，导致相应的性状受到影响，而且这种影响可
遗传给后代。类似的变化有多种不同的形式：要么是单个碱基字母
被其他三个字母中的任意一个替换，要么是序列中出现字母缺失，
或者有一整段序列出现重复。一旦基因中的某段序列发生改变，它

就变成了原基因的新版本，我们称之为原基因的"等位基因"。你可以把基因想象成词语，如果它是一个动词，那么它的等位基因相当于这个动词的不同时态，而时态的变化会改变动词的意义。在等位基因被转录成RNA并被翻译成蛋白质之后，基因内发生的变化将决定蛋白质能做什么、不能做什么。如果这种蛋白质是机体发挥某种功能（比如分解尿黑酸）所必需的，基因序列的改变就会造成机体的功能障碍。类似的障碍并不总是攸关生死，比如光滑的种皮需要某种酶，即便缺乏这种酶，结果也仅仅是豌豆的表面会起皱。

我们只需要通过一个简单的例子，就能说明这一点。假设有这样一串字符，我们从第一个字母开始，每三个字母组成一个单词，模拟每三个字母对应一个氨基酸的基因，这句话原本是"THE CAT ATE THE RAT AND WAS ILL"（吃了老鼠的猫病倒了）。如果删除"CAT"（猫）中的"A"，整句话就读不通了，因为它现在变成了"THE CTA TET HER ATA NDW ASI LL"，完全不知所云。因此，类似这样的字母缺失会彻底摧毁蛋白质的功能。但如果只是某个单词内的字母发生了替换，这样的微小变动就不会导致整句话读不通，所以在某些情况下，我们依然能明白整句话想表达的意思。例如，如果"CAT"中的"A"变成了"E"，你基本上还是能明白"THE CET ATE THE RAT AND WAS ILL"的意思；但如果"T"变成了"W"，也就是"CAT"变成了"CAW"，我们就猜不出究竟是什么动物把老鼠吃掉了。而这样的改变将对蛋白质的功能造成严重的影响。

加罗德发现的尿黑酸尿症的病因，以及拉斯洛普悉心培育的华尔兹小鼠的"跳舞"行为，都是突变的结果。事实上，华尔兹小鼠的独特行为表现源于一种基因突变，这个基因编码的蛋白质对于维系内耳细胞的功能和掌控身体平衡至关重要。同样的突变如果发生在人类身上则会导致厄舍综合征，影响患者的平衡感、听力和视力。该突变涉及的基因编码的蛋白质并不是酶，这种情况让遗传学如临大敌：当一个基因编码的蛋白质不是酶时，我们要如何根据基因突变造成的异常后果，反向推断正常基因原本的功能呢？一种影响小鼠尾部的突变首次引起了人们对这个问题的关注。

"T"代表"尾巴"

20 世纪 20 年代，纳迪娜·多布罗沃斯卡娅-扎瓦茨卡娅（Nadine Dobrovolskaya-Zavadskaya）在俄国革命后流亡海外。在巴黎的镭学研究所工作期间，她对辐射引起突变的效应产生了兴趣。事情的起因是一连串女性的死亡事件，其中绝大多数人的死因是贫血、骨折和肿瘤。这些死者的共同点在于，她们都因为镭能发出荧光的性质而选择用它装饰家里的物品。

通过与巴斯德研究所合作，多布罗沃斯卡娅-扎瓦茨卡娅对雄性小鼠的睾丸施以辐照，然后让它们与雌鼠交配，看其后代是否会发生变异。在进行了 3 000 次类似的交配实验后，她发现了两个"变异品系"——经过多代繁殖依然能稳定遗传的变种。其中一种变异小鼠的尾巴特别短，她把这个品系命名为 T 型变种，"T"代表"tail"（英文中的"尾巴"一词，如今这个品系被称为"*Brachyury*"，其希腊语义是"短尾巴"）。她遵循遗传学界不成文的命名惯例，用一个大写字母指代它，表示它是一种显性性状：哪怕双亲中只有一方有这种性状，也有一定的概率遗传给后代。不仅如此，这个变种的名称后来还成了发生突变的基因的名称。

多布罗沃斯卡娅-扎瓦茨卡娅发现的这种突变表现得非常独特。当辐照破坏了 *Brachyury* 基因的其中一个拷贝时，该小鼠的后代都有尾巴，只是尾巴变得很短。但令人感到惊讶的是，当 *Brachyury* 基因的两个拷贝都消失时，小鼠的后代会胎死腹中。多布罗沃斯卡娅-扎瓦茨卡娅的研究算得上非同凡响，而且它绝不是唯一一项歪打正着的研究，之后有很多原本针对癌症的实验最后却误打误撞地促进和加深了我们对发育（生物体形成过程）的认识。小鼠胚胎的死亡让科学家对隐藏在这种突变背后的东西浮想联翩。

当时，多布罗沃斯卡娅-扎瓦茨卡娅并不相信辐射会对小鼠的基因造成损伤。她认为辐照的作用是"让原先隐藏的病症显现出来"，它只是摧毁了某种原本对突变起限制作用的东西。对于这种致死突变，科学家后来决定直接研究胚胎死亡后留下的生物样本。他们发现死胎的脊髓很短，胸肌没有分化，也没有尾巴。这意味着如果 *Brachyury* 基因与某种酶有关，那么生理缺陷的严重程度与这种酶的缺失程度之间存在某种线性的量变关系：*Brachyury* 基因越少，酶的功能就越弱，胚胎的生理缺陷也越严重；反过来也可以说，突变基因的表型（或者说基因型的物理表现）就越明显。

想要理解指导酶合成的基因有什么功能，并不是难事。以尿黑酸尿症为例，这种病涉及的酶的功能十分明确：分解一种名为尿黑酸的物质，将其转变成氨基酸，供人体利用。如果缺乏这种酶，尿黑酸就会大量积聚并引发疾病，因此患者可以通过补充缺失的化学物质治疗病症。在医疗实践中，这种治疗方式被称为酶替代疗法。但也有一些突变涉及的基因叫人难以捉摸，比如 *Brachyury*。无论这个基因实际上编码的东西是什么，至少从表面看，它不仅决定了小鼠尾巴的长度，还决定了小鼠脊椎和肌肉的数量与形状。换句话说，它的功能也许就是调控小鼠躯体的发育和形成。虽然这个基因突变的后果显而易见，但它的正常版本编码的东西究竟是什么，还有它在脊椎的正常发育过程中到底起着怎样的作用，这些问题都很难回答。

未知领域

Brachyury 变种的繁育实验表明，基因的改变可能会殃及生物体的发育。但 *Brachyury* 会不会是个特例？其实畜牧人对类似的变种可不陌生，他们早就知道绵羊有独眼畸形（双眼融合成一只眼，并位于前额正中）、半肢畸形（四肢不完整）、多指/趾畸形或并指/趾畸形（指/趾的数量多于正常情况或相邻指/趾连为一体）。这些畸形均可遗传，意味着它们很可能与突变及基因有关。果真如此的话，这些基因编码的蛋白质会是什么样？它们的功能又是什么？更令人好奇的是，这些怪胎的存在是不是意味着还有更多奇形异状的怪胎尚未被发现？如果把它们都找出来，我们或许就能像拼拼图一样，弄清楚动物体是由哪些部分拼凑而成的。为此，我们需要对变种进行有组织的大规模搜寻。

虽然小鼠的繁殖速度很快，但还不够快，它们无法帮助科学家厘清基因型和表型之间的关系，更不能作为系统性人工诱变实验（这种实验不仅要求实验动物以惊人的速度繁殖，在短时间内产生海量的后代，而且不能占用过多的空间）的对象。最特别的是，如果你想仔细地观察致死突变，就需要找到一种在母体外发育的动物。

于是，"露水爱好者"果蝇①（黑腹果蝇，学名*Drosophila melanogaster*）登场了，并很快成为遗传学研究的明星物种。果蝇的繁殖速度非常快，从受精卵到能生育的成虫只需 10 天，更不要提它惊人的繁殖量了：一只吃饱喝足的雌性果蝇每天可以产卵 100 枚。同包括蝴蝶和蛾类在内的其他昆虫一样，果蝇的生活史分为两个阶段。第一个阶段是蛆，第二个阶段是经过变态发育的成蝇，成蝇有一对翅膀和三对足。蛆和成蝇都有体节，每段体节各有特点，这对实验人员统计它们的变异和缺陷来说非常方便。

果蝇之所以受到研究者的青睐，靠的并不是颜值。它的外表怎么也算不上讨人喜欢，除非你像著名的遗传学家柯特·斯特恩那样，仔仔细细地把果蝇全身看个遍。"当我把果蝇放到显微镜下时，"斯特恩曾写道，"我惊奇地看到……它脑袋上那对巨大的红色眼睛、触角，还有清晰可辨的口器；它壮实的胸部向后拱起，上面长着一对透明翅膀和三对足，翅膀表面映射着漂亮的七彩光芒。"事实上，果蝇在遗传学研究中广受欢迎的原因除体形小、寿命短之外，还在于它们仅有 4 对染色体。这大大降低了诱导基因突变及后续在染色体上定位突变的难度，毕竟它们的遗传序列总量有限。

从 1910 年开始，一个人数不多的美国科研团队利用果蝇解开了孟德尔遗传模式的谜题，这个团队的领导者是托马斯·亨特·摩尔根。我在这里特意用了"模式"这个词，原因在于果蝇本身就是一种极具"模式"的生物。它的翅膀上有"翅脉"，这种纹路看上去很

---

① 果蝇的属名"*Drosophila*"意为"喜欢露水的昆虫"，暗示了这种生物喜欢潮湿的环境。——译者注

像人的血管，但二者其实毫无关系。翅脉在翅面上纵横交错，它们的走向有固定的模式，所有果蝇翅膀表面的花纹都一样。在令斯特恩印象深刻的果蝇"壮实的胸部"——昆虫躯干的中间部分，刚毛的分布也有固定的模式，所有果蝇都一样。果蝇规律的身体结构让有别于正常模式的个体无所遁形，所以摩尔根及其同事能轻易找出变异的果蝇个体并在染色体上定位突变发生之处。到了 1927 年，摩尔根的研究团队已经证实，包括果蝇翅膀的形状和胸部是否有刚毛在内的诸多性状都遵循孟德尔遗传定律。他们还发现，这些性状相关的突变及其涉及的基因在染色体上的排列和分布都有固定的顺序，这种顺序也是代代相传的。

在多年的研究中，摩尔根的课题组（以及其他实验室）培育和记录了无数的果蝇变种。比如，眼睛是白色、朱红色、棕色或红宝石色而非正常红色的变种，刚毛更短、更细、更粗、更密或更稀的变种，以及眼睛更小或胸部颜色不同的变种。有时候出现的变种就像个怪物。有一个首次发现于 1915 年的变种外形非常怪异，它看上去仿佛是拼了命地想在正常的翅膀或腿的后方再长出一对翅膀或一对足。还有一个更惊悚的变种，它的脑袋上居然长出了一条腿。这两种变异果蝇都能正常繁殖，也都能稳定地把其严重的生理缺陷遗传给各自的后代。简言之，这些变异都与基因有关。

长着两对翅膀的果蝇变种令爱德华·B. 路易斯着迷，当时这位年轻的遗传学家在位于帕萨迪纳的加州理工学院工作。路易斯本科阶段就开始研究果蝇，小时候他甚至把它们当成宠物养。另外，在研究了广岛和长崎两地原子弹幸存者的医学史后，他对突变如何被引发和传递这个问题产生了兴趣。20 世纪五六十年代，路易斯一直在耐心地繁育果蝇，而且只关注长有两对翅膀的变种。他仔细地观察它们的身体结构，试图找出它们的染色体有哪些相似和不同之处。遗传学家的工作很好地诠释了什么叫作"细节决定成败"。虽然不知道它们额外的那对翅膀是怎样形成的，但路易斯意识到，每一只四翅变种果蝇与正常果蝇的差别都落在了 3 号染色体上的同一个特定区域内。

他注意到其中一个小差别在于果蝇的平衡棒。这是一对短粗的棒状感受器，有的昆虫靠它们来引导飞行。果蝇的翅膀一般长在第二胸节上，而平衡棒通常位于又小又不起眼的第三胸节。但是，路易斯发现四翅变种果蝇多出的那对翅膀似乎取代了正常果蝇的平衡棒，而且原本窄小的第三胸节变得宽大了一些。他在很多四翅变种果蝇身上观察到，第二对翅膀其实是没有完全变成翅膀的平衡棒。经过实验，路易斯设法培育出一种堪称完美的四翅变种果蝇，这种果蝇的第三胸节与第二胸节完全相同，多出的那对翅膀与正常翅膀也没有任何区别。路易斯给这种果蝇取了一个非常贴切的名字：*bithorax*（双胸变种）。

在他的果蝇杂交实验中，路易斯还发现了其他变异，比如腹节被其他体节替换的变种。这种替换有一个规律：变异只会让受影响的体节变成更靠近头部的体节。换句话说，腹节可能会变成胸节，因为胸节比腹节更靠近头部；而胸节不会表现出腹节的特征。举个例子，正常情况下，果蝇的足长在最后一个胸节上，而路易斯培育的某些变种的足长在第一腹节上。当路易斯试图寻找这些变种的突变位置时，他发现所有发生变化的基因都在果蝇 3 号染色体的某个区段附近，于是他把这些基因统称为"双胸复合物"，对应于他最早

发现的那个变种。而在印第安纳大学，一个由托马斯·考夫曼领导
的科研团队发现了脑袋上长腿的变种：一条腿取代了（右侧）触角，
从果蝇的脑袋上伸了出来。研究人员将其命名为 *Antennapedia*（触角
足变种），这是他们发现的第一个前端体节发生变异的变种，类似的
变异十分罕见。考夫曼团队把与这种前端体节变异有关的所有基因
统称为"触角足复合物"。就双胸突变和触角足突变而言，前者涉及
身体，后者涉及脑袋，二者以某种带有方向性的作用方式涵盖了果
蝇全身。身体某些部位发生缺失、融合或重复的突变，被科学家统
称为"同源异形突变"，因为它们是研究"同源异形"现象或生物体
结构发育的重要依据。

图 3　正常果蝇（左）有一对翅膀和三对足；相比之下，双胸变种果蝇（中）因
为有两个重复的胸节而长出两对翅膀，触角足变种果蝇（右）则是头上长出了足

　　路易斯在 1978 年发表的论文中称，双胸变种果蝇表明基因与果
蝇身体各个部位的结构和外观有关。[2] 触角足复合物与双胸复合物的

基因携手，塑造了果蝇身体各个部位的外形。

到了 20 世纪 80 年代初，遗传学研究又培育出一小批稀奇古怪的新变种，其中有些十分怪异。比如 *Krüppel*（德语，意为"瘸腿"）变种，这种果蝇几乎没有胸部。再比如 *bicaudal*（双尾）变种，它们的幼虫在原本是脑袋的一头长出了一条尾巴。虽然这些变种的寿命没有双胸变种和触角足变种那么长，但它们似乎蕴藏着解开生物体发育之谜的关键线索。

20 世纪 70 年代，南非遗传学家悉尼·布伦纳在英国的剑桥分子生物学实验室，研究神经系统是如何形成的。他为这个课题挑选的实验动物秀丽隐杆线虫（*Caenorhabditis elegans*），是一个比果蝇更简单的物种。这种微小的生物不仅好养活，而且从卵到成虫的发育过程在显微镜下清晰可见。秀丽隐杆线虫学名的种加词"elegans"（秀丽）源于它们会在寻找食物时表现出优美的波浪形体态。布伦纳测试秀丽隐杆线虫的神经系统是否发育正常的方式是先戳它们，然后观察它们扭动身体的方式是优雅如常，还是只能往左或往右移动，又或者是停在原地、完全没有反应。他培育了上百种突变体，并逐个检验它们是否有反应或做出了错误的反应。他就是用这种方式甄别出哪些基因与神经系统的发育和功能有关。

20 世纪 70 年代末，受布伦纳的工作启发，当时还在海德堡欧洲分子生物学实验室工作的克里斯汀·纽斯林–沃尔哈德和埃里克·威绍斯构思了一个旨在研究果蝇发育方式的实验：先培育出一种产下的卵无法孵化的果蝇，然后寻找哪些基因与这种致死突变有关。

在正常情况下，果蝇的受精卵只需 24 小时便能孵出一条长约一毫米的蛆。蛆分前后两端，前端为头，后端是尾。在头尾之间，蛆

的身体分成了 11 个清晰可辨的体节，每一个都有自己独特鲜明的
特征。蛆全身被一层不透水的外表皮包裹，这层表皮被称为"角质
层"，上面有深浅不一的花纹。如果受精卵不能正常发育，结果要么
是受精卵在蛆孵化前就腐坏了，要么是蛆死在卵里。无论是哪种情
况，卵里都会留下可供进行死因分析的胚胎残骸，这些残骸便是纽
斯林-沃尔哈德和威绍斯评估受精卵发育情况的依据。

　　对于一项科学实验，寻找突变也有让人犯难之处。纽斯林-沃
尔哈德和威绍斯，以及后来加入他们的格尔德·于尔根斯，三个人要
诱导突变并完成总计三万次杂交实验。挨个甄别这些杂交实验的后
代并对它们进行准确的分类，是一件极其费时费力的事。不仅如此，
虽然他们三人认为一定能找到胚胎发育失败的原因，但这种原因未
必显而易见。更为不利的是，每条蛆的死因可能都不一样，胚胎的
死亡与突变之间缺少明确的关联。但是，经过仔细的研究和分析，
他们还是发现了规律。不同的突变的确有共通之处，它们可以据此
分类。谁能想到，这些如此怪异的变种背后竟然也有规律可循。[3]

　　有一类致死突变是双尾，即蛆的脑袋也变成了尾巴，与前文提
到的双尾变种类似。有些变种的头尾之间的体节消失了，有些变种
的每个体节则如前后颠倒一般。更令人疑惑的是，有的变种只缺少
奇数或偶数体节，有的则长了两个腹部。在某些死亡的蛆身上，科
学家发现它们的角质层不见了。

　　给他们培育的变种取名字时，纽斯林-沃尔哈德、威绍斯和于
尔根斯遵循了以表型的突出特征命名的惯例，不时还带点儿让人会
心一笑的幽默成分：丧钟，蜗牛，驼背，豪猪，偶数跳读，奇数跳
读，遮阳伞，面包屑，火箭炮……随着时间推移，这份名单变得越

来越长。有时候，致死突变恰好发生在某个已得到鉴定的果蝇基因上，而在早先的甄别实验里，这个基因的突变并不影响后代的存活。例如，导致体节融合的致死突变碰巧发生在"无翅"基因上，而这个基因之所以叫这个名字，是因为先前的实验发现它的突变会导致果蝇不长翅膀。还有一种让果蝇腹侧角质层消失的致死突变，决定这种性状的是 *Notch* 基因的一个等位基因，前者会导致果蝇翅膀的边缘产生V形凹口。这种现象非常有趣。正如路易斯所料，他的发现似乎证实了同一个基因可以执行多项功能。

为了寻找更多与发育有关的基因，年轻科学家纷纷涌向英国剑桥大学、德国图宾根大学和美国新泽西州的普林斯顿大学，它们分别是布伦纳任职、纽斯林–沃尔哈德移居和威绍斯建立实验室的地方。对从事发育研究的人来说，果蝇及其幼虫无疑是天赐的礼物，令他们收获颇丰，但更大的奖励隐藏在体形更大的实验动物身上。美国科学家乔治·施特莱辛格指出，斑马鱼（*Danio rerio*）这种宠物鱼很可能是研究动物发育过程的理想样本。他鉴别出了斑马鱼的几种会导致怪异个体出现的隐性突变，并认为只要研究这些变种，或许就能知道哪些基因对发育来说是必不可少的。尽管斑马鱼的个头比果蝇大得多，但它们的繁殖速度很快，从受精卵长到能繁殖的成鱼只需不到三个月的时间。更妙的是，斑马鱼通体透明，从鱼苗到幼鱼再到成鱼，研究人员一直能清晰地看到斑马鱼的器官在发育过程中的变化。

克里斯汀·纽斯林–沃尔哈德雄心勃勃地提出了筛选斑马鱼变种的实验计划，她打算把自己的果蝇实验原原本本地复刻到斑马鱼身上，但这种实验的组织难度几乎是军事行动级别的。就果蝇而言，你可以把它们分装进小瓶子里，再将其全部保存在一个大小相当于冰箱的恒温箱里。但是，鱼必须养在特制的水缸里：按照纽斯林-沃尔哈德的设想，她将持续跟踪 4 000 组斑马鱼数年，每组斑马鱼要完成 4 轮杂交实验，这个实验至少需要饲养 7 000 条斑马鱼。她和她的课题组最终找到了 1 163 个斑马鱼变种，涉及 369 个基因。她的学生沃尔夫冈·德里费尔毕业后独立开展了斑马鱼变种筛选研究，一共鉴定出 577 个变种和 220 个相关基因。同果蝇的情况一样，这些突变也可以分类，它们分别能够影响身体的形成过程、器官和组织的位置与结构，以及皮肤的色素分布。

最后该轮到小鼠了。发育生物学家凯瑟琳·安德森曾参与果蝇原肠作用（原肠胚形成）变异特征的鉴别，她在纽约的斯隆·凯特琳研究所开展了一项小型筛选研究，该研究持续至今。别忘了，小鼠是一种对空间和时间要求较高的实验动物。

无论怎么看，这些在实验室里由人工培育的变种都表明，我们可以通过诱导基因突变干扰生物体的发育，而且这种手段似乎适用于所有生物。显然，天然的可遗传畸形很有可能源于同样的机制。尽管如此，我们又遇到了遗传学领域那个老生常谈却经常被人遗忘的问题。就算科学家通过实验手段干扰了某项功能，并看到了由此导致的后果，他们也很难根据这个后果推断自己究竟干扰了哪项正常功能。解决这个难题的其中一种办法是：深入研究基因组，找到目标基因，然后利用遗传密码规则，尝试破译DNA序列编码的蛋白质。如果能做到这一点，那么我们不仅可以弄清楚生物体的发育过程，理解基因与某些复杂性状之间的关系也不再是难事，比如基因如何影响眼睛、腿或神经元的活动。

相似的遗传基础

20世纪80年代，在芝加哥大学读研究生的我对包括*Brachyury*，*bithorax*和*bicaudal*在内的各种变种十分着迷，对海德堡的变种筛选实验也有所耳闻。这些突变体真能告诉我们生物体是如何形成的吗？这个疑问引导我走上了科研道路，并成为我的主要研究课题。那些基因编码的蛋白质究竟有怎样的魔力？如果各种各样的生命形式是形形色色的酶通过独特的方式组合而成的，那么科学研究的重点当然应该放在酶和它们的组合如何发挥作用上。但是，如果还有其他因素在起作用呢？要回答这个问题只有一种方法，就是探索基因的DNA序列，看看它们编码的到底是什么样的蛋白质。

采取这种研究思路的科研团队不在少数。在加利福尼亚州，爱德华·路易斯与生物化学家戴维·霍格内斯合作，寻找双胸复合物相关的DNA。还有两个团队的研究主要关注触角足复合物：一个在美国印第安纳州，由托马斯·考夫曼领导；另一个在瑞士巴塞尔，由沃尔特·格林领导。这项工作很有难度，但对染色体经年累月的探索，加上专门为此研发的实验技术，都为分析与这两类突变有关的DNA片段奠定了坚实的基础。研究人员在双胸复合物基因里发现了3段编码信使RNA的DNA序列，在触角足复合物里则发现了7段。然而，无论这些基因编码的信息是什么，它们最终都没有被翻译成酶。时间来到1983年某个夏日的傍晚，地点是英国剑桥，在一场由研究果蝇遗传学的欧洲科学家参加的会议上，格林实验室的几位成员分享了他们观察到的一个奇怪现象：归属于上述两种复合物的多个基因似乎含有一个相同的DNA片段，或者说一小段相同的序列。这个片段的长度是 180 个字母（碱基），能够编码 60 个氨基酸。科学家把它命名为"同源异形框"（homeobox，也称 Hox），因为它包含了多个重复的同源异形基因。这种现象首次被发现正是在果蝇身上，这种昆虫的基因有重复片段。

格林实验室的研究人员很有先见之明，他们意识到可以把同源异形框的 DNA 序列当作鱼饵，"钓"出其他动物体内类似的基因。碱基 A 只会与 T 配对，G 只会与 C 配对，所以你可以用一条序列已知的 DNA 单链，在任何生物的基因组里寻找能与这条单链互补的序列。科学家从各种各样的蠕虫和昆虫身上收集了大量 DNA，让他们大吃一惊的是，同源异形框竟然无处不在。距离格林实验室不远的另一个实验室决定检测他们培育的蛙，结果发现蛙也有这些基因。用路易斯的话来说，Hox 基因（同源异形基因）犹如一张"飞毯"，它让科学家能在许多动物中定位基因，从果蝇一直到高等脊椎动物。

能在那个时候成为一名生物学家，实乃人生幸事。我记得当时几乎每周都有令人心潮澎湃的新发现。在各个变种身上，Hox 基因的表达因部位而异。这类基因的表达情况决定了生物体的各个部位会是什么样。最出人意料的是，Hox 基因在染色体上的排列顺序与它们在生物体的哪些部位表达相对应。当科学家开始研究和分析它们编码的 RNA 和蛋白质时，这种规律依然成立。

如今我们已经知道，这些 Hox 基因存在于所有生物体内（包括人类），而且它们在其他生物染色体上的排列顺序与果蝇染色体上无异。这种隐藏在基因组里的规律就像一份描绘生物体的通用大纲或一幅地图。如此非同寻常的发现让威廉·布莱克的诗多了一层深意：

> 我又何尝不是一只
>
> 跟你一样的苍蝇？
>
> 而你又为何不能是一个
>
> 和我一样的人？

虽然果蝇和小鼠的外表天差地别，但*Hox*基因的相似性暗示了它们在遗传学上拥有共同的起源，或者用科学家的话说，这些基因具有高度的物种保守性。

更重要的是，*Hox*基因编码的蛋白质绝对不是酶。后来我们才知道，Hox蛋白属于一类名为"转录因子"的分子，这是一大类能够与DNA结合并启动基因表达的蛋白质，我们可以从中看出同源异形框的重要性。这意味着*Hox*基因是调控生物体结构的工具，而且它们的调控方式正如路易斯设想的那样：作用于染色体上特定的区域，控制其他基因的表达，并利用这些基因的产物，使生物体的不同部位发育成不同的形态。受*Hox*基因调控的基因中，有些编码的是其他工具分子或转录因子，也有一些基因编码的是生物体的结构成分——构成细胞骨架、充当黏合剂的蛋白质，以及细胞外隙中的物质。

原本用于搜寻*Hox*基因的技术很快被用于寻找其他的跨物种基因，科学家在线虫、斑马鱼和小鼠的基因组中都找到了果蝇变异相关的基因。这同样是一个惊人的发现：指导不同生物体构建过程的说明性"文字"居然如此雷同。虽然脊椎动物的词库比昆虫丰富一些，但总体而言，绝大多数动物的DNA携带的信息都是一样的。况且，很多DNA编码的蛋白质其实是转录因子，其中不少与同源异形

框有关，这意味着发育的本质是调控基因表达。不过，也有一些蛋
白质是细胞的结构成分，另有一些与细胞代谢有关。科学家在果蝇
变种筛选实验中发现的许多基因都与严重的人类疾病有关。比如，
hedgehog（意为"豪猪"）基因的变异会引发人类的基底细胞癌。到
了 20 世纪 90 年代末，我们已经不得不承认，从遗传学的角度看，
人类并不像我们从前认为的那么特殊。

无心、无眼，以及各种奇怪的畸形

　　在遗传工具的物种保守性背后，隐藏着另一个更为惊人的事实。
谁都知道动物和动物之间是不一样的，有的区别显而易见：长颈鹿
的脖子，大象的鼻子，还有前肢的分化（有的变成了爪子，有的变
成了翅膀，还有的变成了手掌）。也有一些区别肉眼很难看见：无脊
椎动物同我们一样需要泵血和呼吸，但负责执行这项任务的器官大
不相同（有的无脊椎动物用分叉的气管，有的用鳃，我们则靠鼓风
机般的肺）。另一个例子是视觉器官，果蝇的每只"眼睛"里有 700
多个独立的视觉感受器，而哺乳动物有两只结构高度复杂的眼睛。
脊椎动物体内还有一些无脊椎动物根本没有的细胞，比如合成胰岛
素的胰腺细胞。就在我们打算把身体各个部位的结构和功能归结于
不同的基因时，却发现了非常惊人的事实。

　　以在果蝇等昆虫身上发现的 *tinman*（意为"铁皮人"）基因为
例。昆虫的心脏结构很简单，仅仅是一根能搏动的管道，而 *tinman*
基因恰恰与这根管道的发育有关。*tinman* 变种没有心脏（就像《绿
野仙踪》里的铁皮人一样，这也是遗传学家当初如此命名该基因的

原因），而 *tinman* 基因的表达产物（RNA 和蛋白质）存在于那些未来将发育成昆虫心脏的细胞内。鱼、小鼠和人类都有相似的基因，而且它们都与心脏的早期发育有关：这些动物的心脏起初都只是一根结构简单的管道。小鼠和人类的这个基因有一个乏味拗口的名称：*Nkx2.5*。但除名字不同之外，与果蝇体内的情况一样，该基因也参与了心脏的早期发育。这个基因编码了一种转录因子，它的作用方式与工具基因 *Hox* 没有区别，二者都通过联络和协调其他相关的工具基因，参与心脏的形成。

人类和昆虫的心脏在基因水平上竟然有如此密切的联系，这实在出乎很多人的预料。更让人意想不到的是，*tinman* 和 *Nkx2.5* 这两个基因的情况并非孤例，许多与心脏发育有关且广泛存在于不同物种中的基因被陆续发现。这意味着，如果想系统地梳理心脏这个器官从昆虫到人类的演变，我们不仅可以从它的结构（从只有一根管道的开放式循环发展成能高效泵血的封闭式循环）入手，也可以从基因入手。类似地，有些基因在昆虫体内主导了四通八达的气管的发育，同样的基因在小鼠和人类体内掌管着支气管和细支气管（肺的典型结构）的发育。就连 *Brachyury* 这个与小鼠尾巴缩短有关的基因，也存在于昆虫和人类体内，而且它总是与动物背侧后部的发育有关。相似的基因在不同的动物身上控制着类似器官的发育。

今天，科学家可以在实验室中以惊人的速率对基因组进行测序。以人类基因组为例，完成测序只需要一天时间。基因组的碱基对数量是个天文数字，它们犹如基因组的"文字"，想从不同物种的基因组里找出相同的语句谈何容易，但机器学习技术使检索和比对不同物种的基因组序列文库成为可能。利用这种技术，我们得知：从结构简单的海绵和水母到结构复杂的人类，自然界的生物有许多相同或十分相似的基因。这倒是合情合理，毕竟地球上的生命拥有相同的起源。

但是，我们绝对不能把突变与基因及其编码的蛋白质的功能混为一谈。Nkx2.5 和 tinman 基因的功能并不是让机体长出心脏，它们只是与心脏的发育有关，而我们并不知道具体是什么关系。但我们至少可以看出一点：不光基因本身是保守的，基因的功能也具有物种保守性，无论这种功能是什么。果蝇的 eyeless（意为"无眼"）变种是说明这种趋同性的绝佳范例。eyeless 基因发生突变后，果蝇的视觉感受器排列往往会变得杂乱无章，眼睛这个结构也将不复存在。当遗传学家设法将 eyeless 基因对应的 RNA 导入果蝇身体的其他部位，并促使基因编码的蛋白质在该处合成时，eyeless 基因的 RNA 落到哪里，哪里就会长出眼睛。"无眼"基因的功能居然是促进身体"长出眼睛"。很有意思，对吧？但这只是开始。

其实人类也有一个与 eyeless 相似的基因，它被命名为 PAX6。PAX6 基因的突变会导致无虹膜畸形，患者的虹膜发育不全或根本没有虹膜。除此之外，PAX6 基因还与其他先天性眼部畸形有关。沃尔特·格林实验室的科学家决定把人类的 PAX6 基因导入果蝇，看看如果它在果蝇体内表达会怎么样。实验结果：PAX6 基因在哪里表达，哪里就会长出眼睛，这与 eyeless 基因的情况如出一辙。然而，奇怪的是，PAX6 基因并没有使果蝇长出硕大、复杂的人类眼球，它们长出的依然是由 700 多个视觉感受器构成的果蝇眼睛。[4] 导入果蝇身体的人类基因仍与眼睛的发育有关，只不过是果蝇的眼睛。其他基因也存在类似的现象，比如*Dichaete*基因，在果蝇身上这个基因与神经系统的发育有关，而小鼠和人类的同源基因被称为*Sox2*。著名的*Hox*基因也是如此：小鼠和人类的*Hox*基因都能在果蝇的身体发育方面起作用，纠正*Hox*基因突变体的结构异常问题。

生命之书真是一本奇书，如果一个单词在一门语言里是这种意思，那么它在其他所有语言里都是同样的用法和意思。

在过去的一个世纪里，生物学家一直想凭借数量多得令人目眩的遗传学研究，编织一种合理的说法，用于解释不同动物间的区别，我也曾是其中的一分子。这股风潮起于科学家对变种间的遗传差异展开了大规模搜索，止于人们意识到这些突变涉及的基因具有高度的物种保守性——同样的基因既与果蝇的心脏发育有关，也与人类的心脏发育有关。还有人想从基因组的其他特征入手，解释不同物种间的差异，比如每个物种的基因数量。可惜，我们的基因数量不比果蝇多多少（果蝇约有1.5万个基因，而人类的基因数量为2万~2.5万个），在我们介绍了基因的物种保守性之后，数量上的这点差异似乎也说明不了问题。

那么，还有哪些可能？我们可以诉诸基因表达的时间和位置。那些指导其他基因、让它们在合适的时间和位置启动表达的DNA序列，没准儿才是解释不同动物间差异的关键所在。又或者是蛋白质的组合方式造成了"差之毫厘，谬以千里"的效果，至少这种假设可以解释为什么人类的基因能指导果蝇的身体发育：因为在果蝇体内，人类的基因只负责指导蛋白质的合成，它编码的蛋白质仅仅是众多蛋白质中的一种，这些蛋白质需要互相组合，最后像拼乐高积木一样组成一只果蝇。上面这些说法都有一定的道理，但如果你觉得好像缺了点什么，那么你的感觉是正确的。正所谓砖头再多也不是房子，生物体远不只是基因的堆砌。

基因的力有不逮

如果问我们能在哪种情景中直观地看到基因对人的相貌、感受和行为产生的巨大影响，那么答案肯定是双胞胎。尤其是同卵双胞胎，由于 DNA 完全相同，他（她）们成了我们评估基因会在多大程度上决定我们是谁或长什么样的便利途径。异卵双胞胎的角色在某种程度上则更像对照组，用来排除同卵双胞胎的各种特征与他（她）们曾住在同一个子宫里有关的可能性。

同卵双胞胎相似而异卵双胞胎不相似的特征被称为"一致性特征"，我们用某个特征的一致率来衡量这个特征在多大程度上受遗传影响。一致率的高低不仅与我们研究的具体特征有关，让人意想不到的是，不同的研究得出的一致率也不相同，特别是当研究对象不是生理特征和疾病，而是智力和行为时。这类研究得出的数字，经常与我们认为人的体貌特征大多与遗传有关的印象相符。毕竟，同卵双胞胎都长得很像，不是吗？举一个更量化的例子，身高的一致率极高，超过 80%（注意：这个数字并不是 100%）。相比之下，包括心血管疾病在内的许多疾病，一致率很低，基本上都落在20%~30% 的区间内。事实上，曾有一项研究从上百万人的数据库里找出了受 560 种疾病影响的 5.6 万对双胞胎，这项研究最后得出的结论是，只有 40% 的疾病与遗传因素有强相关性。[5] 即便如此，盲目强调一致率的风气也依然盛行，我觉得主要原因是我们已经对基因在个人特征和疾病易感性方面扮演重要角色的陈词滥调习以为常了。除此之外，时至今日，如果不能直接归咎于基因，我们就会把矛头指向表观遗传学。表观遗传学涉及一系列DNA的化学修饰基团及与某些特定基因有关的蛋白质，这个体系可以根据环境因素来调节基因表达。特别是，表观遗传学着重强调个体经历（饮食、锻炼、习惯）对基因表达的影响。表观遗传学研究当然不太可能是信口雌黄，但它经常给人一种"今朝有酒今朝醉"的感觉：如果我们不能把一种表型归咎于或只归咎于基因，那就看看是不是基因表达的调控出了问题，说来说去还是基因。

我们之所以会觉得同卵双胞胎长得很像，是因为我们有辨识人脸的能力，而且这种能力非常关注两张面孔的相似之处。对相似点的关注不仅会让我们产生两个人长得像的感觉，而且很可能会强化这种印象。然后，当得知他（她）们的DNA完全相同时，我们便会得出相貌的设计图就藏在基因组里这个结论。这确实合情合理，但要得出同样的结论，我们也可以改变思路：同卵双胞胎长得像不是因为面孔的设计图相同，而是因为用来构造面孔的工具和材料相同。这就像从商店购买的组装书架，最终的成品都一样，仅仅是因为套装提供的零件相同，组装的流程也相同。每个书架的组装图纸确实一模一样，但图纸本身也是由商家提供的；光有图纸可不够，还得有人按照图纸的说明把零件有序地组装起来。现实生活中，有一些虽然没有血缘关系但长得很像的人，他们的存在可以证明相似的长相的确源于遗传相似性。这些人很可能从各自的父母身上继承了相同或非常相似的容貌基因，我们应该能借此弄清楚有哪些基因参与了面孔的构建，以及它们各自的性质。果不其然，一项2022年的研究已经将这种想法付诸实施了。[6]

我们可以从很多特征看出，基因对人体发育的贡献究竟有多大。这里我以内脏异位为例。通常情况下，我们的眼睛、耳朵和手臂都是成对的，它们对称分布在身体中线的两侧，左右各一。除此之外，大多数内脏器官都只有一个，要么位于中线左侧，要么位于右侧。人的心脏通常偏左，位于人体左侧的器官还有胰和脾，肝脏则偏右。而在内脏异位的人体内，至少有一个器官出现位置错误或根本不存在，无论是哪种情况，对一个人的健康来说都极为不利。很多内脏异位是可遗传的，科学家也确实找到了与这些病例有关的基因。但同样的突变造成的器官发育缺陷，其严重程度常因人而异。对于这个现象，最常见的解释是：不同人的基因和基因组不同。然而，即使是突变完全一样的同卵双胞胎，内脏异位的症状严重程度也可能会天差地别。

有这样一个典型案例，三胞胎出生的时候都有唇裂，其症状表现为嘴唇中间有缝隙或裂口，原因是嘴唇的左右两瓣没能正常愈合。[7]三胞胎中有两人的唇裂偏向右侧，第三个人的唇裂则位于正中。在唇裂偏右的两个人中，有一个人同时有严重的腭裂（腭指口腔的上壁）。三胞胎的DNA突变完全相同，突变效应却大相径庭。对于把嘴巴置于身体中线这项任务，基因无从得知哪里是左、哪里是右、哪里是中线。就三胞胎的这种情况而言，最简单的解释是器官在人体上的位置安放不归基因管。尽管我们早就对基因的无所不能习以为常（它们不仅决定了我们的嘴唇、耳朵、四肢、心脏、大脑怎么长，甚至决定了我们的性格如何），但如果基因连左中右都分不清，它们就不可能包办一切，也无法为你我的身体构建指明方向。

　　"基因是人体的建筑师，几乎无所不能"这种广泛的共识主要归因于遗传学在过去 60 年里取得的成功，尤其是该学科揭示了许多特殊疾病与致病基因之间的关系，比如尿黑酸尿症、地中海贫血、镰状细胞贫血、囊性纤维化和亨廷顿病。在很多情况下，认识疾病与致病基因之间的关系确实能帮助我们治愈这些疾病，比如，为患者补充缺失的酶，或者像最近取得成功的一小部分案例那样直接修复受损的基因。在遗传学一路高歌猛进的势头下，硕果累累的突变研究让我们更加相信，既然基因突变会影响生物体发育，就可以合理地引申出，生物体的正常发育倚仗的是同样的东西。换句话说，生物体的发育主要靠基因，还要稍稍借用基因编码的蛋白质的力量。这就是为什么我们总把基因挂在嘴边，毫无顾忌地用它解释眼睛、心脏或毛发的生长发育。这种认识的极端形式是：我们会说有的人拥有决定某种生理特征（比如红色的头发或蓝色的眼睛）的基因，而其他人没有，但事实上人类的基因都是一样的。我们谈论的其实是基因的变体或突变，而不是基因本身。

　　不过，引发特定疾病的基因与我们靠生物体的发育缺陷甄别出的那些基因有所不同。前者相当于产品即将组装完毕时出现的硬件问题，比如书架的某根螺丝或某个螺帽损坏了，这种问题比较容易纠正。能影响发育的突变则不同，它们经常是设计方面的问题。就目前而言，要弄清楚突变基因编码的蛋白质究竟如何干扰生物体发育，并不是一件容易的事。

　　仔细想想，探究人类从何而来这个问题时，遗传学本是研究的对象和手段，可在这个过程中，我们反而把基因当成了解释和机制。那么你可能要问，基因说了不算的话，谁说了算？如果基因组只是一个工具箱，谁来使用这个工具箱？人体的设计图又藏在哪里？

我们的主角一直没有登场，它的真实身份就藏在下面这则新闻报道里：2010 年，基因组学界的"麻烦制造者"克雷格·文特尔创造出一种"人工合成的生命形式"。这是真的吗？后来的实验审查结果表明，文特尔言过其实了。他和他的团队只是用一段实验室合成的 DNA，替换了某种极其微小的支原体内的天然 DNA。这段人工合成的 DNA 非常短小，仅仅包含文特尔等人认为对其存活来说不可或缺的那些基因。整个细胞并非从头开始由人工完全合成。这种合成微生物的行为或许会改变，毕竟它的基因变得不一样了。但光有新的 DNA 可不行，支原体的行为变化最终还是得体现在细胞上。没有细胞的 DNA 毫无用处。将文特尔的合成细胞称作新的生命形式，无异于在一台电脑上只写了一段新程序，就宣称自己造出了新型电脑。事实上，是电脑在运行程序，而不是程序创造了电脑。软件永远离不开硬件，同样，你总是需要一个细胞来执行 DNA 的指令。对于文特尔取得的成果，更确切的描述应该是他们"改造"而非"创造"了细胞。

我们会在接下来的章节中看到，把基因视作生命的蓝图这种看法，被用于解释多细胞生物体的构建、发育（尤其是胚胎的形成）时，其局限性显而易见。多细胞生物存在于立体的空间，而基因既不能创造也无法感知这样的物理空间。没有人会否认基因在生物体发育过程中扮演的重要角色，这从针对突变的研究就能看出来，但它们并未占据主导地位。基因的功能处在细胞的控制之下。如果你打算把 DNA 放入试管，然后坐等它们创造出一个生物体，那你还是别等了，因为你永远看不到那一天。哪怕你再加入其他与遗传信息的读取和DNA的表达有关的成分，比如转录因子、某些氨基酸、脂质、糖和盐，也不可能看到你想要的结果。有了细胞，DNA中无形的遗传信息才能变成实实在在的结构。正如光有一堆砖头和灰浆建不了房子，只有一堆基因和它们的活动也不能构成组织或器官，更别说生物体了。

构建生物体和建造房屋一样，不仅需要设计图，还需要技术娴熟的工人，他们既能看懂建筑师的设计，又能熟练地使用合适的工具和材料，把设计转化成实物。就生物体的构建而言，细胞就是生命的建筑大师。

第 2 章

─────

万物之种

1662 年，年仅 27 岁的罗伯特·胡克被刚成立的英国皇家学会任命为其实验馆馆长。胡克是个见多识广的全才，在接受这项任命之前，他就已经提出了以自己名字命名的弹性定律，还用自制的反射望远镜在猎户座里发现了从前未知的恒星。当时的显微镜技术刚刚起步，胡克对那个隐秘的微观世界同样心驰神往。他在 1665 年出版的《显微图谱》中分享了自己对微观世界的研究，有人认为这是世界上第一本科普畅销书。

胡克书里的配图引起了轰动。果蝇的眼睛居然是由数百个独立的视觉感受器组成的？这件事似乎很难叫人信服，但它的确是胡克在显微镜下亲眼所见，他还精准地将其画了出来，分享给受过教育的民众。当他把栓皮栎的树皮放到显微镜下观察时，眼前的画面同样令他着迷：

我取了一块干净的栓皮，用一把如剃刀般锋利的铅笔刀切下一小块……我非常确信上面布满了空腔和孔洞，很像蜂巢，只不过这些孔的形状不太规则，但你不能因此说它不像蜂巢……

这些孔与孔之间的间质——墙（我姑且如此称呼它们）或隔板——相对孔来说很薄，与蜂巢壁（它们围成了六边形巢室）的单薄蜡层的厚度不相上下。

正是在写下这些文字的那一刻，"细胞"（cell，即胡克所说的"巢室"）的概念诞生了。

胡克说，这些细胞可以解释栓皮的特征。更让人不可思议的是它们的数量：胡克估计每英寸①长的栓皮上纵向排布着 1 000 多个细胞。这意味着每平方英寸栓皮上有超过 100 万个细胞，每立方英寸栓皮里有约 1 200 万个细胞，"要不是亲眼在显微镜下看到，谁会相信这件事"。当然今天我们都知道，胡克当时看到的并不是真正的细胞，而是细胞残骸。他的眼前是一大片紧密排列的六边形结构，由我们如今所说的细胞壁构成，那些空腔只是细胞死亡后留下的空隙。

有了名字，细胞距离首次在人类面前显露真身就不远了。几年后，荷兰纺织品商人安东尼·范·列文虎克用自己特制的显微镜观察一滴池塘中的水时看到了许多游弋其中的小生物。这是人类首次看见活细胞。列文虎克将它们命名为"animalcules"，意思是"微小的动物"，我们现在把它们称为原生动物。列文虎克后来又观察了精液，

---

① 1 英寸 = 2.54 厘米。——译者注

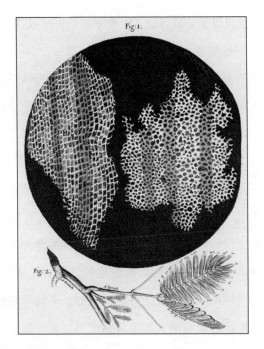

图 4　栓皮微观结构的手绘图，展示了巢室（细胞）。出自《显微图谱》，1665年，作者罗伯特·胡克

并看到成千上万个精子在浓稠的液体里游动。他以为这些精子跟他在池水里看见的生物一样，也是一种微小的动物。当时的人还不清楚细胞和生物体之间的区别（直到今天，这两个概念有时依然难以区分）。

18—19 世纪，随着显微镜的制造工艺不断进步，人们逐渐达成了一个共识：地球上所有的生命都是由细胞构成的，不是胡克看到的空壳，而是那些内部充满生命物质的小东西。从那以后，生物学便转向了我们今天所说的"细胞理论"，这种理论认为细胞是所有生物体的基础，是构成生命的基本单位。在那个基因还未登场的年代，人们认为细胞是构筑生物体的基石。物理学家总是喜欢夸耀浩瀚的宇宙中有多少恒星和星系，如果你想杀杀他们的威风，只需要把天文望远镜换成显微镜就可以了：全宇宙的恒星或许有 10 万亿颗，但一个人全身的细胞就多达约 40 万亿个，以如今 80 亿世界人口计算，地球上共有超过 10^{23}（1 后面有 23 个 0）个人体细胞。如果把其他动物、真菌、植物和单细胞生物也算上，那么这个数字还会显著增大。

眼睛，这个你用来阅读这段文字的器官，也是由细胞构成的，眼睛内部有一类能对光做出反应的特殊细胞。眼睛的光感受器将接收到的刺激传递给大脑内的细胞，这些脑细胞通过相互沟通来识别和解析感觉信号中的模式。执行这些任务的能力不是来自你的 DNA，而是来自构成眼睛和大脑的细胞的排布方式和功能。植物、真菌和动物的机体组织形式千变万化，例如，果蝇的眼睛和人类的眼睛不一样，果蝇的大脑同人类的大脑也不一样，造成这种差异的根源并不是 DNA，因为我们已经在前文中看到，果蝇和人类的基因可以互相替换。从根本上说，DNA 分子和基因的化学本质是细长的分子链，它具有相对固定的尺寸和稳定的双螺旋结构，生物体这幢高楼不可能建立在这种千篇一律的细长分子之上。DNA 只是存放信息的仓库，其功能是量产 RNA 和蛋白质。虽然 DNA 在人体建构方面也出了力，但真正造就你我的是细胞而不是基因。

我们即细胞，细胞即我们。话虽如此，但我们对细胞核里那已经成为文化符号的双螺旋分子显然更为熟悉，对细胞本身则知之甚少，只知道它扮演着某种辅助基因工作的角色。事实上，替你消化食物的，让你的心脏和大脑正常运转的，使你免于病菌侵袭的，还有帮你阅读这本书的，都是细胞而不是基因。与 DNA 的单调结构相比，细胞那变幻莫测的内部结构和运作方式让它们呈现出千姿百态。

有人认为，正是这种千变万化的形态和细胞成分的多样性组合，才让细胞在构建生物体结构和创造生命形态这件事上获得了无穷的创造力。要想理解细胞是如何通过控制基因来塑造生物体的，我们首先需要了解细胞内部的运作方式。

细胞

很多人应该还记得自己第一次使用显微镜的情景。那可能是在一堂生物课上，观察的样本可能是薄薄的洋葱切片、池塘水甚至是血液。无论当时用了什么样本，显微镜都让我们看到了细胞。你看到的可能是单个细胞，它在镜头下扭来扭去，寻找食物；也可能是一团细胞，它们密密麻麻地聚在一起，像一面不透风的砖墙。

细胞有各种各样的形状和大小。我们认为人体内至少有 200 种不同类型的细胞，其中很多细胞类型还能进一步划分。在你的皮肤里，大量细胞密集地排列在一起，每个细胞的外形跟砖头还真有几分相似。它们形成一种类似栅栏或墙壁的结构，被称为"表皮"，这是人体的物理屏障，能够保护内脏，使其免受外界伤害。肠道的内表面也是由一层柱状上皮细胞构成的。肠道是消化道的一部分，消化道起于口腔，止于肛门，是人体负责消化吸收的器官，能为你的生长发育提供能量。肌肉是由大量特化细胞构成的弹性纤维，依靠它的伸缩，你可以做出各种各样的动作。构成心脏的肌细胞比较特别，它们不仅排列紧凑，而且与神经系统的某些成分联系密切。这些肌细胞的舒张和收缩不仅有节律，而且是同步的，它们每天搏动大约 10 万次，把血液及其携带的营养素送往全身，只要你活着，它们就不会停止工作。肺部细支气管末端的肺泡细胞从你吸入的空气中获取氧气并运送给你的血细胞。你的每个器官都是由执行特定功能的细胞构成的：它们有的负责保护，有的负责取食，有的负责泵血，有的负责呼吸。

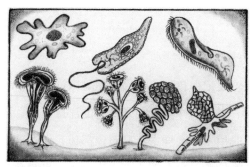

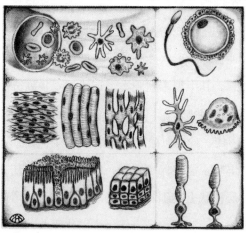

图5　各种各样的细胞（顶图为原生动物示例；底图为人体中的各种细胞，从上到下、从左到右依次为：血细胞，精子和卵子，肌细胞，神经元，上皮细胞，以及视杆细胞和视锥细胞）

人类的大脑是意志、思维和感情产生的源头，大脑本身也是由细胞构成的。脑细胞非常特殊，作为构成机体的原材料，它们彰显了细胞在形态和功能方面的巨大潜力。19 世纪，当科学家把脑组织切片放到显微镜下观察时，他们对自己看到的东西备感疑惑：一大团毛线般的结构乱七八糟地堆在一起，密密麻麻的线条和圆圈相互纠缠。这与胡克发现的墙和巢室、列文虎克看到的微小动物，或者覆盖在人体皮肤和肠道表面、规律整齐地排列的上皮细胞，一点儿也不像。那时，科学家已经知道大脑是一个由电驱动的器官了。他们想知道的是，脑组织这种奇怪的结构是否意味着大脑由另一种不为人知的东西构成，而且正是它创造了意识的奇迹？

19 世纪 80 年代末，特立独行的巴塞罗那科学家圣地亚哥·拉蒙-卡哈尔开始系统性地试验给年轻的脑组织染色，以研究大脑是由什么成分构成的。卡哈尔的染色法拨开了重重疑云，他意识到自己在显微镜下看到的确实是细胞，只是这些细胞的样子与其他部位的细胞一点儿也不像。类似于普通细胞，脑细胞也有一个作为核心的细胞体，上面有很多短小的突起。与此同时，每个脑细胞都有一个形似电缆的长而弯曲的结构，它不停地分支，越分越细，并与来自其他脑细胞的细小分支相连接。在年轻的大脑中，这些分支的末梢似乎会探索周围环境，搜寻信息和其他细胞，寻找配对的同伴。拉蒙-卡哈尔看到的其实是"神经元"，而它们上面凸出的部分是"轴突"。当初科学家在显微镜下看到的一团乱麻，其实是密集排列的神经元及其轴突，只是在一片混乱中，细胞体变得不那么显眼：神经元的密度太大，干扰了观察者的视线。你的大脑中总计有超过800 亿个神经元，平均每立方厘米（相当于一小块方糖那么大）就有10 万个。

解开一团乱麻的谜团后，拉蒙-卡哈尔推测大脑的电流肯定是沿神经元传播的，电流以细胞体为起点，向轴突末梢传递。他的猜想是正确的。没过多久，科学家就发现电流会在两个通过轴突相连的神经元之间传递，二者相互连接的部位被称作"突触"（synapse，源于希腊语中表示"一起"和"紧扣"的词）。在神经元相互缠结的一团乱麻中，众多轴突建立起精准的相互连接。最新的现代显微技术让我们看到了神经元连接的全貌。不仅如此，从蜗牛到人类，神经元的基本结构几乎完全相同，不存在物种间的差异。

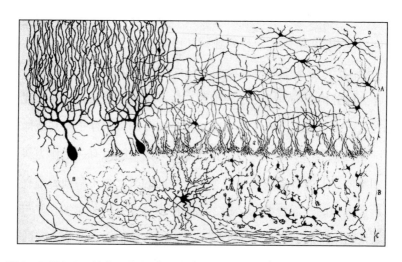

图 6　圣地亚哥·拉蒙－卡哈尔的手绘图，展示了鸡小脑中不同的神经元（引自《鸟类中枢神经的结构》，原文标题为 "Estructura de los centros nerviosos de las aves"，1905 年发表）

即使是执行同一项功能的细胞，其形状和结构也可以是多种多样的，神经元就是最好的例证。在他的手绘图中，艺术天赋过人的拉蒙－卡哈尔敏锐地捕捉到了神经元的多样性。有的神经元短小浓密；有的神经元体形巨大，粗壮的分支犹如老橡树错综的枝杈。颗粒细胞是最小的人体细胞，长度约为 4 微米（0.004 毫米），也是大脑中数量最多的细胞。颗粒细胞最初在小脑中被发现，小脑是脊椎动物通常都有的结构。最大的人体细胞是运动神经元，其细胞体的直径约为 100 微米（0.1 毫米），其轴突的长度可达 1 米，能从脊髓一直延伸到你的脚趾尖。另外，神经元不只存在于大脑中，而是遍布整个神经系统。比如，在你的耳朵里，微小的神经元相互连接，这些细胞十分精巧，能感受到空气的运动。它们可以敏锐地探查到气流的波动，然后产生脉冲电流，最终形成我们的听觉。

如果我们仔细审视每一种生物的神经元，就会发现它们的基本结构与拉蒙−卡哈尔的描述无异，但具体形态各不相同，因生物的种类而异。比如，相比昆虫和脊椎动物，秀丽隐杆线虫的神经元缺少分支，但功能与前两者类似。结构不同而功能相似的例子还有很多，比如负责运送氧气的红细胞，无论形状还是尺寸，不同动物的红细胞差异都极大；再比如卵，果蝇卵的横截面尺寸仅为 0.5 毫米 × 0.15 毫米，而鸵鸟蛋的横截面尺寸可达 15 厘米 × 13 厘米。我们目前尚不清楚究竟是什么造成了这种形状和尺寸上的巨大差异，但我们知道所有细胞的内部结构都有一些相同之处。你体内的 200 多种细胞（或许更多）不过是同一种主旋律的变调，而这种主旋律是由蛋白质、脂质、核酸搭配少许糖和盐组合成的。

细胞的基本形态

尽管为了适应特定的功能，细胞的外观往往天差地别，但所有细胞的组织形式仍有相同之处。每个细胞都有自己的边界，代表细胞作为一种独立实体所占据的范围。细胞的边界由一道屏障构成，被称为"质膜"。质膜是一种由脂质双分子层和蛋白质组成的半透性结构，用于保护细胞内容物。质膜负责调控细胞内部与外界之间的相互作用，这里的"外界"往往是指其他细胞。嵌在脂质双分子层里的各种蛋白质决定了哪些分子可以进出，而哪些不可以。有的蛋白质能让细胞附着在其他细胞上，或者让细胞主动排斥它们不喜欢的东西；有的蛋白质负责搜寻和探查环境里的信号分子，实现不同细胞间的交流。有些细胞的质膜充当了信号的发射台，这种信号可以是激素（比如胰腺细胞分泌的胰岛素）；其他细胞的质膜上则有用来感知这种信号的受体。质膜上的通道允许水和离子进出，确保细胞内的环境适宜。在神经元中，这些通道的开启和关闭是脉冲电流产生和传递的基础，如果没有它们，电流就无法从细胞体沿轴突传至另一个神经元。

在细胞世界里，蛋白质是当之无愧的主角。质膜围成的保护圈内部是一个如蜂巢般拥挤和繁忙的天地，蛋白质相当于工蜂，质膜则取代了蜡质的蜂巢壁。每一种质膜都有其独特的化学成分，负责执行特定的功能（网上有很多展现胞内活动的视频，肯定会让你啧啧称奇）。这些质膜已经分化成独立的"细胞器"，也就是一些专司某种功能、地位类似生物体内器官的胞内结构。有的细胞器就像细胞的工厂，负责大量生产蛋白质和脂质，完成装配后留作他用。有的细胞器则像垃圾处理厂，负责销毁细胞不再需要的东西。所有细胞内膜（包括作为边界的质膜）连成一片，形成一种以膜结构为基础的转运系统，确保蛋白质能被转运到正确的位置并在那里执行特定的功能。线粒体漂浮在细胞复杂的内部空间里，这种外形奇特的圆柱形结构拥有独立的膜和DNA。线粒体为细胞提供能量，无怪乎肌细胞里到处是线粒体。要论哪种细胞器在细胞的活动中扮演着核心角色，那无疑是我们熟悉的细胞核，它为染色体和DNA提供了容身之所。细胞核也有属于自己的膜，虽然核膜与质膜并不相同，但也有控制物质进出的功能，掌控着核内空间与胞内其他空间的物质往来。核膜与细胞的蛋白质合成系统之间建立了某种至今尚未被完全阐明的联系，正因为如此，作为蛋白质合成模板的信使RNA才能在转录结束后，熟门熟路地进入合成蛋白质的工厂。

如果内部没有支架，细胞的膜系统就只会是一个没有固定形状、轻飘飘的空泡。细胞的支架被称为"细胞骨架"，它不仅为细胞提供了支撑，防止细胞散架，还使细胞具有特定的形状，并决定了细胞应当在何时以怎样的方式移动。细胞骨架由一排微小的纤维盘绕而成，这类纤维的主要成分是肌动蛋白。肌动蛋白是一种管状分子，它本身又是由另一种名为"微管蛋白"的分子构成的。微管蛋白组成肌动蛋白，肌动蛋白又构成细胞骨架，最终赋予细胞形状。细胞骨架是柔性的，而且每时每刻都在变化。肌动蛋白纤维柔韧多变，让细胞拥有了依据环境的不同改变形状的能力，比如膨胀、收缩或移动。微管蛋白还能构成一种比肌动蛋白纤维更稳定的轨道，有时用于稳定细胞的形状和结构，有时则用作运输物质的高速公路。很多细胞还有第三种骨架成分：用强韧的蛋白质构建的纤维，比如角蛋白。它是一种非常稳定的蛋白质，人的毛发就是由角蛋白构成的；除此之外，你还能在某些品牌的洗发水成分表里看到这个名字。与人的骨骼或车的底盘不同，细胞骨架灵活多变，它的长度和空间结构时时刻刻都在变化，使得细胞可以根据其他细胞和周围环境的情况适当调整自己的形状。灵活多变的细胞骨架是细胞依然存活且状

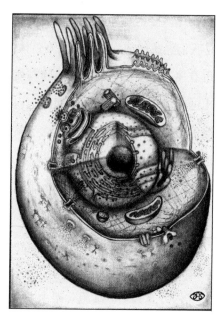

图7　细胞结构的通用示意图，细胞核位于中央，各种各样的细胞器围绕着细胞核，所有内容物由最外层的质膜包裹着

态良好的最佳标志。

　　从列文虎克在池塘水里看到的微小动物、组成栓皮的单位到你身上的细胞，这种基本结构是所有细胞的共同特征。我们说人体内有200多种细胞，而每种细胞的特别之处就在于上面提到的那些细胞成分的排布和活动有所不同。有的血细胞负责时刻提防感染，有的血细胞负责为各个组织和器官输送氧气，还有上皮细胞整整齐齐的排列方式，这些都离不开细胞骨架，区别仅在于每种细胞中细胞骨架的具体排布方式。当然，就连大脑中的神经元也不例外。

　　形形色色的真核细胞堪称大自然的奇迹：它们的结构并不像19世纪末的科学家观察到的那么死板，而是柔韧、适应性强、形状多变，并且充满了生命力。细胞有一个常被我们熟视无睹的特点，但那也是它们极具创造力且能占领地球的秘密武器：具有增殖能力。
正是凭借这种本领，母亲子宫里的那个细胞才能变成构建你身体的
数万亿个细胞，而增殖也是细胞中许多组分存在的意义。

分裂与征服

　　生物与水、山和行星等非生物之间，有一个至关重要的区别。
这个区别不是能否生长：喜马拉雅山脉在生长（遗憾的是，海洋也
在生长），行星是由宇宙气体和尘埃聚合而成的。生物之所以与众不
同，是因为它们能够自我复制和增殖。这是细胞与生俱来的一种能
力：生长到一定大小时，细胞就会通过分裂来增殖。凭借这种方式，
一个细胞变成两个，两个变成 4 个，同样的过程不断重复，随着时
间的推移，自然就有了构成你我的数万亿个细胞。

　　植物细胞和动物细胞的增殖方式被称为"有丝分裂"，一个细
胞经有丝分裂得到的两个细胞就是子细胞，子细胞的体积、构成和
DNA 都与母细胞相似。有丝分裂的发生离不开名为"中心粒"的细
胞器。中心粒是一种短小的管状结构，通常成对存在，位于细胞核
外，相互之间靠得很近并成直角，被一大团蛋白质包围着。在绝大
多数的细胞里，中心粒的作用都是充当纤毛的组织中心。纤毛是一
种手臂或触须样的突出物，能探查细胞内和细胞周围的化学环境。
如有必要，纤毛还可以通过旋转和搅拌来维持周围环境的化学平衡。
而在另一些细胞里，中心粒是鞭毛形成的基础。鞭毛比纤毛长，其
功能是产生反推力，帮助细胞移动。精子正是因为有一条长长的鞭
毛，才能一路游到子宫并与卵子相遇。中心粒最重要的功能就是作

为微管的基石，由微管构成的轨道不仅是细胞运输物质的交通线，也是线粒体的锚点，使它们能被固定在特定位置上。

当细胞的生长达到临界点并且做好分裂准备时，中心粒便会放下手头的任务，这导致那些原本靠它们维持的结构纷纷瓦解。两个中心粒分别往细胞的两极移动，并布下许多相互平行且纵贯整个细胞的微管。这些分子轨道的长度、它们与质膜的距离及它们与中心粒的连接位置都十分精确，仿佛出自一位严谨的工程师之手。这一番布置最终形成的结构被称为"纺锤体"，顾名思义你就可以想象出它的样子。一旦纺锤体形成，一种外形酷似巨型起重机、名为"动力蛋白"的奇妙分子就会紧紧地附着于染色体中部，然后把染色体拉向细胞的一极。这个过程非常有条理，最后的结果总是细胞的两极各获得母细胞DNA的一半，不过每条DNA都可以作为模板使用，所以不会出现染色体数量减半的问题。等到所有染色体都到达新的位置，纺锤体便崩解了。此时，细胞从正中间缢断，新的质膜在缢口处形成，把细胞彻底分成两半。完成这些步骤之后，中心粒又转头忙自己的事去了，而原本的一个细胞已经变成了两个。每个子细胞的形态都与母细胞相仿。

我们得在这里暂停一下：基因与这个复杂的过程有什么关联呢？如果所有细胞的DNA都相同，200多种不同类型的人体细胞又从何而来？基因确实携带着指导蛋白质合成的信息，蛋白质又是构成中心粒的主要成分，但基因是否"知道"细胞只需要两个中心粒？它们要如何指挥中心粒，使其能在分裂的细胞内准确无误地找到构建微管的位置？它们要如何测量距离，又如何清点染色体的数目，以便精确地平分染色体并将其分别拉向细胞的两极？纺锤体的

形成，标志着染色体在有丝分裂过程中的首次聚集，这个过程也是
写在基因组里的吗？

　　对于有丝分裂，我们还有很多问题没有弄清楚，特别是我们不
知道为什么纺锤体、中心粒和染色体的行为能如此精准，以及它们
相互之间的配合为什么能如此默契。但我们可以肯定，许多问题的
答案并不在基因里。因为在有丝分裂过程中，基因始终处于一种怠
惰的被动状态。作为基因的载体，染色体被复制和挪来挪去，但对
有丝分裂过程的参与度极为有限。而真正卖力干活的是母细胞的细
胞器，它们负责感知空间、调节力度、划分区域，还有挪动染色体。

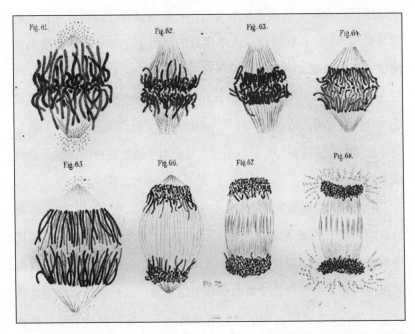

图 8　有丝分裂不同阶段的手绘图，展示了染色体的位置逐渐从纺锤体中心移向
细胞的两极，最终分别落入两个子细胞的过程（引自文章《细胞的成分、细胞核
与细胞分裂》，原名为 "Cell Substance, Nucleus and Cell Division"，1882
年，作者华尔瑟·弗莱明）

举个例子，我们已经明确知道有丝分裂启动的时机并不是由某个或某群基因决定的。细胞是否发生分裂，取决于它对多个方面的评估：体积、成分、刚度、养分供应，以及来自邻近细胞的信号。这些特征与基因之间都没有直接的关联，虽然它们的确可以影响基因组的活动（影响基因的表达，而基因表达的产物或许能参与某种细胞活动），但要做什么依然是细胞说了算。

我们渐渐明白细胞是如何做到这一点的了，不过就目前而言，我们的认识仍是一孔之见，非常粗浅。例如，我们发现有一种名为"mTOR"（哺乳动物雷帕霉素靶蛋白）的蛋白质在前文提过的细胞收集信息的过程中扮演着核心角色，它们通过调控细胞的生长来决定分裂的时机。mTOR存在人体所有的细胞中，它负责感知细胞的健康与营养情况，并基于这些信息决定细胞应该获取更多营养、分裂还是死亡。[1]在应激情况下，mTOR能综合许多变量来评估细胞状态，并将其与周遭的养分供应条件做比对，要是情况允许，它们就会促进细胞的合成代谢与生长。不过，我们尚不清楚这种蛋白质是如何决策的。

mTOR调控细胞的活动时，控制着一种被称为"自噬"（全称是"自体吞噬"）的极端现象。当一个细胞处于应激状态或面临资源耗尽的情况时，它会采取断臂求生式策略，开始分解并回收利用自身的蛋白质和（通常已经受损的那些）细胞器，以提供续命的应急能量。mTOR负责监控自噬活动。通常情况下，它们的功能是抑制自噬，倾向于以不太激进的方式获取物质和能量。但如果mTOR在评估后认为新陈代谢难以为继，它们就会关闭抑制功能，允许细胞将自噬作为一种万不得已的应急手段。

　　并非所有生死攸关的细胞活动都由基因主导，mTOR就是很好的例子。当然，mTOR也得靠基因编码，但其基因只负责提供这种蛋白质的合成指令，为细胞保驾护航的苦活累活则由mTOR一力承担。这种蛋白质的合成需要基因，但其功能的实现与基因无关。同所有感受器一样，mTOR的功能建立在不同蛋白质之间（以及蛋白质与一般意义上的化学环境之间）相互作用的基础上。

　　对细胞增殖来说，基因组既不是说明书，也不是设计图。从细胞的角度看，基因组好比一间品类齐全的五金商店，能为细胞提供各色各样的工具、固定装置和原材料，任由细胞选用。这个比喻很贴切，因为细胞会根据自身需要改变基因的使用方式。细胞既需要用趁手的工具来执行特定的任务，也需要用原材料来合成特定的东西，二者缺一不可。细胞需要的工具可以转录因子为例，转录因子是一大类与基因转录过程有关的蛋白质。细胞需要借助转录因子才能激活一个基因的表达，而这个基因的转录产物（RNA）本身又是一种新的工具，RNA编码的遗传信息可能是另一种转录因子，也可能是参与细胞通信和信息交换的物质，还可能是酶。有的酶催化代谢过程，有的酶催化物质合成过程，比如合成细胞质膜系统必需的脂质。还有的遗传指令与细胞骨架、中心粒和通道蛋白的合成有关，其中通道蛋白的功能是调节细胞的内容物；如果是神经细胞，离子通道也与电信号的传递有密切的关联。有些RNA编码的工具是细胞的表面蛋白，这类蛋白质的功能包括介导细胞与细胞之间的黏附，以及帮助细胞感知和探查周围环境。类似的例子还有很多。把这些工具和原料整合起来，就可以得到一个细胞。

　　在这一系列分工有序的活动中，DNA的角色更像一堆可供使用的指令，而使用者就是细胞。不要误会，我知道DNA很重要，基因组很复杂。即便如此，基因对日常生活的贡献也没有我们认为的那么大。我们之所以活着，靠的都是细胞的努力，它们在合成激素、分配食物、运送氧气、传输电信号，心脏的跳动和神经元的放电都离不开它们。这些活动停止之日，就是生命终结之时。反观DNA，这种物质可以在我们死后继续存在，只要没有受到环境的破坏，就可以保存上千年。这种稳定性解释了为什么科学家能从数万年前的非洲早期人类遗骸中提取出DNA，将其与现代人的基因组进行比对，从而推断出人类走向全世界的迁徙路线。但是，科学家无法仅凭这些DNA就使早期的智人或尼安德特人复活。虽然DNA记录了我们这个物种的变迁史，但它们并不能创造出活的个体。

DNA只有在细胞里才有意义。如果没有细胞，基因组就无法表达其携带的任何信息。是细胞定义了我们，并决定了我们如何诞生。确切地说，应该是两种细胞。

一种非常特殊的细胞

我们可以从神经元的结构和活动看出，并非所有细胞地位平等——远非如此。但在构建人体的200多种细胞里，有一种显得极其特殊，那就是配子。说配子你可能感觉有些陌生，但你肯定听说过它的两个分类名称：卵子和精子。卵子可以与精子结合，形成人体的第一个细胞，这个细胞被称为"合子"，它是你和地球上所有动物生命的起点。

在几乎所有物种都进行有性生殖的动物界，配子可谓无处不在。

染色体既是储存 DNA 的金库，又是基因组的存在形式，而配子的核心功能正好与细胞核算这种遗传资产的方式有关。绝大多数情况下，细胞核内的染色体呈现为一种疏松的纤维状分子，即使放在显微镜下也很难看清楚。但当细胞准备分裂时，染色体会浓缩、变粗，此时它们不仅看得见，而且数得清。我们在前文说过，每个物种的染色体都有特定的数目，只不过染色体数目的多少似乎与物种的复杂程度没有关系。

我们还说过，染色体总是成对存在，因此所有生物的染色体数目都是偶数。事实上，成对的染色体恰好是一条来自母本，另一条来自父本。我们人类有 23 对染色体。在生命伊始，母亲的卵子给了你 22 条染色体，父亲的精子也给了你 22 条染色体，这 22 对染色体中每一对的外形和长度都彼此相同。最后一对染色体决定了你出生之时带有男性还是女性的性征。你会从母亲那里获得一条 X 染色体（她有两条 X 染色体），从父亲那里获得一条 X 染色体或一条 Y 染色体。如果你从父亲那里得到的是比 X 染色体短一大截儿的 Y 染色体，你出生时就是个男孩。

就每一个物种而言，染色体的数目和配对方式都至关重要。有三条 21 号染色体会导致唐氏综合征；有三条 13 号染色体会导致 13 体综合征（Patau 综合征），造成头骨、大脑、脊髓、眼睛、心脏等器官的畸形发育，患儿通常不到一岁便会夭折。我们尚不清楚多出的那一条染色体为什么会导致这样的后果，但很显然，对生物体来说，基因的数目不是儿戏。

在精子和卵子的形成过程中，细胞高超的算账本领体现得淋漓尽致。人体中的其他细胞都有 46 条染色体，这个数目在有丝分裂后保持不变，而每个配子只有23条染色体，当两个配子结合成合子时，合子的染色体数目正好能达到46条。每个物种的染色体应该是多少条，就必须是多少条，没有商量的余地。虽然染色体的数目因物种而异，但地球上的每一种动物、真菌或植物都熟练地掌握了这种攸关生死的算账技能。它被称为减数分裂。

在发育的早期阶段，一小团名为"生殖细胞"的细胞会提前进入将来会发育为生殖腺的部位。同这一时期的其他细胞一样，生殖细胞内的染色体数目也是46条。随后，经过连续两次分裂，它们的染色体数目减少到23条。这个过程非常奇妙，原因不只在于细胞居然能在两次分裂中精准地清点染色体数目，还在于成对的染色体会相互交换遗传物质，以确保你不会原原本本地继承父母的基因工具和原材料。我的意思并不是你的基因工具与你的父母不同，而是这些工具的细节变得不一样了：扳手改成了握把，锯子换了个锯齿，或者钉子的尺寸做了微调。

减数分裂结束后，原始的生殖细胞一分为四，其中每个子细胞都有22条X染色体外加一条X或Y染色体，随时准备构建新的人类个体。

如果你的生理性别是女性，早在胚胎发育的第5周，卵子的前体细胞就已经形成了——总数多达200万个。很多配子细胞可能在你的童年时期就死亡并被身体吸收了，当你进入青春期时，大约还剩下40万个配子，其中只有10%左右可以发育到能与精子结合成合子的程度。你的身体每个月排卵一次，每次排出一个（或几个）。未被排出的卵子继续发育成熟或死亡，同样的过程将持续35~40年。绝大多数女性会在50岁左右停经，此时她们体内还剩下大约1 000

个配子。通常情况下，这些配子不会再发育和成熟了。

成熟的雌性配子或卵子，是一种直径可达 100~120 微米（与一根头发的粗细相当）的大型细胞。卵子同运动神经元的细胞体一样大甚至更大，肉眼可见。它是一种结构齐全的细胞，拥有非常典型的细胞核、线粒体，以及绝大多数其他胞内结构。它唯一缺失的结构组分是中心粒，它们在减数分裂的过程中被丢弃，因为对卵子来说中心粒没什么用。同样因为没用而被抛弃的，还有每对染色体的其中一条。这种体积巨大的细胞必须尽可能地储存营养：健康且能受精的雌性配子在蛰伏期间必须精打细算，为排卵期的到来做好准备，而这一等可能就是几十年。

雄性配子或精子，与卵子正好相反。这种细胞的结构奉行极简主义，一团 DNA 满满当当地塞在细胞体里，中心粒缩在细胞体的一端，另一端则拖着一条长长的鞭毛或尾巴。这条尾巴让精子能沿子宫和输卵管逆流而上，寻找卵子。与女性不同的是，男性出生时体内还没有配子，他们的性腺直到青春期才开始产生精子。在余下的人生里，性腺不断地产生精子，直到个体死亡的那一刻。

人类的卵子和精子结合的过程是一场争分夺秒的赛跑。卵子在子宫内大约只能存活 24 小时；如果不能与卵子结合，精子在子宫里也活不过两天。幸好在现实生活中，这不是一个精子孤军奋战、拼命寻找仅有的一个卵子的戏码。自然条件下，成千上万个精子逆流而上，只要每个月在正确的时间到达正确的位置，它们就有机会邂逅卵子。捷足先登的精子能穿透卵子坚韧的保护膜，将它的 DNA 和中心粒注入卵子。于是，新个体的第一个细胞（合子）便有了齐整的装备，生命之火随即熊熊燃起。

两种性别的个体在有性生殖方面的精妙配合，是某些复杂的地球生命演化出的奇特现象。所有哺乳动物都需要两种配子的结合才能繁衍后代，因为雄性配子和雌性配子都有一些处于关闭状态的基因，只有两种性别的配子融合成合子，这些基因才能被激活。在发育的早期阶段，母亲基因组中的某些部分是没有活性的，而同样的部分在父亲基因组中有活性，反之亦然。科学家曾试图用两只雌性小鼠繁育后代，为此，他们不得不大段删除其中一个雌性配子的染色体，因为这些部分在精子中是没有活性的。即便如此，最后只有不到15%的胚胎（共计29只小鼠）活到了分娩之时。[2]而科学家试图用两只雄性小鼠繁育后代的实验根本没有成功：只有1%的胚胎活到了分娩之时，而且其中绝大多数都有发育缺陷，没有一只小鼠活到成年。

无论是动物还是植物的个体，都始于一个细胞，也都有死亡的一天。无论物种的形态多么千变万化，有性生殖都离不开两性之间的合作。

细胞的合并

有人认为，探寻生命的起源是生物学最关键的命题。通常情况下，当有人提出这种宏伟的科学问题时，提问者往往已经想好了应该去哪里寻找答案。过去的一个世纪里，理论和实验都在不遗余力地探寻DNA和RNA分子如何在原始地球的化学汤中诞生，随后又找到了自我复制的方法。这类研究大多假设地球上先出现了有生物活性的DNA和RNA分子，之后才出现了生命。生物化学家尼克·莱恩对此持不同看法，他认为新陈代谢（驱动生命所需的各种化学反应）才是最早出现的。根据他的观点，核酸分子反倒成了新陈代谢的产物；至于原始细胞（protocell）是如何形成的，核酸分子又是怎样变成原基因组（protogenome）的，这些问题我们稍后再研究。莱恩的研究思路非常有意思，但事实上，可能的情况不止这两种，新陈代谢、核酸分子和质膜有很多种方式邂逅并构建最初的生命。老实说，我并不相信我们能解开生命起源的奥秘，毕竟连块化石都找不到，没有人能知道当初究竟发生了什么。

我个人认为生命起源于细胞。在我看来，地球生命史上有两个格外有趣的时刻：一个是 40 亿年前世界上第一个细胞诞生；另一个是 20 亿年前细胞分化成两大类，原核细胞和真核细胞从此分道扬镳，共同徜徉在天地间。原核生物（prokaryote）和真核生物（eukaryote）英文名称中的 "karyote" 源于希腊语 *karyon*（坚果仁），指细胞的核。原核细胞的细胞核很 "原始"，或者说没有真正的细胞核；而真核细胞有 "真的" 或者说成形的细胞核。

包括细菌在内的原核生物是相对简单的生命形式，一个细胞往往就是一个个体，细胞凭一己之力觅食、抵抗入侵者及与同类竞争。它们的存在非常纯粹，不会超出化学反应和物理移动所涵盖的范畴。它们通常被坚韧的细胞壁包裹，即使生活在摩肩接踵的环境里，这层 "外衣" 也能让它们与附近的细胞保持距离。在内部，它们也有基本的细胞器。与其说是细胞器，不如说是井然有序的生化工厂，包括用于产生能量和输送能量的设备、搜寻食物的装置和追踪食物的马达。如果你问我对它们有什么看法，我会说它们的存在略显无趣。几乎所有原核生物的DNA都只有几千个基因，像一团环状纱线一样，无拘无束地漂荡在细胞内。原核生物进行无性生殖：细胞从中间缢裂，一分为二，DNA双链解旋并分离，两条单链分别作为模板，通过复制变成两团一样的"纱线"，每个子细胞各分得一团。

我们在前面提到的另一类无论外观还是行为都与原核细胞大不相同的细胞——真核细胞，才是本书的主角。虽然这类细胞也能独立生存，但我们最熟悉的还是由它们构成的社会性群体，比如植物、真菌和动物。真核细胞间频繁互动，热情地接受了有性生殖方式，并通过大量聚集形成了组织、器官和生物体。

我们过去认为，真核细胞与原核细胞的不同之处源于漫长的演化过程。在科学家的设想中，起初某些细菌或其他原核细胞在积累了足够多的变异后，逐渐演化出复杂的细胞内膜系统；后来，它们又获得了细胞核和包括线粒体在内的其他细胞器，最终变成了真核细胞。原核细胞出现的时间比真核细胞早20亿年，对科学家设想的演化过程来说，这个时长绰绰有余。然而，当你真的深入研究真核细胞的内部结构时，就会发现一个匪夷所思但又无法忽略的事实：线粒体的样子和细菌实在太像了。

这个发现是波士顿大学的一位名叫林恩·马古利斯的生物学家在1967年取得的。马古利斯年轻有为且天赋异禀，她在研究线粒体和细菌的相似性后得出结论：这不是巧合。马古利斯为此发表了一篇重要的论文，题为《论有丝分裂细胞的起源》。她在这篇文章里提出，真核细胞的诞生并不是通过微小变化的日积月累，而是通过一种快速且激烈的方式实现的：一种原核细胞吞噬了另一种原核细胞后，发现它们能彼此兼容，合作共生。[3] 马古利斯把这个过程称为

"初级内共生"，这是世界上最早的共生关系：一种生物生活在另一种生物体内，并且双方都能从对方身上获得好处。考虑到原核细胞一生中的大部分时间都在忙着进食和争斗，细胞之间互相吞噬很可能是每时每刻都在发生的普遍现象。而总有那么一些时候，捕食者和被捕食者都发现它们不必斗得你死我活：作为吞噬者或消化者的细胞能为被吞噬的细胞提供庇护，被吞噬的细胞则能充当能量工厂。马古利斯相信，至少还有两种真核细胞的细胞器起源于初级内共生，其中包括负责光合作用的叶绿体。

马古利斯先后向 14 家学术期刊投了稿，最终《理论生物学杂志》接收并刊载了她的论文。这篇文章一经发表，学界哗然。马古利斯居然质疑查尔斯·达尔文提出的演化法则在地球上最重要的一种生命形式的起源中所起的作用，批评者认为她的胆大妄为简直不可理喻。他们不相信她的观点是认真的。共生现象在自然界极为罕见！他们认为，她的假设只是建立在一些肤浅的相似性之上！就这样，马古利斯和她的想法被贴上"离经叛道"和"令人气愤"的标签，遭到冷落。然而，马古利斯的推论其实是符合逻辑的：线粒体的DNA形成了一种简单的、环形的染色体结构，与细菌的DNA如出一辙；还有，线粒体的膜不止一层，而是有两层，第二层膜原本很可能是细胞壁，是一个曾经能独立生存的细菌残存的证明。

到了 1978 年，分子生物学终于发展到可以证明线粒体起源于细菌的水平。线粒体拥有其独特的生长和复制模式，与细胞核内DNA的有丝分裂过程完全不同。此时已经有了DNA测序技术，科学家甚至找到了疑似与线粒体的祖先有关的一类细菌——假单胞菌门。他们还根据遗传的相似性，将目标锁定在其中一个亚科：立克次氏体科。现代的立克次氏体必须生活在宿主细胞的囊泡或胞内分隔中。

但内共生理论依然不能解释细胞核的起源，这个细胞的基因宝库被非常特殊的膜包裹着。细菌没有细胞核，那么细胞核究竟是从哪里来的呢？在原核细胞通过内共生起源获得线粒体后，自然选择很可能一如既往地接过了后续工作。正是因为有合作伙伴的新细胞一点儿一点儿地收集其他胞内结构组分，真核细胞才有了今天的模样。还有一种最近引起关注的可能性，它的提出者是戴维·鲍姆和巴兹·鲍姆，这两位生物学家既是表亲又是同行，分别在大西洋两岸工作。戴维和巴兹相信，这种双赢的合作关系起初可能并不是发生在两个细菌之间，而是发生在细菌和一类特殊的单细胞生物之间，这类特殊的单细胞生物被称为"古菌"；身为原核细胞，古菌的胞内结构却与真核细胞有一些相似之处。[4] 同林恩·马古利斯的遭遇一样，

图 9 真核细胞的出现要归功于机能不同的两种原核细胞的合并，其中一种细胞凭借独特的功能和结构成为另一种细胞的细胞器，最典型的莫过于线粒体。其他更复杂的结构组分，也就是其他细胞器，要么同样来自不同细胞的合并，要么来自内部结构的缓慢演化

鲍姆兄弟的投稿之路也十分坎坷，好在他们的论文最后也被接收和刊载了。

鲍姆兄弟设想了一种生活在远古时期的古菌，它有一层长满细丝的外膜，能够捕获细菌并将其吞噬。一旦发现它吞噬的细菌拥有它需要的功能，古菌就会选择保留而不是摧毁细菌。经过漫长的岁月，古菌的外膜逐渐蜕变，最后变成了包裹在真核细胞的细胞器外的质膜，而古菌的核心变成了细胞核，将它的DNA安全、妥善地保护起来。鲍姆兄弟指出，倘若事实真的如此，真核细胞的演化就是通过一种"由内而外"的方式实现的。

有越来越多的证据可以佐证他们的想法。阿斯加德古菌①拥有某些从前只在真核细胞内才能见到的基因。这些基因转录和翻译的产物是构成细胞骨架的蛋白质，其功能是帮助细胞核维持形状，以及为细胞器提供支撑。换句话说，阿斯加德古菌的基因组与真核细胞的基因组之间存在交集。2014 年，日本科学家成功地在实验室里培养出一种阿斯加德古菌。这种古菌只有与其他细胞共同培养才能存活，后者包括另一种古菌和一种细菌。更令人兴奋的是，这种阿斯加德古菌长有一种类似章鱼触手的突起，很像鲍姆兄弟设想的古菌外膜上的细丝。

内共生学说自提出以来，已然成为解释真核细胞起源的主流理论。但是，实验室培养的阿斯加德古菌和自然界存在的立克次氏体不能说明真核细胞的诞生是一蹴而就的，并不是原核细胞在某一次狼吞虎咽后，真核细胞就突然诞生了。事实上，我们几乎可以肯定，

---

① 没错，就是北欧神话中的神界，之所以取这个名字，是因为这些古菌被发现的地点是北冰洋海底的一个热泉喷口附近，那个喷口的名字叫"洛基的城堡"。

细胞合并是一种相当普遍的现象，不同细胞的合并在竞争激烈的环境里不断上演。马古利斯将这种现象称为连续内共生。动物和植物的分化或许可以算一种证据，暗示了这种合并方式并不罕见。如果说线粒体是动物细胞里的"活化石"，那么我们似乎也可以说，植物细胞的出现都是拜能进行光合作用的蓝细菌所赐。光合作用是指植物利用阳光制造食物和能量的过程，深谙此道的蓝细菌被真核细胞"招安"，成为后者的一部分，而这些真核细胞就是植物的祖先。我们可以从中看出，生物体如果想变得更复杂或具备更复杂的功能，可行的办法之一是将其他个体的"技能"（我们姑且这样称）兼收并蓄，从而实现合作共赢。

内共生学说可以合理地解释真核细胞的起源，而且我们现在知道这种解释是正确的。不过，要问是细胞的哪一个特点使它有了今天的模样，答案肯定不是它们的结构有多复杂，而是当各个结构组分汇聚在一起时它们会如何精妙地协作。正是基于这种协作，真核细胞才像我们看到的那样移动、相互黏附和分离、齐心协力构建组织和器官，以及分裂。细胞在这些生命活动中表现出来的行为，不能简单地用它们的结构来解释。

一加一大于二

要理解为什么细胞的各个结构组分在经过组合后，能够实现它们原本无法实现的新功能，我们首先要了解一个重要的概念：涌现。涌现是指随着组成部分的增加，整体表现出每个结构组分单独存在时都不具备的功能或特性。

从一个未知的真核细胞里取一段DNA，把它交给当今最优秀的基因破译员，询问他们这是一个什么样的细胞，恐怕没有人能答得上来。他们绝对不可能仅凭DNA就推断出细胞的大小、形状，以及细胞拥有哪些细胞器，还有这些细胞器的结构。除此之外，他们也无从得知细胞的运动方式和功能。这并不奇怪，毕竟每个人体细胞的DNA都完全相同，而我们身上的细胞有很多种。如果基因破译员幸运地获得了一些关于RNA和蛋白质的信息，他们或许能据此推断细胞在使用哪些遗传工具和原料，从而得知自己分析的可能是一个什么样的细胞（这还是得看他们的运气）。因为细胞（尤其是真核细胞）的形态、功能和运动，其实是蛋白质、RNA及包裹它们的脂质和糖类分子相互作用的结果，远不只是各种结构组分的简单拼凑和堆砌。

一个整体的各个组成部分由于相互作用而形成了新的结构和行为，并且单看其中任何一个组分都无法预见这种结构和行为的出现，这种现象被称为"涌现"。类似的例子有：鸟之于鸟群，水滴之于水，以及细胞的结构组分之于细胞。这个概念对于认识细胞的本质至关重要。

一个具有涌现性质的结构或过程，其最基本的要素是构成该系统的各个组分必须发生相互作用。我的意思是，当这些组分邂逅并汇聚到一起时，它们会交换信息，表明自身的状态或结构，而如何交换这些信息取决于它们的具体组合方式。举个例子，我们可以用不同的方式把两个3组合起来：二者可以相加，得到的结果是6，这没什么稀奇的；但如果我们让二者相乘，就可以得到9，比它们的和要大；它们还可以相除，得到1，这在某种程度上是两败俱伤的结果。我们无法仅凭其中一个数字就准确地预见最后的结果，因为我们并不知道这两个数字究竟会通过哪种方式发生相互作用。涌现的第二个基本要素是组分之间的相互作用方式必须遵循非常简单的规则，譬如前面所说的两个数字3，它们相互作用的方式只有加、乘或除。总之，我们无法仅凭单个组分就推断出最终结果，正如3和3的组合结果可以是6、9或1，到底是哪一个完全取决于具体的相互作用方式。我们称这种现象为"涌现"，就是因为只有看到了结果，情况才会"变得明朗起来"。涌现是复杂性的基础。

并不是所有东西都与涌现有关，甚至于并不是所有复杂事物都是涌现的结果。在绝大多数情况下，3和3的组合结果就是6。我们今天使用的很多机器结构都非常复杂，需要精确装配每一个零件才能让机器正常运作，但机器的功能和涌现并没有关系。比如，车辆和飞机都是由成千上万个零件严格按照图纸组装而成的，图纸的设计严格限定了这些载具的结构和功能，确保了机器的实际表现与它们的设计预期分毫不差。你可以回想一下，只要操控方向盘，汽车的轮子就会精确地转动；只要控制襟翼的翻动，飞机就能准确地起飞和降落。这些结构仅仅是零部件有序组装的结果。任何小故障都可以归结为装配问题，你只需要拿出设计图纸，找到出问题的地方，把故障排除就可以了。类似这样的结构并不是涌现的结果，因为具有涌现性质的结构没有设计图。

而生命具有非常明显的涌现性质。我们无法用构成生命的各个组分来预测生命的结构和行为，因为它们其实是组分之间的相互作用造就的结果。以一座城市的扩张和发展为例，首先是城市的规划者、建筑设计师和开发商按照其设想对一片区域进行建设；随后，城市居民开始在这片区域内安家落户并四处探索。为了尽快往返于两个热门地点，原本漂亮的公园被横穿其中的行人踩出了一条难看的土路，英语里有一种形象的说法来形容这种捷径，即欲望小径。这改变了公园周围的人气。瞅准机会后，一家新的商店在公园附近开业了，商品的价格十分诱人，原本不去那条街的人现在被吸引得频繁光顾。这又带动了更多的商店在附近开张，以及更多的顾客来此消费。有些商家和消费者萌生了搬到附近的想法，于是新的房地产开发项目接踵而至。就这样，欲望小径、房地产行情和就业模式都发生了变化。现在，在这个简单情景的基础上考虑 100 万或 500 万人口，与一年 365（偶为 366）天相乘，算上整座城市的面积，再考虑到人们前往不同城区的难度有所不同等因素。由此可见，城市规划其实就是制定一些简单的规则，然后静静看着这些规则影响各个城区，引发一系列不可预测的变化。

同城市一样，自然界具有涌现性质。我们在澳大利亚、非洲和南美洲都能看到白蚁的巢穴，这些哥特风格的土丘并不是在蚁后的指挥下建造的。数以千计的白蚁仅仅是对自己身处的环境做出反应，并不断地将自己搬运的那一点材料添加到它们共同的巢穴中。然而，最终的结果是令人惊叹的土丘拔地而起：蚁穴内是一张精心布置的网络，管道四通八达，能确保热空气和二氧化碳的排出，以及冷空气和氧气的输入。成群的飞鸟、蜜蜂和鱼群都是涌现的典型例子。

这些生物学组织形式和结构背后的功臣都是细胞，而细胞本身也应当被视为一种涌现结构。你无法在基因组里找到"细胞必须正好有两个中心粒"的指令，以及"参与细胞分裂的纺锤体应该有多长、拉得有多紧"的规定。细胞在分裂时表现出的独特行为建立在胞内结构的基础之上，这些结构是种类繁多的蛋白质通过拼接和组合形成的，这种拼接和组合方式又是蛋白质之间以及蛋白质与胞内质膜相互作用的结果。分子之间的互动通过增强或改变蛋白质的功能，最后产生了意想不到的结果。中心粒究竟是促进纤毛还是纺锤体的形成，这取决于当时细胞里有哪些蛋白质以及它们之间会以怎样的方式相互作用，而这些过程涉及的某些蛋白质只在特定的条件下或有另一些蛋白质参与的情况下，才会被激活。

蛋白质分子之间相互作用的规则其实相当简单：不是相互吸引，就是相互排斥。而这种分子之间的相互作用之所以如此复杂和难以预测，原因其实在于蛋白质的数量：光是一个简简单单的酵母菌，它的细胞里就有大约 4 200 万个蛋白质分子。你别忘了，构成DNA的碱基只有 4 种（A，G，C，T），仅这 4 种碱基的各种排列组合就足以用于传递遗传信息了。如果只从分子本身的结构看，这 4 种碱基做不了什么，因为它们的结构几乎相同，分子的主体都是糖和磷酸，这样的结构只适用于形成双螺旋分子。反观构成天然蛋白质的 20 种氨基酸，它们的结构差异非常大，以至于有 20^{20} 种组合方式，也就是大约 10^{26}（1 后面有 26 个 0）种。不仅如此，蛋白质的分子长度和组织形式也都没有限制，我们可以认为它的结构几乎有无数种可能性。正是在蛋白质之间以及蛋白质与RNA、脂质（其分子复杂性总是被人忽略）之间的相互作用，有时甚至是蛋白质与DNA之间的相互作用（是的，千真万确）的基础上，各种各样的细胞结构和活动才涌现出来。而在细胞之间相互作用的基础上，又涌现出了生物体。

涌现从来都是一种难以捉摸的现象，很容易被人当成怪力乱神的魔法，或者被似是而非地释义为活力论。活力论是 19 世纪的人对生命现象的认识，他们认为生命拥有一种看不见的神秘力量。相比之下，涌现则是如假包换的唯物主义概念。随着计算机设备与技术的进步，我们已经有能力对蛋白质及其相互作用进行真正的测量，然后在屏幕上生成具有涌现性质的过程（比如细胞分裂、纺锤体装配和纺锤体动态牵拉染色体）的可视化模型。为了实现这一点，我们绝不能把蛋白质之间的相互作用简单相加，而是要对它们做乘法和除法。

从某种程度上说，正是涌现这个概念的晦涩导致基因在过去的一个世纪里抢走了细胞的风头。基因无疑位于我们在科学领域内的舒适区。我们可以从分子的角度精准地描述基因的结构和行为法则；我们能实实在在地看到基因突变产生的效应，比如眼睛和豌豆颜色的改变，并在基因和疾病之间建立明确的关联。在确定致病基因的基础上，我们反推基因编码的蛋白质原本具有怎样的功能，而有时候这种办法确实奏效。我们对基因及其工作方式了如指掌，最近我们已经开始尝试精确地修补突变基因了。在少数案例中，我们甚至成功修复了致病基因并治愈了疾病，比如地中海贫血，这是一类由编码珠蛋白的基因发生突变引发的疾病，基因突变导致患者血液的携氧能力降低。治愈地中海贫血的疗法脱胎于外号"基因剪刀"的CRISPR技术，这种精巧的工具让我们能够精准、可控地修改DNA的结构。即便如此，在大多数情况下，想要知道一个基因编码的蛋白质原本具有怎样的功能，仍然是一件困难的事。从纤毛到细胞骨架再到线粒体，它们的信息都隐藏在基因里。如果离开了细胞，这些具有涌现性质的结构便失去了存在的意义。作为生命的基本单位，涌现就是细胞的奥秘。正如城市是人与人之间互动的涌现，细胞是分子之间相互作用的涌现，而在更高层面上，生物体是细胞之间相互作用的涌现。

细胞固有的创造力以难以计数且不可预测的方式，构建了遍布地球且今天仍然生活在这颗星球上的生物体。从栖息在水塘与河边的单细胞生物，到分工明确且有能力影响及改造生存环境的多细胞生物，我们从遗传密码里看不出这种跨越发生的任何征兆。从世界上第一个多细胞生物涌现的那一刻起，力量的平衡就改变了，细胞找到了基因的新用途，而且这种用途是此前的单细胞生物从未有过的。

第 3 章

————

细胞社会

大约 30 亿年前，地球还是一个躁动不安、瞬息万变的大熔炉。我们无从得知当时的地球具体发生了哪些事，但按照许多科学家的猜想，当时地球大气的氧含量非常低。在这样的环境里，原核细胞很可能以氢、氮、硫或碳为生，而把氧作为代谢废物这样的事今天仍有许多生物在做。这种情况持续了 10 亿年，原核细胞排出的氧似乎太多了，以至于氧成了构成地球大气的主要元素之一。尽管直到今天，氧在地球大气中的占比也才达到 21%，但氧含量的飙升影响深远，引发了一连串至关重要的变化。

对某些细胞来说，这意味着时来运转。要借助氧气才能进行能量代谢的细菌被称为"需氧菌"，它们的日子无疑好过多了。而当时的古菌应该也在一边与肚子里的需氧菌建立共生关系，一边想方设法地利用和适应全新的环境。地球大气的变化为我们熟悉的某些生物的诞生创造了条件。又过了数百万年，随着地球上出现了很多真核细胞样的共生形式，生命前进的道路变得明朗起来。细菌和古菌结成同盟，以便更有效地获取食物、产生能量、逃避天敌，还有最重要的一点——增殖，但这仅仅是开始。许多细胞生活在深海和淤泥等缺氧环境中，借此躲避氧气。它们还没有找到利用或排出氧气的方法，对这些生物来说，氧气与毒气无异。与此同时，另一些细胞已经掌握了用氧气帮助自己生存的本领。虽然在今天的地球上，绝大多数生物都是由真核细胞构成的，但20亿年前的地球也随处可见形形色色的奇怪单细胞真核生物。如今，我们把这种单细胞真核生物统称为"原生生物"。

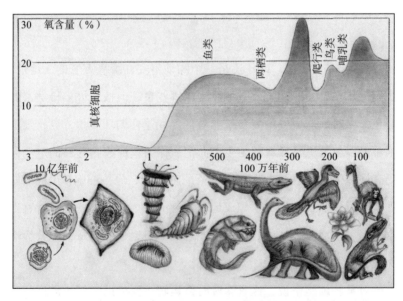

图 10　地球动物诞生与演化的重大事件时间表

想要直观地认识那个遥远的远古世界，我们可以效仿安东尼·范·列文虎克的做法，用显微镜观察池塘水的样本。可以说，每滴水都充满勃勃生机。你会看到奇形怪状的细胞在视野内进进出出，它们的外膜上不仅密布着像触手、钳子一样的突起，有的仿佛还长着血盆大口，这些结构的作用都是觅食。有的细胞伸出一根纤细的突起，像茎干一样把自己固定在附近的表面上，乍看之下，犹如一朵娇小的蘑菇立在微观世界的林地上。这种突起上长有巨大的孔，其功能是从吸入的水中滤出食物。有的细胞呈管状，会像蛇一样蠕动；有的好似吸尘器，能把午餐吸进肚子；还有的长着像鞋子一样的附肢，探索周围环境时如同在跳芭蕾舞或踢踏舞。

绝大多数类似的生物都是半透明的，只有一些带着浅浅的绿色。正是这一点颜色，彰显了古菌与细菌达成的其中一种引人入胜的合作关系，它让有些细胞具备了将阳光和水（还有空气）转化成能量的本事。拥有这种能力的远古真核生物是植物的祖先，那些无法从阳光和土壤中直接获取能量的生物则要依靠吃掉其他动植物来获取营养。

真核细胞继续重塑着地球，大气中的氧含量不断增加。随着细胞开始尝试新型合作关系，氧气成了它们在地表及附近生存的工具。有些细胞学会了如何形成菌落，这种抱团取暖的方式能够有效抵御捕食者和应对食物短缺。光凭单打独斗，它们不仅总要面临被其他细胞一口吞下的危险，还经常为了果腹而争分夺秒，因为食物分子很快就会在环境里扩散得无影无踪。通过形成集落（菌落），细胞们既能让捕食者望而却步，还能捕获和储存养分，以备将来不时之需。形成群体的能力也让细胞发展出其他新颖的合作方式，典型的例子是团藻属。这些绿色的海藻细胞过着集群生活，它们聚成球状细胞团，每个细胞负责扮演的角色可能有两种：要么负责增殖，要么负责移动。分布在细胞团表面的团藻长有纤毛和光感受器，它们用光感受器感知光的方向，然后用纤毛的同步摆动推动细胞团向光源前进。位于细胞团内部的少数细胞具有增殖能力，能进行有性或无性生殖。这是地球生命演化史上一个了不起的转折点：细胞学会了对自身的功能进行取舍，它们选择与邻近的其他细胞合作，扬长避短，共同繁荣。

我们不得不怀疑，多细胞的生命形式最初只是一种互惠互利的短暂性尝试。细胞之间的合作可能会持续几天，但并不是永久性的，也未必是相互依存的关系。类似的例子今天我们仍能看到。为了在恶劣的环境里生存下去，我们发现细菌会大量聚集，形成一种名为"生物膜"的群落，这种群落常见于海底火山附近的热泉喷口和动物肠道。但生物膜里的每个细菌都保留了自由移动、捕食和增殖的能力，它们仍然是独立的个体。

相比之下，那些把多细胞集落作为永久组织形式的生物体的行为则迥然不同。随着时间的推移，有些成群生活的细胞演变到新的阶段：它们发生分裂后继续相互依附，新生的细胞不再单打独斗地去探索外面的世界了。为什么会这样？我们不得而知。或许是编码某种蛋白质的基因发生了突变，也可能是出现了某种全新的基因，总之，分裂后的细胞仍会聚在一起。就生命的演化而言，有用且对生物体有利的东西自然会被保留下来。无论问题出在哪里，这种"故障"都被细胞传给了子细胞，又传给了子细胞的子细胞。很快，类似的小故障就变得越来越复杂：有的子细胞得到了用于移动的基因，有的则得到了用于增殖的基因。这样一来，生物体的复杂性就出现了。

在地球上有了充足的氧气后，成群生活的细胞变得越来越擅长执行各种不同功能，这让它们有了更高的生存概率——有些细胞团的功能甚至可能分化得比今天的团藻还要复杂多样。有的细胞专门负责收集氧气，有的负责寻找食物，还有的负责保护、移动或繁殖。每种细胞离开了其他细胞都无法生存，走到这一步，多细胞生物终于登场了。

同一个细胞的子细胞通过分工协作来维系群体功能的现象，被称为"克隆多细胞性"。在这种同盟关系中，由同一个细胞产生的后代不再千篇一律，它们会分化成结构和功能各不相同的细胞。在克隆多细胞性出现的数百万年后，细胞学会了如何利用自身的基因与其他细胞相互作用、探查自己身处的空间，以及在此基础上调整自己的外形。即使把这种过程称作学习也不为过，因为它的确涉及如假包换的学习过程。蛋白质复合物能探查细胞处于怎样的环境并做出相应的反应，不仅如此，这种复合物还会代代相传。新的突变扩充了基因组的工具箱，有些新基因编码的遗传工具甚至可以帮助细胞团跨越时间和空间去塑形，进而影响其他遗传工具的功用。

至此，植物、真菌和动物的祖先终于迎来了登场的时机。万事俱备，基因和细胞的关系开始发生改变。

什么是动物?

虽然动物和植物在视觉上的差异非常明显，但在分类学上，要严格区分二者从来都不像看上去的那么简单。亚里士多德曾对动物的结构和功能进行过深入的思考，他希望建立一套分类体系，将动物和植物区分开。在亚里士多德看来，动物最明显的特点是拥有运动能力，它们可以主动地从一处移动到另一处，相比之下，植物只能被动地运动。他还看到，动物具有变化能力，或者说它们能实现自我改变，尤其是在发育过程中：从一团细胞开始，慢慢变成这个物种的个体该有的样子。当然，亚里士多德从未在自己的写作中用过"细胞"或"多细胞"这样的术语，因为当时还没有"细胞"一词，更没有"细胞"的概念。尽管如此，但他确实观察到动物从一团形状不规则的东西，通过某种无法预测的方式变化而来。在动物发育的过程中，显然有某种奇怪的东西在发挥作用，至于这种东西的本质究竟是什么，争论才刚拉开序幕。

在亚里士多德之后的数百年里，动物和植物的区别始终难以界定，每当科学家和哲学家似乎要解决掉这个问题，新的例外就会出现。以水螅的发现为例，这是一类身体呈管状的生物，长约30毫米，头尾有明确的区分：头部长着许多触手和一张用来进食的嘴，尾部则长着"足"，用来将身体固定在水底。1741年，瑞士博物学家亚伯拉罕·特朗布莱在海牙附近的索格弗利特庄园散步时注意到了这种生物。水螅的外形令特朗布莱备感困惑，他不确定这是一种植物还是一种动物。当时的人们都认为，植物有再生能力，而动物没有，所以特朗布莱决定把水螅切成两截，看看它究竟属于哪一类。结果，水螅的表现与植物类似，两截身体各自变成了一只完整的水螅。与此同时，这种小东西运动和进食的方式却又像动物一样。更令人惊讶的是，如果不断地切分水螅，无论切多少次它都能恢复原状，这种生物似乎是杀不死的。

水螅是一种动物，但它与植物的区别非常不明显。植物和动物的个体都源于一个合子，合子是雄性配子和雌性配子结合的产物，它需要经过很多轮细胞分裂，等到每个子细胞都分化出不同的结构和功能，才能构成生物体。在这一点上，植物和动物概莫能外。但二者仍有两个关键的区别，并且都适用于水螅，那就是细胞的结构和营养方式。植物细胞很像砌砖块，增殖时，它们总是整整齐齐地码放在已有的细胞上，虽然偶尔也会出于整体结构的需要而旋转一定的角度，但每个细胞的相对位置不会有太大的变化，可以说植物细胞是一种不动的细胞。相比之下，动物细胞就活跃多了，它们千姿百态、柔韧、会动，相互之间的组合方式也非常多样。另一个关键区别在于，植物可以用光和水（还有空气）生产自己所需的食物和能量，而动物只能通过吞食其他生物来获得能量。

但是，就连这两个关键性区别也有例外的时候。比如，原生生物在这种分类体系中应该居于什么位置？它们是更像动物，还是更像植物？让科学家感到宽慰的是，无论一种生物多小、多奇怪，它都有自己独特的DNA序列。读取和测定核酸链的序列，也就是A、G、C、T的排列方式，如今已不是什么难事。DNA序列犹如一种反映物种亲疏远近的条形码，我们可以用它来寻找动物的古老祖先。具体的做法是，将两个物种的基因组放在一起比对，看看它们的碱基字母在染色体上的排列顺序（DNA序列）有多相似。

同一物种的不同个体的DNA序列有多相似，代表了它们在遗传上的亲缘关系有多近。你的基因组与你的父母或兄弟姐妹的差异比例都在50%左右，当然实际情况有高有低，不会正好是50%。尽管如此，所有人的基因组都非常相似。一个人的基因组共有64亿个碱基字母，而个体之间的差异仅涉及其中的数百万个，但如此微小的比例足以区分地球上的每一个人。我们可以根据这几百万个碱基差异鉴定出一个人的亲属，无论是近亲还是远亲。事实上，包括Ancestry、MyHeritage和23andMe在内的一众测序公司提供的正是这样的服务，它们先为客户做DNA测序，然后将测序结果与一份名单上的人做比对。根据指定的染色体上有多少相同的碱基序列，名单上的人与客户之间的关系可能是隔了一代、两代、三代、四代乃至六代的堂表亲。测序技术也可以用于侦办案件：将从犯罪现场采集的DNA输入数据库，通过锁定嫌疑人的亲属来缩小搜捕范围。利用几乎相同的原理，我们可以对物种进行种间和种内比对，从而建立地球生命的"族谱"。

这种技术的原理很简单，它主要运用了DNA序列作为一种身份"条形码"的特性。我们以两段包含9个字母的序列为例，它们分别是AGGCTATTA和TCGCTATTA。这两段序列非常相似，只有开头的那两个字母不一样。如果这两段序列分别来自两个个体，它们不仅在相同的染色体上，还位于相同的区域，那么这两个个体的亲缘关系可以说相当近了。我们再假设有第三段序列——CTGCTGAAT，它与前面的两段序列分别有6个字母不同。携带这段序列的个体完全有可能与前面那两个个体有亲缘关系，只是关系相对疏远，因为繁殖的代数越多，遗传物质之间的混合就越充分，区别也越大。从同一个祖先开始，后代距离祖先的时间越久远，个体之间的DNA序列差异就越大。以这种假设为前提，利用计算机算法，科学家比对了许多物种的基因组。由此得到的地球生命系统树与我们先前想象的不太一样：有的部分变得更复杂了，有的部分则变得更简单了。

当科学家开始思考应该把古菌置于地球生命系统树的什么位置时，这一点清晰地显现出来。根据卡尔·乌斯和乔治·福克斯在1977

年对古菌编码 RNA 的基因所做的分析，科学家意识到古菌完全不同于细菌，以至于我们应该为它们单独设立一个古菌界。当然，重要的不仅仅是差异，还有共性：同样的分子证据也让林恩·马古利斯的内共生理论得到了认可，因为科学家发现线粒体的 DNA 很像细菌的DNA，而核 DNA 与古菌的 DNA 有相似之处。

遗传学研究进一步发现，真核生物大家庭包含 800 多万个物种。目前已得到鉴定的物种只占其中一小部分，大约包括 20 万种原生动物、40 万种植物、100 万种真菌和 150 万种动物。划分这些类别的依据是 DNA 的相似度，比如我们之所以称某些生物为动物，是因为相比植物、真菌和原生生物，这些生物的 DNA 与同属于动物的其他生物（包括人类）更相似。虽然这样的分类方式给人一种美好的亲昵感，但它并不能告诉我们为什么每个界的生物在机体的组织形式和功能上存在差异。为了寻找回答这个问题的线索，我们必须更为深入，不能只盯着遗传密码，而应该关注基因的小"故障"催生了什么样的新工具，以至于它能够被细胞一代接一代地传递下去。这些新工具的涌现是多细胞生物涌现的重要特征。

起源：新工具

我们要回答的第一个问题不是生物如何变得不一样，而是它们为什么会不一样。要理解造成物种差异的原因，我们不能只是逐个比对 DNA 序列的碱基，而是应当以基因为单位进行比对：如果说碱基是字母，基因就相当于 DNA 的词语和句子。通过这种方式，我们发现与动物亲缘关系最近的是一种水生单细胞生物，它具有独特的外形和结构，属于被我们称为"原生生物"的一大类生物。同池塘水里那些蘑菇状细胞一样，这种原生生物的细胞体呈卵形，外观很像帽子。但它没有用来固定自身的茎干，取而代之的是一条长长的突起，那是细胞的鞭毛或者说尾巴。环绕鞭毛的细胞骨架蛋白呈漏斗状，犹如一圈衣领。正因为如此，科学家将这种动物的远亲物种们统称为"领鞭毛虫"（choanoflagellates），"*choano*"在希腊语中正是"漏斗"的意思。

DNA测序结果显示，相比其他原生生物，领鞭毛虫与动物的亲缘关系更近一些。不过，真正让科学家把它摆在这个位置上的理由其实是它携带的一众基因。科学家在领鞭毛虫的细胞里发现了许多构成动物细胞的成分蛋白，其中包括介导动物细胞相互黏附、使它们聚成集落（在某些情况下，这样做对动物细胞更有利）的蛋白质分子。科学家已经观察到，领鞭毛虫能利用这些蛋白质筑成一道细胞墙，通过合作搜集食物。除此之外，它们还能通过调控编码细胞骨架成分的基因来改变自己的形状。领鞭毛虫能用自身分泌的酶和胶状物质将自己包裹起来，这种由分泌物构成的环境被称为"细胞外基质"，它起到保护细胞的作用。细胞外基质是多细胞生物非常重要的组成部分，这不仅因为它给构成组织和器官的细胞提供了物理支撑，还因为它含有细胞感知和塑造周围环境所需的信号。有些种类的领鞭毛虫甚至能让细胞在生命周期的不同阶段只专注于特定的功能。领鞭毛虫与动物的差别在于它们缺少某些基因，尤其是两类基因；动物细胞之间的通信需要一张由信号分子构成的信号网络，而领鞭毛虫缺少编码相关成分的基因；领鞭毛虫还缺少编码数量庞大的转录因子的基因，它们构成的错综复杂的基因调控网络是约200

种动物细胞的基础。

在大熔炉一般的原生生物界，领鞭毛虫的某些近亲同样具有类似动物细胞的特征。比如一种学名为 *Capsaspora owczarzaki* 的变形虫，它目前是 Capsapora 属唯一的成员。这种变形虫的细胞也含有通常只有在动物细胞里才能看到的分子工具和原料，包括与表观遗传机制有关的成分。表观遗传是细胞对蛋白质和 DNA 进行化学修饰进而调控基因表达的现象，原核生物和领鞭毛虫均没有这种机制。这种变形虫的基因组里有一个基因编码的蛋白质正是 Brachyury，也就是纳迪娜·多布罗沃斯卡娅-扎瓦茨卡娅发现的那个与小鼠的尾巴和脊柱缩短有关的分子。这个发现着实出人意料：这种变形虫和小鼠怎么可能有相似之处？当科学家把这种变形虫的 *Brachyury* 基因导入蛙的胚胎时，蛙的胚胎细胞能将其当成自己的 *Brachyury* 基因使用，完全不在乎该基因来自一种亲缘关系极其疏远的单细胞生物。[1] 就连发育生物学家都觉得不可思议，因为这种变形虫根本没有脊柱，也没有尾巴之类的结构。由此可见，这种基因编码的产物肯定还有其他功能。别忘了，蛋白质对细胞来说只是一种原材料，使用蛋白质的方式取决于细胞和生物的种类。正如我们后来看到的，科学家现在已经知道 Brachyury 蛋白赋予细胞移动的能力，而这很可能是我们的祖先保留它的本意。

在"大熔炉"的另一边，与原生生物亲缘关系最近的动物似乎是海绵，尽管乍看之下，海绵确实不太像动物。卡尔·林奈曾将其归入植物的范畴，按照他的分类体系，海绵在植物界的地位与海藻相当。由于符合直觉和常识，这种分类方式曾长期受到认可。毕竟海绵扎根于海底，又长着枝丫，这些外貌特征都与植物非常相似。但即便是在林奈生活的时代，也有动物学家提出过异议。根据躯体的运动方式，他们认为海绵应该属于动物。不仅如此，只要你仔细观察，就会发现海绵浑身都是动物的特征：首先是它的繁殖方式，海绵既能进行有性生殖，也能进行无性生殖，而无论哪一种生殖方式的起点都是一个合子；其次，海绵需要吞食微生物才能获取能量；再次，海绵体内至少有三种特化细胞，每一种细胞的功能分化都是细胞之间相互作用的结果，分化过程随生物体的生长和成熟逐步进行。

海绵有一种特殊的鞭毛细胞，被称为"领细胞"。海绵靠领细胞的同步摆动引导水流穿过体腔，并捕获食物。领细胞的结构与领鞭毛虫似乎很像：瓶盖状的细胞体，里面有一个细胞核，还有一条尾巴从衣领状的结构里伸出来。

那么，是什么让海绵区别于原生生物构成的细胞群体？最重要的区别是海绵细胞表现出克隆多细胞性：形态各异的海绵细胞都是同一个细胞的后代，而且无论分裂多少次，子细胞都始终聚集在一起。DNA编码的蛋白质也可以作为海绵是动物的证据：海绵的遗传信息包含了绝大多数动物细胞都有而领鞭毛虫没有的遗传工具，特别是海绵细胞拥有BMP（骨形态发生蛋白质）、Notch（一类跨膜蛋白）、Nodal（胚胎发育相关蛋白质）、Wnt（一类分泌性糖蛋白）和STAT（信号传导及转录激活因子）对应的基因，领鞭毛虫及其近亲则没有。这些缩写或者说外号代表的蛋白质是细胞的通信工具，它们的主要功能是介导细胞之间的通信，让动物细胞能相互交流。我将在后文对它们做更详细的介绍，从利用不同生物所做的突变筛选实验来看，细胞在构建动物的身体时不能没有这些蛋白

质，一旦离开它们，发育就无法进行。这些蛋白质是动物独有的
特征。

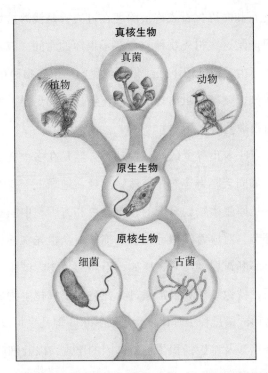

图 11　基于遗传学分析构建的地球生命系统树。细菌和古菌都属于原核生物，
最早的真核原生生物似乎是细菌和古菌合并的产物，植物的祖先似乎又是两种细
菌合并的产物；真菌和动物的祖先都是原生生物

　　科学家在 6 亿年前的岩层中发现了海绵化石，那时地球上还没
有任何其他动物的踪迹。这些海绵化石的样子与现存的海绵十分相
似，我们可由此推测，海绵的基因组在 6 亿年间几乎没有变化。这
体现了它们在动物家族中的奠基性地位。

　　科学家没有发现介于现存的领鞭毛虫和海绵之间的近亲物种，
至少目前还没有。很难想象细胞的自组织水平居然能直接从领鞭毛

虫飞跃到海绵。虽然化石证据支持这种一步登天式的跨越，但它们很可能没有如实反映地球生命在数亿年前的变化情况。更多早期的领鞭毛虫化石和海绵化石或许被深埋在过去曾是浅海区域的岩层之下；也有可能是这些祖先物种只存在了很短的时间，或者它们的生存环境极为恶劣，没能留下任何化石。我们从祖先物种在DNA里留下的线索可知，领鞭毛虫出现的时间肯定比海绵更早，但科学家尚未发现任何领鞭毛虫化石。

这并不意味着世界上的第一种动物必然是在多个突变同时发生的情况下，如同天降奇迹般，突然就出现在地球上。我们几乎可以肯定地说，从原生生物到今天的领鞭毛虫和海绵，中间必定经历了许多过渡环节，对应着领鞭毛虫和海绵的一众祖先物种。动物的诞生很可能是不断试错的结果，比如，不同的生物尝试相互接触并建立合作关系，就像细菌和古菌通过合并造就了真核生物那样。我们不知道在这种试错过程中具体发生了哪些事，但几乎可以肯定的是，这个过程必然涉及基因的积累、新基因的出现，以及细胞不断尝试开发基因组编码的RNA和蛋白质的功能潜力。细胞通过这种相互作用方式，一起构建更安全、更高效和更节能的细胞集落。动物的诞生彰显了生物在遗传方面的创造力达到鼎盛，新的分子工具（尤其是形形色色的转录因子和信号分子）不断地从突变和重组中涌现出来，再由细胞进行尝试和检验。正如真核细胞是两种或两种以上的生物通过合并形成的，多细胞生物很有可能也是多种单细胞生物组合的产物。

眼下，我们只知道作为动物界诞生的基础，多细胞生物这种合作形式在20亿年前到6亿年前这段时间里经历了蓬勃的发展，也就是从真核细胞出现到海绵化石首次出现在岩层中的时间。虽然这些天文数字代表的时间跨度长到令人难以想象，但仔细想想，如果没有几十亿年的岁月变迁，这样的飞跃又怎么可能轻易成为现实？然而，就在地球生命发现多细胞生物这种合作形式后不久，我们看到了外形酷似今天的某些海洋动物的生物化石开始出现在地层中，比如美丽的、散发着荧光的栉板动物（栉水母），还有刺胞动物门的成员（包括水母、海葵和水螅这些让 18 世纪的博物学家大受震撼的物种）。刺胞动物门的登场伴随着 *Hox* 基因的首次亮相，因此也有人将刺胞动物门誉为动物真正诞生的标志。[2]

无论这一切是在何时及以何种方式发生的，随着海绵在地球上出现，真核细胞很快就开始以各种各样的方式试探和利用各自的新基因，努力创造并维系此前从未有过的生命形式。动物迅猛的发展势头盖过了同样蒸蒸日上的植物和真菌。通过竞争与合作，细胞又像过去重塑地球大气那样，着手改造地球的面貌。

划分时间和占领空间

想象 100 万年前，那些生活在潟湖和泥土里的原生生物。无数微小的单细胞生物四处游荡，寻找食物，相互追逐，周围是一望无际的虚空。唯有环境偶尔的变化以及与其他细胞的不期而遇，能打破日复一日的单调生活。相似的细胞凑到一起，组成几乎总呈球状的细胞团，各个细胞根据它们在细胞团里所处的位置分工协作，就像团藻那样。不过，这种合作关系的上限一眼就能望到头。随着原生生物的数量增加，细胞团只是体积变得更大，而外观和组织形式不会发生丝毫改变。

这种状况与动物有着天壤之别。诚然，动物生命的起点也是一个球状细胞团，这很可能呼应了它们古老的原生生物祖先。然而，与原生动物不同的是，随着其数量的增加，动物细胞的形态和功能均会发生分化：长长的管道用来吸收食物，细密的分支用来交换气体，由腔室分隔的血管用来泵血。出现这种情况的原因有两个：第一，动物只要有最初的那一个细胞就能产生许许多多不同类型的细胞；第二，相比只能互相黏附、聚成一团的原生生物，类型多样的动物细胞更加多才多艺，它们能组成管状、片状或纤维状结构，能先从局部脱离，然后移动到另一个位置，并与原本就在那里的细胞合作，形成新的细胞集群。这种惊人的可塑性不仅可以解释为什么动物会有心脏、消化道，以及鳃或肺，它还造就了其他更令人惊奇的特征，比如长颈鹿的脖子、秃鹫的翅膀和象牙。

我认为，从建筑学的角度看，动物作为一种多细胞生物的独特性建立在细胞对时间和空间的掌控基础之上。我们首先来看时间。

在真核生物出现之前的几十亿年里，时间这个概念对生物来说并没有那么重要，甚至可能根本就不存在。如果生物是通过事件发生的顺序来感知时间的，那么细菌感受到的时间没有方向性。细菌的生活无始无终，它们四处游荡、分裂，有时还会形成孢子，让生命进入暂停状态。对细菌来说，时间的流逝缺乏明确的方向，而原生生物的出现（我们假设它们出现的时间比真菌、植物和动物都早）改变了这种情况。绝大多数原生生物都有生命周期，事件的发生遵循严格的先后顺序，这导致时间有了过去、现在和将来之分。这一点被动物和植物继承并发扬光大：从合子开始分裂到多样化的细胞不断涌现，再到生物体的诞生，这个过程的顺序是不可逆的，其间发生的每一个事件都有始有终，一个个事件的首尾相连在冥冥之中让时间有了明确的方向。这里所说的"时间"并不是钟表上的时间，时钟衡量的是地球绕地轴自转和绕太阳公转的时间。我们探讨的则是另一种时间，它与细胞的活动有关。不过，天文时间和细胞时间并非泾渭分明，细胞时间总在根据天文时间进行自我调整。这种机制被称为生物钟，正是它让我们的生活变成了如今的样子。细胞时间的本质是蛋白质的化学活动：在细胞深处，由蛋白质介导的化学反应负责将DNA转录成RNA。

转录因子是细胞最主要的工具分子，它们与DNA的特定部位结合，决定DNA的哪些部分可以被激活，再通过翻译，让细胞在时间的"下游"有相应的蛋白质可用。假设有一只正在发育的动物，它的体内有一个如同人类精子那样需要鞭毛的细胞。再假设当这个细胞需要鞭毛时，它首先得激活基因A，将其转录成RNA并翻译成蛋白质。随后，这种蛋白质通过某种方式激活一系列基因（基因B、C、D和E），随着这些基因的表达像多米诺骨牌一样被连锁触发，用来组装鞭毛的成分便形成了。在这一连串先后发生的分子事件中，每一个都需要由上一个化学反应触发。因此，从基因A的激活到鞭毛的组装，一条方向明确的时间线出现了。同样的情况在许多生物学过程中都存在。我们把数个基因按照明确时序表达的现象称为"遗传程序"，因为它们表达的顺序是固定的，如同预先编好的程序一般。

遗传程序并非由动物细胞首创。事实上，所有原核生物乃至病毒都有遗传程序。动物细胞的遗传程序之所以特别，原因在于绝大多数此类现象（我们在这里关注的主要是那些与细胞分化有关的遗传程序）都是严格按照先后顺序逐一发生的，这些过程在构成动物机体的各个细胞内以一种互不干扰的方式分头进行。正如前文所说，这种堪比程序的过程，其本质是化学反应在细胞内驱动的一系列关联事件，但作为一个整体，动物还需要某种东西在细胞之间（尤其是在同一个体的不同类型的细胞之间）协调化学反应发生的顺序。我们仍不清楚这种协调是如何实现的，但它肯定与细胞及我们最早在海绵中看到的信号分子"工具包"有关。我们又一次看到，基因及其化学活动处在细胞的掌控之下。

原生生物也有遗传程序。有些原生生物以单细胞形式存在时，细胞的形态会发生改变。对多细胞生物的形成有助益的遗传程序，或许正是这种原生生物的遗传程序的功能细化版本。至于这种细化版本是如何产生的，我们可以从具有上述特性的一种原生生物身上看出一些端倪，这种生物就是不起眼的黏菌。虽然黏菌的外形很像植物或真菌，但它们其实属于原生生物，只要食物充足，它们更乐意以单细胞的形式觅食和生活。可是，一旦资源短缺，事情就变得有趣起来了。面对稀缺的食物，黏菌会利用一种名为cAMP（环腺苷酸）的化学分子向周围的同伴发出信号。这只是简单的预警信号，在后续更复杂的信号指挥下，大量黏菌细胞聚集在一起。聚集抱团的黏菌随即发生分化，可能的分化方向共有三种：足细胞、柄细胞、孢子细胞。其中，孢子细胞被包裹在一种名为"子实体"的结构里。这三种细胞各司其职，形成不同的结构：足细胞将细胞团固定在某一点，柄细胞将孢子细胞托起，方便孢子通过风或路经的动物传播，去食物更充沛的地方生根发芽。一旦孢子细胞释出，足细胞和柄细胞就会死亡。这种让细胞分化及通过牺牲其中一些细胞来保证其他细胞存活的策略，被传给了世界上最早出现的动物细胞。

遗传程序通过建立先后顺序明确的事件链，不仅让细胞的分化成为可能，还让细胞有了时间的概念。尽管如此，光靠遗传程序仍不足以造就动物。有了这些之后，不同类型的细胞必须齐心协力，占领周围的空间，形成特定的功能性结构。除此之外，由于不同类型细胞的遗传程序各不相同，如果不设法协调这些程序执行的时机，功能正常的生物体便无法成形。构建和占领属于自己的空间，正是多细胞生物的标新立异之处。

在细胞增殖、组合和做相对运动的过程中，它们其实在与两类空间相互作用。一类是它们本身在环境中占据的空间；另一类是位于细胞之间的"内部空间"，这种空间完全由细胞支配。原生生物既能独立生存，也能以群体的形式活动，比如图 12 中黏菌群形成子实体的过程。但它们的合作只是暂时的。动物则不一样，动物细胞会占领空间，建立并长期维护其专属的"内部空间"。

通过这种方式，动物细胞的工作就变成了寻找一片空地，然后在上面修建一座建筑物。这与房地产开发商的工作非常相像。二者的另一个相似之处在于其工作对周边区域造成的影响。当开发商启动一项工程时，无论他们建造的是一间房屋、一栋公寓楼、一幢写字楼还是一座火车站，受到影响的都不仅仅是建筑物占用的土地，还有工地周边的区域，乃至整个社区的规划。新建筑落成后，新的交通线路会随之出现。为了服务在那里生活或工作的人，新的公共设施也必须就位。城镇逐渐发展成城市，每一项竣工的工程都会给城市带来些许新变化。同样，动物细胞通过自组织改变了机体的内

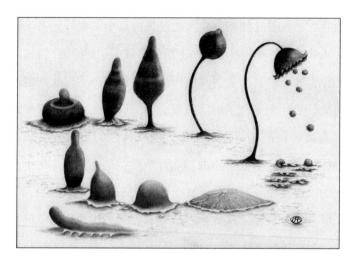

图 12 黏菌的生命周期。从右侧开始，黏菌起初以单细胞的形式存活，之后沿顺时针方向发展。当环境条件不再允许时，它们便聚集成群。黏菌群先变成细长的蛞蝓形，然后向更好的地方迁移。一旦找到适宜的环境，足细胞就牢牢地将黏菌群固定在地上，柄细胞开始向上生长，形成子实体。孢子传播到远方后，足细胞和柄细胞死去，新的循环开启

部与外部空间，从出现在 6 亿年前、结构相对简单的海绵和水母开始，细胞之间逐渐演化出更复杂的长期同盟关系。

多细胞生物最激动人心的百花齐放出现在大约 5.4 亿年前，一个持续了 2 000 万年的叫作"寒武纪大爆发"的时期。在此期间，大量新动物涌现出来，但只有一小部分逃脱了灭绝的命运。这些都是我们从加拿大不列颠哥伦比亚省落基山区伯吉斯页岩的化石中得知的。在 1989 年出版的《奇妙的生命》一书中，生物学家、演化论（也称进化论）支持者斯蒂芬·杰·古尔德用他标志性的热情洋溢的语言描绘了伯吉斯岩层中丰富多彩的生命形式。"畅想一下这个发现的重要性，"他写道，"迄今为止，分类学家共鉴定出大约 100 万种节肢动物（包括昆虫），它们可被归入 4 个大类。而在多细胞生物最早呈爆

发式涌现的这处位于不列颠哥伦比亚省的小小采石场，竟然就发现
了 20 多种结构特征完全不同的节肢动物！"

图 13　伯吉斯页岩的物种群像，距今约有 5 亿年

　　我们无法从化石里提取 DNA，但这不妨碍我们根据化石的外形
推测生活在那个时期的动物都有哪些特征。在伯吉斯页岩里，我们
发现了外形酷似海绵等生物但结构非同寻常的生命形式：有的疑似
为珊瑚、鳌虾和昆虫的祖先，还有体形巨大的穴居蠕虫样动物。总
之，动物的身体已经从没有固定的形状演变为高度对称的形态。有
些动物具有我们熟悉的结构，比如触角、腿、鳍状肢和外壳。有些
动物就像古尔德形容的那样，仿佛"从科幻电影里走了出来"，以至
于在给伯吉斯页岩中的生物分类和命名时，科学家干脆给其中一个
属取名"怪诞虫属"（Hallucigenia）。

寒武纪大爆发时期还有一种堪称大赢家的创新，它同海绵和水母（当然，还有植物）一道席卷了整个地球。这种创新就是分段的体节，进食器官位于身体的一端，排泄器官则位于身体的另一端。海绵和水母的身体呈径向对称，拥有分段体节的动物身体则不同，呈"两侧对称"，或者说身体的左侧和右侧呈镜像对称。这样的动物被称为"两侧对称动物"。在这种身体结构中，每一个体节都能发生独立于其他体节的改变。比如，肢可以变成腿、手臂、鳍状肢、爪或翅膀。不仅如此，只要符合两侧对称的原则，动物可以拥有任意数目的附肢。同地球上绝大多数生物一样，我们人类也属于两侧对称动物。在已得到鉴定的动物中，超过90%都符合两侧对称动物的特征，其中数量最多的是蠕虫、昆虫和甲壳动物，它们占到总数的80%；数量最少的是哺乳动物，只占4%。

动物的尝试还在飞速推进。种种创新实在是太成功了，所以动物很快就占领了海洋、陆地和天空。那么，是什么推动了动物在形态和功能这两个方面的大胆尝试，并促成了后来的百花齐放呢？教科书给出的标准答案是基因的改变造就了动物的新形态。新的基因在动物体的塑造中无疑扮演了重要的角色，最典型的例子莫过于 *Hox* 基因，它们为所有动物标明了各个体节的先后次序。

不过，我们依然没有回答在这一轮生命形式的大爆发中，遗传学与多细胞结构之间究竟是什么关系。毕竟，如果新结构的出现真的只跟基因有关，我们又为什么会看到形态和结构天差地别的物种携带着完全相同的基因呢？倘若生物的结构只与基因有关，当人类的 *PAX6* 基因被导入果蝇体内时，它应该让果蝇长出人类的眼睛，而不是果蝇的眼睛。同样，光靠基因也无法解释为什么DNA完全相同的同卵双胞胎却不完全一样，或者为什么我的右手会比左手长那么一点儿。此外，基因还无法全面解释人体细胞如何选择停止生长的时机。基因甚至分不清左右，正是这个短板使得身体呈两侧对称的动物数量出现过井喷式增长。对于构成某个器官或某种组织的细胞数量及各种细胞的占比，DNA 携带的化学信息同样只字未提。但实际上，细胞必须感知周围的空间和空间里的其他细胞，时刻关注有多少细胞与自己共存，以及自己位于整个细胞团的什么位置。

　　动物的新形态和基因的新功能为什么能在演化过程中涌现出来？作为对这个问题的解释，基因的一个重要结构被推到了我们面前：转录调控区。这段短短的 DNA 序列决定了基因应该在何时何地表达，也就是说，它是细胞操控基因的把手。转录调控区的 DNA 不编码 RNA，而是转录因子的附着点。有人认为这种基因把手的改变是基因获得新功能的重要途径。就目前我们对基因的认识而言，这种说法无疑是有道理的。然而，细胞之所以能够按照新的时间和空间顺序进行自组织，依靠的其实是蛋白质，而不是基因。细胞的结构和功能涌现在先，对基因的使用在后，而不是反过来。至于基因的调控区，细胞正是通过它们来操纵基因的。如若不然，还有什么理由能解释，一种生物的基因竟然可以游刃有余地在另一种完全不同的生物体内发挥作用？

　　想要理解动物（还有植物和真菌）是如何出现的，我们就不能把基因看作生物体的说明书或设计图，而应该把它们看成构造生物体所需的工具和原料的说明书或设计图。

　　随着动物界的兴起，基因组的容量变得更大，从而让细胞有了更多可用的基因。这带来了巨大的可能性，但光靠基因并不能使这些可能性自动变成现实。毕竟，DNA被牢牢地锁在细胞核里。相比之下，细胞能直接与外界互动。细胞生活在四维世界（三维空间加时间），时刻在空间中奋力穿行，只是它们的行动速度很慢，作为生物体的你感觉不到这些微观的力。细胞能够重塑自己的形态和功能，这正是它们的力量所在。

不过，为了恰当地利用基因的产物，细胞还需要另一套工具来感知，并权衡和决定如何最好地利用这些产物。为了充分释放自己的创造力，细胞利用了（或者应该说像生物演化那样，是它们创造并发现了）信号系统，包括BMP、Notch、Nodal和Wnt，这些信号分子出现的时间与多细胞生物诞生的时间相同。[3]我们尚不清楚这些分子工具是什么时候、从哪里冒出来的，但它们的出现让细胞具备了操控和驾驭时间及空间的能力。

细胞是一种涌现结构，它是各个结构组分相互作用的产物，事先无法预测；多细胞生物同样是一种涌现结构，它们是细胞与细胞及细胞与环境相互作用的产物，事前也不可预测。掌控时间和空间仅仅是一个开始，细胞还需要借助信号系统，才能监督和控制自己创造的空间，并及时根据环境的变化（有时是它们自己造成的变化）做出调整。

动物、植物和真菌的诞生颠覆了基因在地球生命的构建过程中扮演的角色，尤其是基因与细胞的关系被重新定义了。随着信号系统的出现，演化赋予细胞新的工具，让它们可以通过交换信息来重塑自己身处的世界。更重要的是，细胞拥有了在空间尺度上控制基因活动的能力，它们靠遗传程序来区分事件的缓急。就这样，细胞成了基因的使用者和控制者。为了理解这是如何发生的以及它造成了怎样的影响，我们需要再次探讨生物学领域一个非常流行的普遍观念，这个观念正是基因中心论的根基。

自私的基因

"人用来抓握的手、鼹鼠用来掘地的爪子、奔马的腿、鼠海豚的鳍状肢，还有蝙蝠的翅膀，这些部位的结构居然是相同的。不仅如此，它们的骨骼一样，每块骨头的相对位置也一样，还有什么事能比这更令人惊奇？"这些话出自查尔斯·达尔文 1859 年出版的《物种起源》一书。物种形态与功能的多样性令达尔文备感惊讶。于是他提出，生物多样性源于一种天然的过程，该过程与人类为了特定的性状而选育品种的做法（比如培育毛质更好的绵羊或嗅觉更灵敏的猎犬）大同小异。不过，达尔文认为，育种人可以直接挑选符合要求的个体，再通过一代又一代的繁育强化他们想要的性状，而自然界只能通过环境来筛选个体。一个简单的结构只要有适应和变化的潜力，就能演变成各种各样的形态（手、脚、腿、鳍状肢或翅膀），其中哪一种最适应周围的环境、最符合生存的要求，哪一种就能在生物的繁衍过程中被保留下来。

达尔文把类似的过程称为自然选择，它是一种循序渐进的适应现象，是生物根据环境变化，在繁殖的过程中对特定性状所做的阶梯式改良。尽管自然选择无时无刻不在发挥作用，但以我们每个人过完一生的时间来衡量，它的效应往往让人难以觉察。不过，如果把时间尺度拉长到数百万年，那么自然选择引起的变化堪称天翻地覆，它使多细胞生物一步一步地从海洋登上陆地，再从陆地飞向天空，为地球生命开辟出新的生态位，让它们能吃饱肚子和传宗接代。

不过，自然选择的观点也让达尔文陷入了新的窘境：他道出了事情的结果，却不知道如何从物质的角度解释生物多样性的来源。虽然达尔文和格雷戈尔·孟德尔生活在同一个时代，但达尔文并不知道基因为何物，就算他知道，我也不确定他是否会把二者联系到一起。直到 20 世纪初，一群科学家才认识到多样性的源头就隐藏在基因里，而此时达尔文已经离世很多年了。经过几十年更为深入的科学研究和普及，基因的核心地位才深入人心。基因被认为是定义我们存在的东西，它主导了发育，决定了我们的身份，让我们得以成为今天的样子。

基因主导了我们对其他地球生命和自身的认识，在推广这种观念方面，有一个人的功劳比其他人都大，这个人就是理查德·道金斯。1976 年，道金斯出版了《自私的基因》一书。这本书的名字十分引人遐想，字数不太多，后来成了演化领域最畅销的书籍之一。在英国皇家学会于 2017 年所做的民意调查中，《自私的基因》荣获有史以来影响力最大的科学读物称号，它甚至击败了达尔文的《物种起源》。

该书广受欢迎，这在很大程度上要归功于道金斯作为一名科学传播者的天赋，他敢于在作品中尝试提出激进的科学观点，不仅能把晦涩的主题解释得通俗易懂，还能把故事讲得引人入胜。其他的演化生物学家，最著名的譬如威廉·唐纳德·汉密尔顿（昵称"比尔·汉密尔顿"），也曾在学术语境中提出过类似的观点，但道金斯充分借鉴了学术观点，然后汇总大量研究，超越了"基因是自然选择和演化的引擎"这个平淡无奇的比喻。道金斯更进一步，提出自然选择的目的并不是筛选物种，甚至不是筛选生物个体，而仅仅是筛选基因。在此基础上，他认为繁殖的竞争并不是发生在个体之间，而是发生在基因之间。这种说法听起来或许有些奇怪，尤其是考虑到一条 DNA 链上往往有很多基因，它们一个接一个、整整齐齐地排列在染色体上，而我们在前文中也说过，基因的顺序和数量都事关重大。不仅如此，基因还会在减数分裂的过程中调换位置，生殖细胞里的基因可以从一条染色体换到另一条染色体上，与其他基因形成新的组合，这似乎是一个充满随机性的过程，就像买彩票一样。但道金斯的论证非常有说服力，他提出每个基因都是为了尽可能地增加自己的拷贝数。如果一个基因与其他基因结成暂时性的同盟能提升自己被复制的可能性，它就会这样做。道金斯还提出，虽然基因有时候会团结协作，但它们本质上都是极度自私的，相互之间是你死我活的竞争关系。

你可以反对他的这些论述，很多当时和现在的科学家也是这么做的，但道金斯抛出的下一个观点才是重磅炸弹。我仍然清晰地记得，那时还是学生的我第一次读到他的文字时产生的那种被闪电劈中般的感觉。道金斯称，生物体是基因传播的载体，也就是说，我们是由基因创造的消耗品，唯一的作用就是通过不断地繁殖，确保基因能在时间长河里一代又一代地传递下去。在道金斯看来，玫瑰、果蝇、黏菌、蜗牛、秃鹫、长颈鹿、人类都只是基因自我复制的工具而已。基因塑造了我们的形态和行为，让我们为它们的下一代而战。

"生物体只是基因的载体"这个观点造就了今天基因中心论在生物学领域大行其道的局面。对道金斯来说，生物体是基因直接且抽象的外延，细胞缺乏有意义的物质基础，它们本身并不是一种独立的存在。母鸡只是基因自我复制的工具，鸡蛋也是，它的功能就是孵出母鸡，以便实现前一个目标。同许多演化生物学家一样，当道金斯谈论生命时，他总是在基因、生物体和行为之间无缝切换，仿佛这是三个可以随意替换的相同概念。动物照料自己的后代，人类做出无私的利他行为，都是因为基因组里的某些基因在拼命争取机会，好让自己能传递至下一代；生物体之所以没有这样或那样的行为，是因为它们受到环境的限制，或者它们天生就不是这个样子，又或者不这样做对它们更好。认为我们的行为是自私的基因对我们发号施令的结果，道金斯的这个观点的确能够解释很多东西，但他没有考虑到细胞在其中扮演的角色，所以这个关于生命的故事遗漏了非常关键的一环。

无私的细胞

《自私的基因》也许算得上一部现象级的科普作品，但科学界不会轻易接受它的观点。为了替自己的观点辩护，也为了向同行进一步解释这些观点，道金斯在 1982 年出版了《延伸的表型》一书。"一旦我们接受了生物体是 DNA 的工具这一基本事实，而不是反过来，"他写道，"DNA 的自私就显得不难理解，甚至可以说是一目了然。"看到这样的论断出自一位科学家，着实令人困惑。在其他场合，道金斯向来以主张逻辑和科学推理优先于信仰而为人所知，这样的人却说出这样的话，无论他出于何种考虑和目的，都堪称信念飞跃。

我的确同意道金斯观点的某些方面，比如，基因与它们的物质基础 DNA 一样，拥有极其强大的复制能力。这一点在病毒身上体现得淋漓尽致，而病毒的大部分成分正是DNA或RNA。另外，我也同意达尔文学派认为自然选择的核心是竞争这个观点。事实上，按照道金斯对地球生命的认识和描绘，今天的世界完全应该是病毒的天下。病毒没有自己的细胞结构，所以它们需要靠感染和操控其他细胞来复制自己的遗传物质，从而制造更多的病毒。我们在刚刚结束的新冠疫情中，已经见识到病毒的复制和演化能力了。如果说DNA是决定一切的设计图，那么它当然也是一张指导自我复制的设计图。

　　然而，道金斯是在忽略和简化了很多东西的情况下，创建了一个以基因为中心的世界。就算DNA的复制很重要，复制的过程也需要其他成分参与，还要有专门的空间。想要满足这些条件，细胞就是必不可少的。只有在这样的世界里，单细胞生物才会变成量产病毒大军的载体。但是，很多生物都是由细胞构成的多细胞生物，而细胞又是由蛋白质构成的，在这种情况下，细胞和蛋白质都能影响遗传物质的复制，并且这种影响与DNA没有任何关系。考虑到这些事实，"生物体是DNA的工具"这个论断不仅算不上一目了然，而且很可能漏洞百出。

　　生命的基本逻辑与自私的基因这个理论相悖。倘若真如道金斯所说，生命是一场各种基因为了自我复制和永生不死而发起的战争，它们何必大费周章地创造出如巴洛克建筑一般精妙的真核细胞呢？它们何必费尽心思地让鼹鼠长爪子、让蝙蝠长翅膀、让海豚长鳍状肢、让马长腿，以及让你长手呢？它们何必借助物种这种形式？毕竟它们一个赛一个地耗费能量和其他资源，有的物种又从出生到性成熟就需要花费很多年，绕了这么大一个圈子，最后的目的竟然只是将它们身上一半的基因传递给下一代？我不喜欢这种要问出那么多"何必"问题的理论，演化法则理应很简单：有用的就留下，没用的就淘汰。我在前文中提到的那些性状显然兼具复杂性和美感，可问题恰恰出在这里。按照道金斯的理论，基因应该有两种选择：要么选择单细胞形式，比如细菌；要么干脆摒弃细胞这种形式，就像病毒那样。让细菌和病毒代表各自的基因，打一场代理人战争，只要世界上仍有可供病毒感染的细菌，基因便是这场战争最终的胜利者。真核细胞的出现当然也可以被视为这场博弈的一部分，在真核生物诞生后，感染真核细胞的病毒自然也随之出现了。但是，对感染动植物的病毒来说，这样做又有什么好处呢？就基因的传递而言，单细胞生物是比动物更加高效和节能的载体。

在少数情况下，道金斯的理论是成立的。对于原核生物和某些单细胞真核生物，说基因是"自私的"也合情合理。对这些生物（特别是原核生物）来说，DNA在很大程度上只是一个保管基因的分子仓库，其功能是确保基因能成功复制。但是，与感染细胞后疯狂自我复制的病毒DNA不同，一个细胞的DNA只在它分裂成两个子细胞时才会复制一次。在细胞里，基因不允许以"我行我素的派头"进行自我复制，它们的复制只有在细胞的体积或成熟度达到可分裂的水平时才会发生。成为细胞的组分后，基因必须始终遵守细胞的规矩和要求，并收敛自己的自私行为。

与之相反，细胞的自我复制则不受DNA的限制。在有丝分裂过程中，细胞以已有的结构为模板，合成第二个细胞所需的结构组分。细胞的中心粒和细胞骨架都有独立进行自我复制的能力，完全不需要DNA的帮助。细胞的膜系统也一样。这些结构很难依靠RNA和RNA编码的蛋白质从头开始合成，它们更倾向于用现成的结构作为模板。

　　这种不需要依靠DNA的特性在膜系统中表现得尤为明显。就算你把所有与质膜或细胞内膜合成有关的基因全部放进一个试管里，然后加入把这些基因转录和翻译成酶所需的蛋白质，以及这些酶需要的有机分子（毕竟酶只是一种催化剂，它们也需要有化学反应的原料才能合成实实在在的膜，而且基因本来并非存在于真空中），试管里也不会有生物膜出现。正如DNA的分子模板是已有的DNA，生物膜的分子模板也是已有的生物膜。细胞承担了释义基因组中的遗传信息并将其转化为生物体的职能。生物体不是DNA创造的工具，DNA才是细胞的五金商店。

　　如果我们用道金斯看待基因的方式来看待细胞，认为细胞也是一种以自我复制为目的的单位，我们就必须承认细胞同样是从属于自然选择的独立实体。有的演化生物学家把这些与生命有关、令人颇感棘手的事实称为"多级选择"，它是指自然选择可以发生在不同的层级上，包括基因、细胞、生物体和有血缘关系的群体，每个层级上的自然选择都在生物性状的遗传方面起到了一定的作用。但是，科学家从未对这个概念做进一步的研究，主要原因是细胞生物学家和演化生物学家在认识上的脱节：前者只对细胞的结构和功能感兴趣，而后者只倾向于从基因的角度看问题。最重要的是，这些讨论忽略了基因和细胞之间的一个关键区别：基因是自私的，而细胞是无私的。

　　在某些情况下，为了承担生物体生存必需的功能，细胞甘愿牺牲自己。举一个极端的例子：在人体肌肉形成的过程中，肌细胞会相互融合，形成更粗壮的肌肉纤维。这种肌肉纤维往往含有数量成倍增长的细胞核和线粒体，确保肌肉在日常的体力活动中能产生充足的能量，并且有足够的强度来承担负荷。

　　细胞的这种协作造就了更高层面的涌现，比如我们的思维、感受和运动，这些都是信号在神经元之间传递的产物。我们的神经元并非各自为战，而是组成了一种被称为"神经回路"的大型功能单元，来掌管神经系统的运行。神经回路的组织形式各不相同：有的是发散性回路，即来自一个或少数神经元的信号传递至大量（很可能是上千个）的其他神经元；有的是聚合性回路，即来自众多神经元的信号汇聚至一个或少量神经元；还有的神经回路由不止一条神经元通路构成，可以产生多个并行或振荡的信号。我们的思想和意识正是从这些神经回路中涌现的。这些神经回路的物质基础是蛋白质，虽然合成这些蛋白质的指令来自基因，但对蛋白质进行释义并用各种各样的方式将它们串联起来的依然是细胞。神经回路是细胞（而非基因）之间相互作用的产物，而神经回路输出的产物本身又是另一种典型的涌现。

　　基因的自私行为有可能对生物体的生命构成威胁。细胞里偶尔会有一两个基因挣脱控制。如果这种基因编码的产物与细胞分裂或细胞通信有关，它们就会不受约束地发挥自己应有的本领：复制、突变，通过变异为自己搏一个未来。一旦基因的自私行为失控，癌症就会接踵而至。有人把癌症称为"叛变细胞"导致的疾病。虽然癌症影响的是细胞，但它并不是由细胞引起的疾病，而是由基因引起的。也就是说，基因摆脱了细胞的控制，并反客为主地强迫细胞按"叛变基因"的意愿和命令增殖。如果基因不受控制地复制和变异，就会毁灭生物体，这与病毒在免疫系统不起作用时做的事如出一辙。

从细胞的角度看待生命，我们会看到多细胞生物体内时刻都在上演一场拉锯战。真核细胞的动机是联络与协作，与其他细胞一起构建器官和组织，最终形成生物体。而基因关心的是自我复制，并千秋万代地传递下去。自然界（尤其是动物界）丰富的物种多样性表明，细胞和基因之间必然已经达成了某种解决双方分歧的协议。

命运的协议

某些细菌和古菌通过合并形成世界上第一个真核细胞之后，基因追求永生不灭的雄心壮志便发生了一点儿改变。首先，两个或两个以上的基因组必须达成一种共识：为了生存，它们得收敛各自的自私行为。一个基因组盘踞在线粒体里，另一个基因组则坐镇细胞核。但这样也不够，基因组还必须在它们委身的细胞面前克制自私的秉性，因为只有让细胞对结构和组织形式拥有话语权，细胞才会允许存在不止一个基因组。事实上，经过漫长的演化过程，线粒体内的一部分细菌基因已经转移到细胞核中。随着多细胞的合作形式越来越有吸引力，这种改写了基因与细胞之间关系的协议变得越来越不可或缺。

正如我们在前文中所见，动物的诞生正好伴随着基因组容量扩充及编码蛋白质的基因数量飙升，这些事发生在大约 6 亿年前。很多新出现的遗传工具都是专门用于帮助细胞的（直到今天依然如此）：这些基因促进了细胞之间以及细胞与环境之间的互动，改变了细胞的形态，并使细胞的功能特化。此外，这些遗传工具让细胞能够聚集成生物体。如此庞大的工具仓库彻底释放了细胞潜在的创造力，使它们能够协作并发育成形形色色的动物、真菌和植物。走到这一步，细胞的创造力和基因永生不死的梦想不再像从前那般泾渭分明了。

在歌德的经典诗剧《浮士德》中，勤奋又虔诚的科学家浮士德博士因受到蛊惑而与恶魔签订了协议。为了那短暂的人生高光时刻，浮士德将自己的灵魂永远地交给了恶魔，以一种长期的代价换取短期的辉煌和声望。我认为动物细胞与基因组也达成了浮士德式交易。在双方签订的协议中，基因组扮演了恶魔的角色，它以个体的寿命为限，允许细胞借用它的遗传信息编码能力来构建和维持复杂的多细胞生物体，而前提是细胞要将基因完好无损地传递给下一代。这个任务被交给了生殖细胞或者说配子，它们是传递基因的物理载体。在大多数情况下，早在动物机体的发育开始之前，这些细胞就会被单独留出来。

动植物机体的形成需要大量不同类型的细胞通力合作，这离不开细胞的创造、排列、分化与配合。但在这个过程启动之前，生殖细胞就已经被安置到生物体的一个独立区域内了。生殖细胞完全不参与生物体的发育。事实上，生殖细胞唯一一次使用自己的基因组是在发生减数分裂的时候，它只从基因组中调取必要的遗传工具，一面启动减数分裂，一面确保DNA不会发生改变。生殖细胞的功能是保存基因组的原始副本，避免它在动物机体纷乱嘈杂的发育过程中出现什么闪失。事实上，从形成的那一刻起，生殖细胞就永远失去了变成其他细胞的可能性：它关闭了与细胞分化有关的遗传程序。这是协议中对细胞不利的那部分条款。不过在生物体的其他部位，细胞可以对基因组为所欲为。简言之，生物体内几乎所有的细胞都把基因组当作一种工具，用它来构建多细胞生物这种生命形式；唯独生殖细胞受到自私的基因组支配，这类特殊的细胞成了基因组渡过时间长河的小舟，与细胞构建生物体的创造性活动井水不犯河水。如果从细胞和生物体的角度看，基因组为细胞创造母鸡提供了工具，鸡蛋则是母鸡为使用这些工具而支付的报酬。

虽然基因对我们认识自然选择的过程有所帮助，但光靠基因解释不了为什么鱼的鳍会演化成鳍状肢、手、脚或翅膀。基因突变为遗传工具引入了变化，带来了更多创造的可能性，但决定哪些新工具应该留下而哪些应该丢弃的是细胞。早在自然界对细胞进行选择之前，细胞就先做出了自我选择。

达尔文只差一点儿就参透了这一点。在《物种起源》第 13 章，他凭直觉认为，脊椎动物或许都起源于某种简单的生物，而驱动各种脊椎动物出现的力量可能是细胞。这不是他书中的原话，但他的确注意到许多物种的胚胎在发育的早期阶段都出奇地相似，而无尽的差异要到发育后期才会显现出来。达尔文的眼光非常独到。胚胎是细胞创造的第一个机体结构，它让我们对物种多样性的起源有了重要的认识。早在我们懂得如何用DNA追溯细胞共同的祖先之前，我们就已经知道今天的物种都是同一个祖先的"经过修饰的后代"，而这种推测的依据正是胚胎。

胚胎彰显了细胞高超的技艺。我们将会看到，胚胎是源源不断的涌现现象的产物，正是在胚胎的体积、形态、功能与时间的交融之下，才诞生了被我们称为生物体的美丽事物。这个过程是基因和细胞达成协议的结果，它不仅是生物体发育的基础，自然界那令人眼花缭乱的形态和功能多样性同样建立在这份协议之上。

2

细胞与胚胎

我迫不及待地想知道，第二天我的培养皿里会是怎样一番景象。我不得不承认，如果里面出现的东西是一个自由游动的半球形胚胎，或者半个原肠腔暴露在外、从中间纵切的原肠胚，那就太不同寻常了。我本以为这些结构很可能会死去。可是第二天早上，我发现每个培养皿里都出现了外形正常的幼虫，它们在快活地游动，唯独体形只有正常的一半大小。

——汉斯·杜里舒，《头两个分裂细胞之于海胆发育的价值》（"Der Werth der beiden ersten Furchungszellen in der Echinodermenentwicklung"）

因此，在我看来，对胚胎学领域那些重要性无可比拟的事实的阐释都围绕着同一个主题，即古老的祖先如何产生了多种多样的后代。这样的祖先出现的年代往往没有那么久远，多样性的后代是它在不同时期分出的旁支。如果我们把胚胎看作祖先的重现（无论是祖先的成体还是幼体，无论这种重现是清晰的还是模糊的），把它当成是一大类生物的所有成员在发育过程中的必经之路，胚胎学一下子就变得有趣起来。

——查尔斯·达尔文，《物种起源》

因此，我们最终或许可以得出这样的结论：在一个发育完全的生物体内，所有的细胞或与细胞等价的结构，都来源于卵细胞通过循序渐进的分裂产生的形态类似的组分。而在胚胎中为每个器官奠定早期基础的那些细胞，无论数量有多么少，它们都是构成这个器官的组分（比如细胞）的唯一来源。

——罗伯特·雷马克，《脊椎动物发育研究》（*Untersuchungen iber die Entwickelung der Wirbelthiere*，1855 年）

第 4 章

———

再生与复活

胚胎是一种很小的结构，长度为 0.5~1 毫米，确切的长度因物种而异。胚胎由数以千计的细胞构成，这些细胞的种类非常多样，基本囊括了形成生物体所需的全部类型。这些细胞种类之多样、组织方式之精确，不禁让人疑惑它们是如何由同一个细胞（最初的合子）产生的。我们已经见识过神经系统的细胞种类有多么丰富了，人体其他部位的情况也不遑多让。

即便是同一种结构内薄薄的一层细胞，它们呈现出的多样性也可能是惊人的。你的整条消化道上都覆盖着一层细胞，它们排列得整整齐齐、严丝合缝。可就算把讨论的范围局限于消化道表面的这层细胞，我们还是能看到细胞种类和功能的多样性。在消化道的起始处，食道表面的细胞组成厚厚的屏障，避免食道在吞咽未经消化的食物时受到损伤。在食物进入你的胃之后，这层细胞的种类就变得丰富起来了：有的细胞能分泌酸和酶，用于消化食物；有的细胞负责分泌激素，用于调节胃的活动，以及对抗细菌的威胁。再往下，作为小肠的起始段，十二指肠的表面也被一层细胞覆盖着，其中一些细胞负责从消化过的食物里吸收养分微粒，另一些细胞则会分泌一系列不同的激素，它们的功能包括让你在餐后产生困意，以及保护小肠，防止它被胃酸灼伤。细胞的社会不是同质化社会，这为不同细胞之间的合作以及通过合作实现新功能创造了条件。但我们在过去的几年里发现，即便是在相同的器官或组织里，细胞使用基因的方式也不尽相同，我们可以把这种现象称为同一段基因主旋律的变奏曲。

这些细胞全部来自你的第一个细胞：合子。至于这个细胞何以造就如此惊人的多样性，细胞们如何对基因做取舍，如何知道哪些基因可以用而哪些不可以，如何选择使用基因的时间和地点，早在"基因"这个术语（更不要说基因组测序了）被发明之前，这些问题就已经成为生物学研究的核心问题了。1891年，有人在那不勒斯海湾的海滩上做了世界上第一例人工克隆实验，它的成功让这些问题的答案有了些许眉目。

生物学家汉斯·杜里舒年轻的时候曾在意大利那不勒斯动物研究所待过一个夏天。为了方便世界各国科学家研究海洋生物的发育和生理，该研究所特意被建在海边。直到今天，这个机构仍是科学创新和学术交流的圣地。

杜里舒对动物细胞如何以及何时走上不同的命运之路感到非常好奇，于是他决定用实验检验当时非常流行的一种理论。该理论认为，细胞的类型是由合子内某些特殊的成分决定的，人们称这种决定细胞命运的成分为"决定子"。按照这个理论，合子含有全套的决定子，随着细胞进行分裂和增殖，子细胞分到的决定子会越来越少；细胞最终获得的是哪种决定子，决定了它们将会变成眼睛、手臂，还是其他的器官或组织。19 世纪 80 年代，威廉·鲁所做的一系列实验为这种想法提供了支持。鲁收集了湖侧褶蛙（*Pelophylax ridibundus*，异名 *Rana esculenta*）的受精卵，当合子完成第一次分裂并由一个细胞变为两个时，他就用一根滚烫的针将其中一个细胞戳死。随着剩下的那个细胞继续增殖和发育，鲁观察到它渐渐变成了"半个胚胎"：就像一个"偏瘫"的青蛙胚胎，只有半边身体在正常发育。基于这个观察结果，鲁做出如下推断：虽然合子能形成完整的生物体，但合子通过分裂得到的子细胞不一样，这些子细胞不具备从零开始发育成动物个体的潜力。

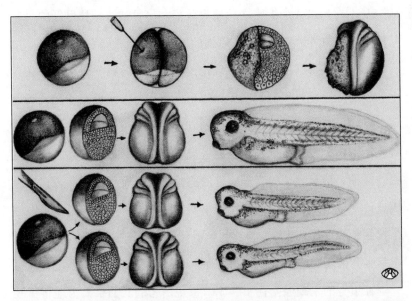

图 14 顶图：在杀死合子第一次分裂产生的其中一个细胞后，威廉·鲁观察到了"半个胚胎"。中图：正常发育。底图：将分裂一次的合子一分为二，最后会得到两个正常发育但尺寸减半的胚胎

　　杜里舒不喜欢鲁的想法，他认为鲁的实验设计有瑕疵，导致结果发生偏倚。杜里舒重复了鲁的实验，但他没有选择用青蛙这种复杂的大型动物，而是用海胆作为实验对象——这种生物在那不勒斯湾的实验室里想要多少就有多少。另外，杜里舒没有像鲁那样让死亡的细胞继续附着在发育的细胞团上，而是设法将两个细胞轻轻地分离，然后分别观察它们独立发育的情况。"我迫不及待地想知道，第二天我的培养皿里会是怎样一番景象。"他写道。他本以为这些结构很可能会死去。第二天，他来到实验室后却发现了"相当不同寻常"的东西：两只完整的海胆幼虫正在欢快地游泳，它们是双胞胎。杜里舒重复了这个实验，这一次他等到合子分裂成 4 个细胞才对其进行分离，然后得到了 4 只幼虫。但这也是魔法的极限：海胆胚胎的分身术在超过 4 个细胞之后便失效了。尽管如此，杜里舒的研究依然给原本的科学共识带来了巨大的冲击。

　　同所有经得起推敲的科学理论的情况一样，科学家有必要在其他物种身上重复杜里舒的实验，以确保海胆并非特例。于是，其他科学家纷纷效仿杜里舒，用同样的方法对青蛙进行实验。他们将青蛙胚胎的两个细胞分离，让它们各自独立发育，最后得到的结果也是一样的：两只完整的青蛙。鲁的实验肯定是哪里出了问题，其原因或许在于，把死去的细胞留在早期的胚胎细胞团（卵裂球）中会干扰胚胎的发育。此外，鲁将自己看到的东西称为"半个胚胎"，科学家也开始质疑这种叫法是否准确。

　　杜里舒的发现经受住了一个多世纪的考验。如果人为地将兔胚胎或鼠胚胎最初仅有的两个细胞分离，那么每个细胞最后都会发育成完整的动物个体，而不是分别发育成半边身体。因此，很多同卵双胞胎极有可能是发育早期的胚胎细胞在子宫内发生意外且自发分离导致的结果。这种情况虽然在人类身上很罕见（每 400 次分娩才出现一次），但对某些动物的生殖来说是家常便饭。比如，九带犰狳就是一种非常擅长生多胞胎的动物，它的每个受精卵都能产生 4 个胚胎（而不是两个）。

正如杜里舒当年所料，这个发现的意义极不寻常。早期胚胎的每个细胞都具有发育成完整个体的潜力，如果用专业术语来形容，我们可以说这些细胞是 "totipotent"（全能的），这个英语单词的两个词根分别有 "完全" 和 "有效"（或 "强大"）的意思。全能性可以被看作细胞为应对风险而上的一道保险，因为在发育初期细胞的数量还很少，每个细胞都非常宝贵，经不起损失和浪费。细胞保留全能性的时间跨度虽因动物的种类而异，但通常都很短。以海胆为例，当胚胎细胞的数量达到 8 个时，它们就已经发生了分化。相比之下，哺乳动物的细胞保留全能性的时间更长一些。

全能性还有一个非常奇怪的特点。如果你不分离卵裂球的细胞，而是往卵裂球里添加来自其他合子的早期细胞，它们就会无缝地融合在一起，形成一个卵裂球，最后变成拥有两套基因组的个体。例如，假设你有两种细胞，一种原本应该发育成白色小鼠，另一种原本应该发育成黑色小鼠。倘若你在它们发育的早期阶段将其混合起来，你就能得到一种带斑点和条纹的小鼠，它们与正常小鼠没有任何区别，细胞总数也完全相等。

这些细胞融合的产物叫作嵌合体，我们在序言中介绍的卡伦·基根也属于这种情况。嵌合体是细胞会计数的又一个证据，它代表细胞能通过感知自己与周围其他细胞的关系，以及选择使用哪些基因，来调节同时存在于某个组织、器官或个体内的细胞数量。事实上，科学家已经成功培育出绵羊和山羊的嵌合体，而且效果出奇地好。[1]

青蛙万岁

法国生物学家、哲学家让·罗斯丹常因他说过的一句话而被人提起：Le biologist passe, la grenouille reste（生物学家会死，而青蛙永存）。这也是生命系统研究者最真实的宿命写照。青蛙是展现生命复杂性的完美样本，这不仅仅是因为它们在动物界的地位平庸，还因为在认识细胞如何分化的研究方面，青蛙是最主要的研究对象之一。

青蛙能在实验室和生物学课本中占据一席之地的原因有很多。青蛙卵的直径约为 1.2~1.5 毫米，相比直径只有 0.15 毫米左右的哺乳动物卵子，堪称庞然大物。青蛙卵内部的大部分空间都被卵黄占据，这是受精卵增殖过程的营养来源。需要注意的是，青蛙的胚胎从卵中诞生，但胚胎本身并不等于卵。随着卵黄里的物质被细胞消耗殆尽，卵内的空间变得越来越大，对观察和实验操作来说，这样反倒更容易了。最重要的是，青蛙的合子相当顽强，它们虽然招架不住鲁的针刺实验，但有能力在普通的手术干预中存活下来并复原。你可以从青蛙的胚胎里移除细胞，或者往里面额外添加细胞，又或者调换细胞的位置，在绝大多数情况下，胚胎都能继续发育成幼体。蛙的发育速度也很快，以胚胎生物学家钟爱的非洲爪蟾（*Xenopus laevis*）为例，它的合子只需 50 个小时就能发育成蝌蚪。综合考虑上述所有因素，蛙类几乎可以说是研究发育现象的理想实验对象。

　　蛙卵特别适用于研究全能性的极限。细胞是从什么时候开始，以及通过怎样的机制才失去了发育成完整个体的能力？对于想要回答这个问题的科学家，蛙卵巨大的体积让他们在做实验时从容了许多。由于杜里舒发现细胞会在某个时间点之后失去全能性，后世认同其理论的科学家很想知道，细胞的全能性能否失而复得。一旦分化为神经元、肌细胞或皮肤细胞，细胞是否就丧失了发育成完整生物个体的能力？还是说，细胞并不会把不需要的工具丢弃，而是把它们妥善地保存在一个安全的地方，供日后使用？对于那些会问这种问题的人，蛙卵能轻易地告诉他们答案。

　　1952 年，就在罗莎琳德·富兰克林、弗朗西斯·克里克和詹姆斯·沃森提出 DNA 双螺旋结构的前一年，有两名美国科学家决定深入探究细胞的发育能力。罗伯特·布里格斯和托马斯·J. 金原本在位于费城的美国癌症研究所研究豹蛙（*Lithobates pipiens*，异名 *Rana pipiens*），他们取出豹蛙的卵母细胞（未受精的卵细胞），并移除它的细胞核；然后取出另一个发育了一段时间的细胞，并把它的细胞核植入那个去核的卵母细胞。通过让这个卵母细胞获得原本只有在受精后才能补齐的全套染色体，布里格斯和金欺骗了它，使它相信自己真的完成了受精。两名科学家很想知道接下来会发生什么，他们的假设是，这个人造合子的发育不会持续多长时间，它甚至可能无法形成胚胎。由此可见，这个实验的结果可以确定，细胞在分化后失去的是部分还是全部的发育潜力。

　　但说起来容易做起来难，这个实验对研究人员操作技术的要求非常高。移除细胞核的穿刺操作必须非常轻柔，尽可能地避免损伤细胞的其他部分。供体细胞核来自一个已经分化的细胞，用来植入供体细胞核的针管直径比卵母细胞略小。研究人员成功将外来的细胞核植入卵母细胞后，卵母细胞就相当于完成了受精。这些操作需要极大的耐心，但布里格斯和金成功做到了。实验结果非常明确：如果供体细胞核来自发育早期的胚胎细胞，那么有的合成细胞能变成蝌蚪；而如果供体细胞核来自年龄较大的胚胎细胞，那么几乎没有合成细胞能变成蝌蚪。由此看来，从合子到卵裂球到胚胎再到成体，动物的发育过程在细胞水平上似乎是不可逆的。一旦发生分化，细胞可能就会把自己的特异功能雪藏起来。

但是，我们这些科学家生性多疑。一件事在一个实验里没有发生，并不代表它在哪里都不会发生。常言道，证据不足并不意味着证据不存在。牛津大学的学生约翰·格登就是对上述结论持怀疑态度的人之一，他认为布里格斯和金的实验对操作技术的要求过高，任何环节出点儿小差错都不足为奇。格登的导师迈克尔·菲施贝格也同意格登的想法，他认为重新做一次实验是值得的。没准儿，格登在验证实验中会发现发育过程其实是可逆的。

格登把实验对象换成了非洲爪蟾，并且对布里格斯和金的实验设计做了改进。1956 年，刚开始攻读博士学位的格登很快便得到了与布里格斯和金的实验相同的结果。但是，复盘实验中遇到的各种困难时，他怀疑问题可能不是出在细胞的分化上，而是出在时间上。在胚胎发育的早期阶段，细胞分裂和增殖的势头非常迅猛，而已经分化的细胞分裂得很慢，有的甚至不再分裂。格登怀疑年长的细胞核可能跟不上年轻细胞的分裂节奏。细胞核刚刚从漫长的休眠中被唤醒，让它立刻适应快速的细胞分裂或许不是一件容易的事。

　　为了让已经分化的细胞核适应胚胎发育早期的细胞分裂节奏，格登尝试了很多有利于实现这个目标的创新技术。最终，他发明了一种名为"连续核移植"的新技术。他先从一个年龄较长且已经分化的细胞内取出细胞核，将其植入另一个较年轻且未分化的细胞，然后等待这个较年轻的细胞分裂数次。格登把由此得到的每一个胚胎细胞的细胞核取出，再按照布里格斯和金原本的实验构想，将它们分别植入刚刚采集的卵母细胞。由于这些细胞核全部来自同一个已分化的细胞，格登改良的实验步骤应该不会对细胞核的发育潜力造成影响：如果细胞在分化过程中不可逆地沉默或抹除了那些赋予细胞全能性的基因，这些细胞核就不可能指导卵母细胞发育成完整的生物个体。但如果格登的想法是对的，问题出在细胞与细胞核的活动节奏不匹配上，那么连续核移植技术将大大提高年长细胞核融入年轻细胞的成功概率。

　　实验的结果是，如果取用卵裂球和早期胚胎中细胞的细胞核，那么能够发育成蝌蚪的胚胎数量只有小幅增长。格登虽然增加了额外的步骤，但得到的结果与布里格斯和金的实验基本无异。不过，当他使用蝌蚪肠道细胞的细胞核时，最后居然得到了很多能游动的蝌蚪，而且它们都能发育成熟，变成有繁殖能力的成蛙。[2]格登后来还取用了更年长、分化程度更高的细胞进行实验，并发现这些细胞的全能性同样可以恢复。他不断地用蝌蚪身上的其他细胞重复这项实验，也不断地得到游动的蝌蚪和有繁殖能力的成蛙。细胞分化过程没有改变染色体携带的信息，所有信息都原封不动，而且可以重新取用，只不过要费点儿力气。在后续的深入研究中，格登还从发育完全的成蛙身上提取细胞核进行实验，但均未取得成功。即便如

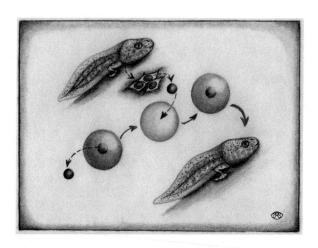

图 15　通过将一个细胞的细胞核植入去核的卵母细胞来实现克隆，这个概念最早由罗伯特·布里格斯和托马斯·金提出，它的早期成功实践发生在爪蟾身上，该实验的操作者是约翰·格登

此，事情也已经非常明确了：细胞分化是可逆的，返老还童或许有可能实现。

　　格登的实验不仅证明细胞的"五金商店"（或者说遗传工具箱）在细胞发生分化后仍然是完整的，而且第一次让我们联想到，用发育完全的成体细胞克隆动物也许是可行的。虽然格登的发现非常惊人，但它没能引起公众的关注和兴趣。这或许是因为格登的科学研究过于专业和抽象，很难在太空竞赛如火如荼的年代吸引人们的目光。此时又恰逢弗朗西斯·克里克大力宣扬分子生物学的中心法则：一旦遗传信息从DNA进入蛋白质，它们就无法再回头了。

　　原因也可能是，青蛙与人类的亲缘关系太远了。我们可能只需要挑选一种长相更可爱、身上的毛发更多、更贴近日常生活的农场动物，就能牢牢抓住大众的眼球，让他们切身感受到合子那不可思议的力量，以及方兴未艾的克隆技术带来的令人不安的后果。

从多莉羊到CC猫

虽然格登的一系列实验证明了克隆的可能性，但它们并没有给出多少答案，反而提出了更多新的科学问题。有的科学家想知道，是否只有两栖动物的细胞核能被"唤醒"；有的科学家则根本不相信格登的实验结果。一种非常普遍的观点认为，格登从未用成体细胞取得过成功。但是，提出这种批评的人似乎忘记了，蝌蚪的肠道细胞就是一种已经完全分化且功能完备的成熟细胞。

按照正常逻辑，这个研究的下一步应当是用哺乳动物的细胞做核移植实验，但它的难度远远超过了布里格斯、金和格登的实验。摆在研究人员面前的第一个问题是：平均而言，哺乳动物卵的体积不到蛙卵的千分之一，这让实验中必不可少的针刺操作变得极具挑战性。即使科学家找到了某种方法，成功地将供体细胞核植入了体积不足蛙卵千分之一的空间内，他们也仍然要面对下一个难关：将完成核移植的卵细胞植入代孕母体的子宫内。为此，他们需要一个已经做好怀孕和分娩准备的子宫。考虑到只有 1%~5% 的克隆蛙胚胎最后能发育成熟，这意味着研究人员移植哺乳动物的胚胎时可能需要上百个具有生育能力的雌性动物个体。如此苛刻的实验条件令人望而却步，但这没有阻止科学家的尝试。

大规模的实验启动了，很快便有科学家取得了进展。1981 年，日内瓦大学的生物学家卡尔·伊尔门塞宣布，他通过将早期胚胎细胞的细胞核植入成熟的卵细胞，成功地克隆了哺乳动物（确切地说是克隆了三只小鼠）。然而，这项研究很快就受到了外界的质疑，后续的调查发现，伊尔门塞弄虚作假，他的实验结果跟生殖科学没什么关系。事实上，真正的克隆小鼠还要过将近 20 年才会出现。与此同时，有的科学家试图把细菌改造成量产蛋白质和激素的生物工厂。令人意想不到的是，他们的研究竟然为世界上最著名的哺乳动物克隆实验奠定了基础。

这些科学家原本只想研究如何高效地生产有用的激素，而不是克隆哺乳动物。科学研究经常有这种歪打正着的情况。在解析和分类基因组的过程中，科学家发现细胞采取了一种索引式策略，它们将自己需要的蛋白质、激素、酶及其他结构组分的遗传信息写入转录调控区。这些转录调控区的功能是根据特定的情况，决定应该表达或关闭哪些基因。只要符合条件，相应的转录调控区就会开启。基因组其实并不知道自己转录的是什么信使RNA，得知这一点的科学家意识到，他们可以把编码特定蛋白质或激素的基因导入细菌的基因组，将其插入对所有基因都一视同仁的转录调控区，强迫细菌表达外来的基因。细菌会尽心尽力地把DNA转录成信使RNA，再把RNA翻译成我们想要的蛋白质或激素。只要用这种方法，科学家就能把细菌变成一座激素工厂，高效地合成大量的胰岛素和生长激素，淘汰费时费力的传统生化合成方式。

不过，也有一些蛋白质是细菌无法合成的，或者说细菌无法合成这些蛋白质的可用版本。因为哺乳动物细胞会给某些蛋白质添加额外的化学修饰，而细菌做不到这一点。比如凝血因子IX，它是血液凝固过程和治疗血友病所需的关键分子，但不管怎么努力，科学家都没法让细菌合成功能性凝血因子IX。

解决这个问题的其中一种思路是，我们可以从羊奶或牛奶中大量获取这种只有用哺乳动物细胞才能合成的蛋白质，这个想法曾流

行了相当长一段时间。把利用细菌量产蛋白质积累的技术经验应用
到哺乳动物身上是完全可行的，我们可能只需要在乳腺细胞内"借
用"某种蛋白质对应的转录调控区，就能合成任何想要的蛋白质
了，比如合成凝血因子IX。哺乳动物的乳腺细胞应该有能力修饰这
些蛋白质，从而使最终的产物具有活性。通过这种生物工程学手段
培育的个体拥有来自另一个生物体的DNA，因此被称为"转基因"
动物。

　　1989年，这种原本只停留在理论层面的技术变成了现实。爱丁
堡大学动物生理与遗传研究所的分子生物学家约翰·克拉克利用基
因修饰技术，成功地使一头母羊的乳腺细胞合成了人类的凝血因子
IX。克拉克还设法让另一只名叫特蕾西的母羊产出了含α1-抗胰蛋
白酶（一种用于治疗肺气肿和囊性纤维化的人类蛋白质）的羊奶。
然而，这两项研究成果来之不易，而且来自母体和来自父体的基
因会在减数分裂过程中随机组合，所以我们无法保证转基因母羊
的后代能像它们的母亲一样高效地合成同样的人类蛋白质，我们甚
至不能保证它们能合成这种蛋白质。一只母羊的乳腺细胞不可能与
它的母亲的乳腺细胞百分之百相同，除非它是母亲的克隆产物。

　　于是，克隆最高产的转基因母羊以完全消除遗传的运气成分，
便成了科学家的新目标和面临的挑战。为了攻克这个难题，爱丁堡
大学的研究所在升格为罗斯林研究所的同时，还成立了PPL医疗公
司。这两家机构宣称，它们的目标是利用动物克隆技术，实现生物
医学功能蛋白的商业化量产。研究人员将这种理念称为"药农业"
（pharming），它是"制药业"（pharmaceuticals）和"农业"（farming）
的合成词。1995年，罗斯林研究所和PPL医疗公司联合成立的科研

团队，将约翰·格登的研究成功扩展到了哺乳动物：研究人员利用胚胎细胞得到了一对双胞胎母羊。但是，他们能否靠成年个体的细胞大规模复制转基因羊，这仍然是一个悬而未决的问题。

1995—1996年，为了优化和改进克隆技术，一个由伊恩·威尔穆特领导的科研团队开始尝试将绵羊胚胎细胞和胎儿细胞的细胞核植入卵母细胞。这项工作要求他们必须在每年绵羊的繁殖季争分夺秒，最大限度地利用母羊的生育能力。1996年2月的某一天，团队遭遇挫折，原本为着床而准备的卵母细胞却没有一个能用的。"白白浪费卵母细胞是我们最不愿意看到的。"卡伦·沃克后来回忆道，她当时是PPL医疗公司的胚胎学家，"所以我们想挽回一下，至少再做点儿什么。"众人环视实验室，看到了一些由基思·坎贝尔处理和准备的乳房细胞，它们来自一只6岁的"中年"母羊。坎贝尔很有细胞生物学家的天赋，他一直与威尔穆特合作，研究哪些条件能促进成体细胞的细胞核融入早期胚胎的发育过程。虽然二人当时对这些条件还一无所知，但他们决定充分利用当年的繁殖季，尽可能尝试各种各样的条件。正所谓不入虎穴，焉得虎子。

5个月后的1996年7月5日，克隆母羊多莉诞生了。它是世界上第一只用成体细胞克隆的哺乳动物（也有人认为可以去掉"哺乳"二字）。[3] 完全分化的成体细胞核可以重启全能性，格登的这个猜想是正确的，只不过他没能在蛙类身上证明这一点。在发育过程中，细胞会选择特定的基因，构造具有特定功能的特定组织，那些用不到的基因则有可能被束之高阁。虽然这些被雪藏的基因仍在细胞核内，但它们通常无法被取用。而多莉的诞生证明了这种雪藏基因的机制是可逆的。

多莉迅速成为家喻户晓的明星。它的横空出世标志着人类进入了一个美丽的新世界，只不过公众并不清楚多莉究竟会把我们引向激动人心的光明未来，还是会让我们坠入反乌托邦的黑暗深渊。有人声称，在公开多莉诞生的消息之前，罗斯林研究所故意把它的存在隐瞒了数月之久，因为研究人员原本的计划是克隆人类。研究团队斩钉截铁地否认了类似的传言。毋庸置疑，多莉的诞生在发育生物学历史上具有里程碑意义，但研究人员的终极目标是批量克隆转基因羊，然后用它们量产药物分子。第二年，又有两头克隆母羊出生，它们的名字分别是波莉和莫莉，克隆它们的成体细胞均来自乳汁中含有人类凝血因子IX的转基因羊。这种克隆技术的难度很高，但它终归是可行的。

无论科学家对克隆人类的可能性持怎样的否定和排斥态度，大众的恐慌情绪都在与日俱增。作为对这种普遍情绪的回应，联合国在 2005 年发布了一项非强制性禁令，因"（其）与人类尊严和生命保护之间不可调和的矛盾"而禁止克隆人类。从那以后，已有超过40 个国家颁布了禁止克隆人类的法令，但其中一些国家仍然允许出于研究目的进行胚胎克隆，这显然是钻了联合国那道措辞含混的禁令的空子。不过，无论克隆人类是否被法律允许，目前的克隆技术还远远做不到原原本本地复制一个人。之所以这么说，是因为随着科学家克隆动物的技术变得越发纯熟，他们在克隆动物身上取得了一些出人意料的新发现，比如，就算是克隆技术也做不到百分之百复制本尊。

2001 年，世界上第一只克隆宠物猫诞生。它的名字叫CC，是

"Copy Cat"[1]的首字母缩写。CC的遗传物质完全来自一只名叫"彩虹"的猫，即便如此，这两只猫的毛色也迥然不同：CC是一只棕白相间的虎斑猫，而彩虹是一只三花猫，身上长着大块大块的彩色皮毛。出现这种情况的原因是，许多与猫的毛色有关的基因都位于X染色体。作为一只雌猫，彩虹有两条X染色体。每一个能够合成色素的皮肤细胞都只需要使用一个色素相关基因，因此它需要开启其中一条染色体上的基因，同时关闭另一条染色体上与该基因成对的另一个基因，至于如何取舍，每个细胞可以自行决定。克隆CC的细胞核关闭了"橘色"或"黑色"的毛色基因，所以它无法使用这种遗传工具。类似的基因失活现象在同卵双胞胎身上也能看到。虽然同卵双胞胎的DNA完全相同，但他（她）们仍然会有诸多不同之处，有些还相当微妙。在部分极富戏剧性的案例里，基因的随机失活导致同卵双胞胎表现出惊人的差异。进行性假肥大性肌营养不良与一个名为DMD的基因有关，这个基因位于X染色体。女性的两条X染色体中总有一条处于失活状态，以确保每个细胞的X染色体所含的基因数量与只有一条X染色体的男性体细胞相同。这种失活现象是随机的，并且由每个细胞自行决定。在DMD基因发生突变的杂合子双胞胎中，经常出现一人患病而另一个人没事的情况，这是因为虽然双胞胎的基因组完全相同，但患病与否由具体是哪一个细胞中的哪一条X染色体失活来决定。这再次提醒我们，决定生物个体独特性的不是基因，而是细胞使用基因的方式。

克隆CC的公司名叫"Genetic Saving & Clone"（基因储存与克

---

[1] 英文中copy cat指抄袭或模仿他人的人，这里直译则为贴切的"拷贝猫"，有一语双关的意思。——译者注

隆），它是一家试图将克隆技术商业化并以此获利的初创公司，但业务开展没几年就关门大吉了。无法完美复制本尊是这家公司倒闭的根本原因。客户并不关心克隆猫的基因跟他们的宠物是不是完全一样，他们想要的是无论外表还是行为都跟本尊一模一样的猫。人们想要复活的是故去的宝贝宠物的细胞，而不是它们的基因，但这根本就不可能实现。

到目前为止，克隆技术的商业化始终是一个不切实际的梦想。PPL 医疗公司也不复存在。制药技术研发的缓慢进展和高昂成本终于让投资者失去了耐心，2003 年 11 月，PPL 医疗公司变卖资产并终止运营。尽管如此，由这家公司开发的众多技术仍在改良后被应用到了某些领域。牛的育种者用它们来保持牛奶的高产量；有些育种者的目标则显得天马行空，他们试图用克隆技术让完美的德州牛排重现人间。赛马的育种者也对此颇感兴趣：如果能稳定蝉联德比赛马的冠军，那么与冠军奖金的数目相比，即使克隆的成功率仅为10%，其成本开支也是可以接受的。

更重要的是克隆技术在非商业领域的应用，它能帮助我们保护生物多样性。至少就目前而言，虽然克隆技术不可能复活已经灭绝的物种，因为只有用活细胞才能培养出活的动物个体，但克隆技术有更实际、更可行的用途——我们可以用它保护濒临灭绝或种群繁衍困难的物种。以西班牙羱羊（*Capra pyrenaica*）为例，科学家在1999 年成功捕获了这个物种现存的最后一只雌性个体。他们给它取名塞莉亚，从它身上采集了皮肤细胞并冻存在液氮中。一年后，塞莉亚离世。有多莉、波莉和莫莉等成功案例在前，2003 年，何塞·福尔奇决定利用冻存的皮肤细胞克隆塞莉亚。但科学家既没有西班牙羱羊的卵母细胞，也没有代孕母体，于是他们把目光投向了西班牙羱羊现存的近亲物种。塞莉亚皮肤细胞的细胞核被植入家山羊的卵细胞，形成西班牙羱羊和家山羊的杂交合子，随后实验胚胎被植入家山羊的子宫。在总计 782 个实验胚胎中，有 57 个发育到可植入代孕母体子宫的水平，其中 7 个胚胎在子宫壁上成功着床，与母体建立了联系。而在这 7 个胚胎中，只有 1 个活到了分娩，但在通过剖宫产出生后，这只幼崽仅存活了几分钟便夭折了。它的一叶肺有致命的发育缺陷。即便如此，这只克隆西班牙羱羊的出生也仍然引发了媒体的狂欢，被誉为世界上第一起"灭绝动物复活"事件。只可惜这个实验的数据经不起细看，尤其是考虑到如果真的打算复活一个物种，研究人员就必须直面如此低的成功率，把一个健康的胚胎培育成成体。成功一次还不够，至少得成功两次，因为必须有一个活得足够久的雄性个体和一个活得足够久的雌性个体，才能让这个物种自己发展壮大起来。

好在科学家并没有被这样的概率吓倒。有了西班牙羱羊克隆实验的前车之鉴，2020 年 12 月，科学家利用皮肤细胞成功克隆出一只黑足鼬（*Mustela nigripes*），它的本尊已经死去近 40 年了。根据世界自然保护联盟的说法，黑足鼬为严重濒危物种，特别是现存的 1 000 多只野生黑足鼬在遗传性状上都很相似。科学家希望这只名叫伊丽莎白·安的克隆黑足鼬能帮助这个物种恢复基因库的多样性。在为伊丽莎白·安及其后代子孙物色供体细胞时，研究团队特意挑选了他们认为对森林鼠疫抗性更强的个体，因为正是这种疾病把黑足鼬逼上了绝路，它的病原体也是人类鼠疫的致病菌。

复活猛犸象?

迈克尔·克莱顿在《侏罗纪公园》一书中道出了很多人渴望复活灭绝物种的美好幻想。在这部小说中,科学家找到了一种复活恐龙的方法,可想而知,这么做的结果肯定一点儿也不美好。然而,在有些人眼里,《侏罗纪公园》并不是一个虚构的科幻故事,复活灭绝生物与其说是一种幻想,不如说是一项挑战。

以特立独行闻名的哈佛大学基因组学家乔治·丘奇携手企业家本·拉姆,打算利用克隆技术让已经灭绝的猛犸象(*Mammuthus primigenius*,又称长毛象)重返世间。猛犸象似乎很受反灭绝活动人士的青睐,丘奇并不是唯一有此雄心壮志的科学家,但他得到的支持和资源无人能及。作为初创公司Colossal Laboratories & Biosciences的联合创始人,丘奇和拉姆相信这项成就将引领人类进入遗传学的新时代,它不仅能把《侏罗纪公园》里的情节变成现实,还能让我们按照自己的意愿和需求创造全新的生命形式,去解决各种各样的现实问题,比如消除北极圈的甲烷或清理海洋中的塑料。

这些崇高的理想都被同一道难以逾越的障碍挡住了去路:仅靠基因是不可能创造出任何生命的。正如细胞病理学的奠基者鲁道夫·菲尔绍的那句名言,"omnis cellula e cellula"(哪里有新生的细胞,哪里就一定存在过细胞)。也就是说,所有细胞都来源于其他细胞。

为了以克隆的方式复活猛犸象,Colossal公司首先必须获得猛犸象的DNA。研究人员已经从化石中鉴定出猛犸象的DNA碎片,在此基础上,他们或许能人工合成大段的猛犸象基因,供接下来的克隆实验使用。不过，就算这项任务进展得十分顺利，之后研究人员还是要把DNA导入猛犸象的细胞，而且最好是猛犸象的卵细胞。不巧的是，随着猛犸象的灭绝，所有的猛犸象细胞都无一例外地死亡了，而众所周知，要让细胞死而复生简直比登天还难。既然没有猛犸象的卵细胞，研究人员只能退而求其次，他们打算把猛犸象的基因导入其近亲物种的细胞，比如亚洲象（*Elephas maximus*）。但是，考虑到目前他们既没有完整的猛犸象基因组，也没有相应的技术能把这样的基因组导入其近亲物种的细胞，这条路其实也走不通。于是，他们想出了第三种办法：再退一步，通过"修改"亚洲象的基因组，使其变得类似于猛犸象的基因组。

这就是丘奇目前努力的方向。他和他的团队已经对外宣布，他们打算从少数几个基因入手，这些基因均与猛犸象的不可或缺的部分标志性特征有关。他们将会用到亚洲象的细胞和CRISPR（本是细菌的防御系统，在遭遇病毒的二次侵袭时用来探测和摧毁同类型的病毒）技术：先用CRISPR技术剔除特定的亚洲象基因，再用猛犸象的基因填补空缺。之后，他们要取出经过"修改"的细胞核，将它植入已经去核的亚洲象的卵母细胞，一个杂交的合子便形成了。如果这个方法不奏效，他们还有更先进的技术对细胞进行重编程，关于这些技术的细节，我们会在后文中介绍。接下来，研究人员会用化学手段激活合子的生长，并将它植入代孕的大象母亲体内。如果一切顺利，研究人员最终将得到一种既不能算是亚洲象又不能算是猛犸象的生物。

这样的做法本身几乎不可能成功。即使我们不考虑用在象类身上的"试管婴儿"技术目前有多不成熟，体外受精的胚胎也极有可能在妊娠过程中死亡。假设胚胎的着床没有遇到任何问题，那么两年之后，这个"天选宝宝"的降生将成为世界奇迹。它是个奇迹，但它不是猛犸象。它的毛发和牙齿很可能既不同于现代亚洲象，也不同于研究人员的预期。它的红细胞更容易与氧分离，因为猛犸象的血红蛋白为适应寒冷的气候而变得比较特别。它的长相和生活方式带有几分猛犸象的味道，但猛犸象在很久以前就灭绝了，所以像不像全凭我们想象。无论如何，它绝大多数的DNA和身上所有的细胞都属于亚洲象。Colossal公司的造物至多算是一头"猛犸亚洲象"，而且你别忘了，这样的克隆个体必须承担繁衍的任务。

很多科学家不相信这个生物工程实验能成功，我也是其中一员，尤其是在丘奇自己限定的 6 年之内。不过，丘奇的实验设计的确淋漓尽致地展现了DNA在克隆技术中的次要地位。

与理查德·道金斯一样，以丘奇为代表的、热衷于复活灭绝生物实验的人士，只把细胞当作猛犸DNA的跟班和载体。他们坚信，复活灭绝生物归根结底只需做好一件事：用创造性的手段改写和重编生物的遗传密码。然而，复活猛犸象的计划书通篇写着细胞。从收集供体细胞，到将编辑过的细胞核导入卵母细胞，再到把成熟的假合子植入代孕母体（她本身就是一大群细胞），这个故事歌颂的显然是细胞的力量，而不是基因。如果构建胚胎只需要依靠正确的基因，丘奇等人又何必大费周章地琢磨如何利用大象的卵细胞呢？如果基因组的力量真如丘奇和Colossal公司相信的那般强大，那么经过重编程的细胞核无论被植入什么样的细胞应该都能施展拳脚。然而，它并没有这种本事。你无法把DNA放入一支试管，然后期待里面蹦出一个生物个体。无可奈何的现实就是，如果没有细胞（或者说没有恰当的细胞），那么基因组不过是一串A、G、C、T罢了。当格登或罗斯林研究所的科学家把成体细胞的细胞核植入卵母细胞时，其实是细胞的活动对外来的基因组施展了返老还童的"魔法"。

由此引发的疑问是：在发育过程中，细胞如何从基因组中挑选自己需要的基因，从而使自己获得特定的身份、形态和意图？当然，同样的疑问也适用于上面所说的卵母细胞的"魔法"。基本的理论和观点来自一个极其简单却又天差地别的世界——细菌的世界，对此，有两位研究突变体的法国科学家功不可没。

小虫与大象

克隆实验表明，细胞的基因组在生物体的整个生命周期中基本保持不变。更重要的一点是，随着发育的进行，我们看到细胞会挑选它们需要的基因，用来形成这样或那样的组织，同时把不需要的基因妥善保管起来。但构成人体的细胞有200多种，细胞怎么知道变成某种特异细胞需要用到哪把锤子或哪根铰链呢？它又怎么确定哪些工具用不上，需要好好收起来，以免妨碍正常的功能呢？换句话说，它怎么知道自己应该是哪种细胞呢？科学家通过一系列实验找到了这些问题的答案，实验对象是一种非常简单的生命形式，虽然它们的复杂性远远比不上绵羊和人类，但也有属于自己的故事。

乍看之下，细菌是一种乏善可陈的生物，它们的生活用觅食、增殖和对抗病毒就能概括得八九不离十了。我们的身体是由约40万亿个人类细胞和100万亿个细菌细胞组成的整体。有的细菌对我们的生存而言是有益的，比如帮助我们消化食物的那些。不过，一旦来自外界的有害菌侵入人体，原本的平衡就会被打破（毕竟谁还没有"闹肚子"的时候呢）；还有的时候是抗生素杀死了有益菌，这也会干扰人体的正常功能。

在正常情况下，你体内的细菌不用像体细胞那样面临艰难的生存抉择，它们不需要考虑自己究竟要变成肌细胞还是神经细胞，应该增殖还是分化，应该继续活着还是选择自杀。但是，这并不意味着它们不需要做选择。细菌绝大多数的选择都与吃什么和什么时候吃有关，科学家后来发现，细菌挑选食谱的方式反映了细胞在各种各样的情况下做出取舍的基本原则。

大肠埃希菌（*Escherichia coli*，又称大肠杆菌）是我们肠道内的常见细菌之一。它在那里搜罗人体细胞消化食物后产生的残渣，将它们进一步分解成我们能吸收和利用的营养素。通过在严格控制的实验室条件下观察"已经归化人体"的大肠埃希菌，科学家发现细菌有一种非常精打细算的生存策略：如果周围有各种各样的食物可供选择，它们就会根据消化所需的能量投入，按照从低到高的顺序依次利用每一种食物。比如，当有葡萄糖和乳糖两种糖可以选择时，大肠埃希菌总是毫不犹豫地选择先吃葡萄糖，把分子量更大、需要更多能量才能消化的乳糖留到后面，作为餐后甜点。

细菌选择葡萄糖和乳糖的行为背后究竟是怎样的机制，这是法裔美国生物学家雅克·莫诺当年的博士学位论文研究的课题，他凭借对这种细胞机制的研究，在生物学发展史上留下了不可磨灭的印记。1941 年，莫诺在巴黎的索邦大学求学，当时正值整个欧洲陷入第二次世界大战的动荡年代。身为一名坚定的共产主义者和无神论者，他把自己的实验室变成了印刷中心，用来制作宣传抵抗运动的资料。

盟军在诺曼底登陆后，莫诺加入了夏尔·戴高乐领导的自由法国军队，与纳粹战斗，并因此获得了法国的英勇十字勋章和美国的铜星勋章。

莫诺生性执着且理智，战争结束后，他选择到巴斯德研究所继续自己的科学研究。1957 年，机缘巧合之下，他参与了弗朗索瓦·雅各布的研究项目。雅各布曾在战前立志当一名外科大夫，但战争负伤留下的后遗症让他不得不放弃了这个梦想。不到 10 年（1965 年），莫诺、雅各布和安德烈·利沃夫因为他们合作取得的研究成果而获得诺贝尔生理学或医学奖。如果说沃森和克里克发现的是基因的结构基础，雅各布和莫诺发现的就是基因判断"偶然性与必然性"①的逻辑。

为了消化乳糖，大肠埃希菌需要从基因组的工具清单里调用两种蛋白质。一种蛋白质是乳糖渗透酶，位于细胞膜，功能是引导乳糖进入细胞。另一种蛋白质是 β–半乳糖苷酶，功能是将乳糖分解成细菌能消化的分子单位。莫诺从自己早年的研究中得知，当周围的培养基里没有乳糖时，细菌的细胞里就不会有这两种蛋白质；而一旦加入乳糖，它们就会突然出现。他还发现，如果培养基里同时有葡萄糖，那么细菌总是先狼吞虎咽地消耗葡萄糖。

在巴斯德研究所，雅各布后来加入了莫诺的研究项目。他们决定弄清楚细胞的习性、代谢等现象背后的机制，具体做法是寻找那些会做出不同选择的大肠埃希菌，以及造成这种变化的突变。他们的确找到了很多变种：有的大肠埃希菌不需要乳糖就能合成 β–半乳糖苷酶，有的就算有乳糖也不会合成这种酶；还有的表现出奇怪的

① 《偶然性与必然性：略论现代生物学的自然哲学》（"Chance and Necessity: An Essay on the Natural Philosophy of Modern Biology"）为莫诺的作品。——译者注

行为，比如，即使周围有葡萄糖也会选择吃乳糖。这些变种犹如一块块拼图碎片，当把它们组合到一起时，大肠埃希菌挑选食物的机制便清晰地展现在我们眼前。

合成乳糖渗透酶和 β-半乳糖苷酶所需的基因被深深地埋藏在大肠埃希菌的基因组里，它们需要先被转录成 RNA，再被翻译成蛋白质。没有它们，细菌就无法利用乳糖。除非细菌的细胞内有乳糖，否则 RNA 合成系统就不能转录这两种酶的 DNA。这是因为有另一种蛋白质牢牢占据着这两个基因的调控区（调控区的 DNA 片段携带着决定是否合成相应 RNA 的信息），它阻止了 DNA 的解旋和转录。你可能猜到了，这种蛋白质也属于转录因子，它被称为"阻遏物"。顾名思义，这种转录因子的功能就是阻止一个或一群基因的表达。

乳糖渗透酶在得到表达后，会被嵌入细胞膜。它负责探查周围有多少乳糖并将其捕获，然后送进细菌的细胞。一旦进入细胞，乳糖便会与阻遏物结合，破坏这种蛋白质与基因的结合，让消化乳糖所需的蛋白质得以表达。乳糖渗透酶是细胞根据眼前的情况和环境控制基因表达的一个实例。要是环境里有葡萄糖，细菌就会释放出某种蛋白质信号，此时，就算阻遏物从 DNA 上脱落，细菌仍然无法表达 β-半乳糖苷酶。这种犹如上了双保险的机制能够确保葡萄糖被优先利用。乳糖消耗殆尽后，阻遏物重新生效，遗传工具回到它们原本的工具箱里，等待下一次的"使命召唤"。这个复杂的调控系统被称为"乳糖操纵子"。

雅各布和莫诺把乳糖操纵子设想成一种回路或开关，通过它的开启和关闭，每个细菌细胞都能根据自己所处的环境，独立决定如何利用乳糖。随后，科学家又在大肠埃希菌中发现了与其他细胞机制

（比如利用特定的养分、对抗感染和调控细胞分裂）有关的回路。从每一种回路的功能看，它们的基本架构都是一个感应元件搭配某种调控基因表达的装置。这是细胞控制基因活动的最简单的机制原型。

莫诺和雅各布提出，这些回路可以介导具体的细胞功能，因此它们是所有细胞都具有的普遍特征。莫诺曾毫不怀疑地写道："大肠埃希菌有的东西，大象肯定也有。"虽然大象的结构比细菌精巧复杂得多，可塑造二者的基本逻辑必然是相同的，正如协和式客机远比莱特兄弟的双翼机先进，但它们本质上没有区别。

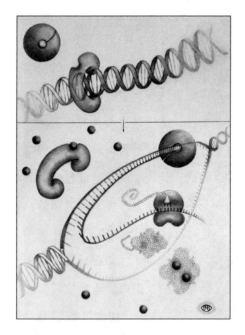

图 16 大肠埃希菌乳糖操纵子的工作原理。阻遏物（顶部的蚕豆形分子）与DNA结合，阻止转录过程启动。乳糖（球形的小分子）的结合使阻遏物从DNA上脱离，转录酶（大型的环状分子）得以将β-半乳糖苷酶对应的基因转录成RNA。RNA被翻译成β-半乳糖苷酶（右下角的近似方形分子），这种蛋白质能与乳糖结合并消化乳糖

命运的景观

为了理解莫诺和雅各布发现的机制对于动物的意义，我们必须回顾一下地球生命在过渡到多细胞生物时有哪些关键性创新。首先是克隆多细胞性，生物体起源于一个合子，无论分裂多少次，合子的后代都始终聚集在一起。与此同时，细胞的种类变得越来越多样化，它们分别扮演特定的角色和执行特定的功能，并在细胞创造的空间里占据特定的位置。其次是细胞之间的通信，在新兴的细胞社会中，胞间信号让细胞能相互交换信息、协调活动并组建各自的实体。再次，多样化的细胞类型和胞间互动都需要足够多的新工具作为基础，研究这些遗传工具的专业领域把它们称为"细胞类型特异性转录因子"。

巨型仓库配备的自动分拣机器人能迅速、高效地帮我们从货架上拣取货品，乳糖操纵子在功能上与此十分类似，我们把这样的功能单元称为"基因回路"。顾客下单后，经过编程的自动分拣机器人知道货品的存放和打包位置，也知道应该寄给谁，但自动分拣机器人本身并不使用这些货品。对细胞来说，基因回路就相当于这样的分子机器人或应用程序。细胞就是它们的客户，它们要为客户快递蛋白质，帮助客户维持形态、结构和功能。基因回路对细胞的需求、身份和正常运作来说至关重要，但它们并不能决定细胞应该长成什么样或做什么事。基因回路仅仅是让细胞有了选择的自由，每个细胞都能根据它在细胞社会中的位置，挑选塑造细胞结构所需的基因，并在位置发生变化时做出相应的改变。我们在前文中说过，每个基因都包含了一个决定它是否应该表达的调控区，在乳糖操纵子中，阻遏物结合的位置就是调控区。这些位置像邮政编码一样让基因组的活动井然有序，当细胞需要表达某个基因时，它就把手伸向基因的调控区。这些区域拥有各自的信号或开关，用来开启和关闭相应的基因回路。

亚马逊网站号称"万货商店"，它的商品目录超过 1 200 万条，每年销售的商品超过 120 万亿件，难怪它需要 20 万台移动机器人和 100 万名员工来处理客户订单。大肠埃希菌的基因组有 450 万对 DNA 碱基，信息容量约为 6 兆字节（600 万字节），就数据量而言与亚马逊的商品目录不相上下。因此，大肠埃希菌需要给自己配备数量相当的分子机器人，也就是基因回路。细菌可以利用它们游动、进食和逃避捕食者。相比之下，我们人类的基因组有 30 亿对碱基，相当于 27 亿字节的信息，这意味着我们的细胞有能力编码数量庞大的基因回路。同大肠埃希菌一样，人类细胞从其基因组目录里选择工具，决定应该如何及何时进食。只不过人类细胞的这种选择要复杂得多，因为不同类型的细胞有不同的口味和需求，这些都体现在基因的调控区里。

所有大肠埃希菌的细胞都大同小异，而我们人类的细胞或其他动物的细胞都不一样，每个细胞各行其是，它们需要大量的基因回路帮助自己选择和使用基因，以保证正确的分化和正常的功能。肌细胞需要一份基因回路清单，帮助它们合成柔软的肌纤维和实现细胞的运动，肾脏细胞的那份清单则要帮助它们从血液中过滤有毒的废物。在人类大脑中，神经元每天需要消耗 300 千卡能量，才能保证你的思考、进食、交谈和睡眠。每一种细胞都像一个特化的自动化应用程序，在特定的转录因子支持下，实现特定的功能。这些应用程序的配置通过共有的调控区来实现，更重要的是信号分子，它们通过协调所有细胞内的基因回路，在基因的选择中扮演了关键角色。多细胞性的涌现离不开这些。

同其他动物一样，人类基因组携带的许多遗传工具和材料都是为构建人体服务的，它们是细胞多样性的基础，让细胞能掌控自己的分化。回忆一下我们在前文探讨过的内容，某些基因的改变会导致生物体的部件缺失或错位：有的果蝇在原本是触角的位置上长出了类似足的附肢，有的则长出了两对翅膀。这就像分拣机器人在基因组里确定了正确的位置，将对应的零件取出，然后送到装配流水线上。但如果存放于这个位置的零件是错误的，它就会被装配到不恰当的地方，导致整个结构出现错误。

类型众多的动物细胞在发育中逐渐形成，这是一个缓慢的过程。细胞需要经历一连串的二元选择："我是应该变成A，还是应该成为B？"这与大肠埃希菌在乳糖和葡萄糖之间做取舍并没有太大的不同，只不过涉及的基因要多得多，远不止一个β-半乳糖苷酶对应的基因。随着时间的推移，一连串前后衔接的选择最终导致了细胞之间的差异。

我们假设有一个细胞X，它通过分裂得到了两个子细胞，每个子细胞都可以变成A或B。选择变成A的细胞接下来可以变成C或D，而选择变成B的细胞可以继续变成E或F。以分化成A或B的过程为起点，最终细胞X的后代将变成一大群类型各异的细胞，从皮肤细胞到肌细胞再到神经元，不一而足。本质上，这种选择机制与莫诺提出的大肠埃希菌选择利用乳糖的机制相同：每一次选择都建立在某个基因回路的基础上，正是许许多多这样的基因回路构成了整个遗传程序。基因被翻译成蛋白质，而其中一些蛋白质是转录因子，它们四处寻找调控区，然后激活其他基因；被激活的基因中又有一些被翻译成转录因子，如此反复。这一连串转录因子与调控区的相互作用，决定了A、B、C、D、E、F细胞内的哪些基因可以被激活，零散的基因回路正是通过这种方式变成了遗传程序。我们在过去的几年中发现，细胞做每一个类似的选择时都会涉及大量基因，有时甚至多达数百个基因，正是这些选择赋予每种类型的细胞应有的特征。

与此同时，大肠埃希菌和人类的细胞之间仍存在非常重要的差别。动物细胞需要合理分配它们共同占据的空间，在时间和空间的维度上协调所有细胞的选择。我们上面所说的A和B很多时候并不是指一个细胞，而是一群细胞。尽管每个选择涉及的基因数量变得非常多，但这种选择的基本原理没有什么不同：细胞接收并整合信号，然后利用特殊蛋白质（转录因子）寻找基因的调控区，启动或关闭这些基因；第一个基因回路激活第二个基因回路，第二个基因回路激活第三个，以此类推。

早在我们对这种机制有深入的认识之前，英国生物学家康拉德·H. 沃丁顿就用有序地穿越山地的比喻，大致概括了细胞分化的过程。他的比喻令人印象深刻：在目之所及的尽头有一座山峰，山上有许许多多的山涧和峡谷，纵横交错，汇入山脚的河谷。这座山的山顶代表动物卵细胞发育的起点，山涧和峡谷代表细胞分化的路径，而山脚的河谷代表细胞分化的终点；当滚落到河谷最深处时，细胞已经完全分化成构建动物体的某一类成体细胞了。

位于山顶的卵细胞在等待一个信号：受精。一旦收到这个信号，卵细胞就会一面启动第一次分裂，一面开始滚下山坡的旅程。每到一个岔口，细胞都会面临向左走还是向右走的选择，但无论怎么选，结果不是落入这条山涧，就是掉进那个峡谷，向下滚落的趋势都不会改变。在这一路滚落的过程中，细胞逐渐变成了神经元、肌细胞或皮肤细胞。掉到河谷底部的细胞几乎不可能再离开那里（除非它的细胞核被研究克隆动物的科学家取出，再被植入卵母细胞）。想要塑造出这种山涧峡谷纵横交错的地形景观，就必须有山脊将它们分隔开。耸起的山脊、凹陷的山涧和平坦的谷底分别代表细胞分化过程的不同特点，它们不仅决定了分化路径是哪一条，而且决定了有多少细胞会走上这条或那条路径。

刚开始滚落时，合子先分裂成两个细胞，然后这两个细胞又分裂成四个细胞，如此反复。在同一时刻，到达岔口的细胞不是只有一个，而是有很多个。由此，随着每个细胞走上自己选择的道路，它们在山路上的分布变得越来越分散，多样化的细胞类型让器官和组织的出现成为可能。比如，一颗功能正常的心脏需要特定数量的心房细胞和心室细胞，细胞数量的随意变动对心脏的运作和功能来说可能是灾难性的。山涧或峡谷的坡度越大，细胞就越有可能沿着这条路径前进，毕竟顺势而为最节约能量。一旦选定某条前进路径，细胞就失去了探索其他路径的机会。爬回高处所需的能量非常之高，以至于细胞无法承担，所以这样的事几乎不可能发生。每次在岔口做出选择后，细胞就会用转录因子把基因组里那些不再需要的部分封闭起来，封闭的原理与阻遏物关闭 $\beta-$半乳糖苷酶对应基因的原理类似。这可以让细胞更高效地取用它们需要的遗传工具，避免不需要的工具碍手碍脚。

细胞分化的终点被生物学家称为细胞的"命运"，上文用山地景观类比细胞分化的表达如今被我们称为沃丁顿景观理论。沃丁顿相信这种地理景观与基因之间"存在某种关联"，在一张景观理论的示意图中，他把基因比作位于山坡和山涧内部的固定钉和绳索。沃丁顿认为，基因的拉力和张力决定了峡谷有多深及山地有多崎岖。但他也认为，无论器官和组织形成的过程是什么样的，即使与基因活动有关，其实也都高于基因层面。沃丁顿选择用"表观"（epigenetic）这个术语来形容它，他称自己所说的景观是一种"表观遗传景观"。沃丁顿更多地用这个术语指代生物发育的过程，但正如今天我们所看到的，这个术语被分子生物学套用，多了一层分子水平的含义，即细胞利用蛋白质的化学修饰调控基因表达的现象。我更喜欢它的经典定义，因为它描述的是细胞的活动。

至于"大肠埃希菌有的东西，大象肯定也有"，没错，这种说法在一定程度上是对的。无论是动物细胞本身，还是动物细胞通过协作构建胚胎和机体的方式，显而易见的复杂性都难以掩饰它们在分子层面上相对简单的事实。无论添加多少开关、导线、零件，基本原理都不会变。

循着由沃丁顿开辟的道路，发育生物学家将大量精力投入寻找和分类基因的研究，他们试图定位表观遗传景观中的每一条岔路，以便弄清如何才能到达特定的山涧和峡谷；当然，他们最感兴趣的还是如何能让细胞掉进特定的河谷里。在过去的 20 年里，我们对遗传学的认识，加上我们操控基因的能力，造就了一种以基因和转录因子的活动为核心来看待胚胎及发育过程的视角。但沃丁顿明确指出，基因可能不会直接决定细胞应该做什么。从那时到现在，"表观"一词的含义逐渐发生了变化。如今，人们常用这个术语来描述基因的表达和活动模式可以反映环境对生物体施加的影响。尽管术语的含义有所改变，但对于细胞分化是如何发生的，沃丁顿的洞见直到今天依然经得起推敲。

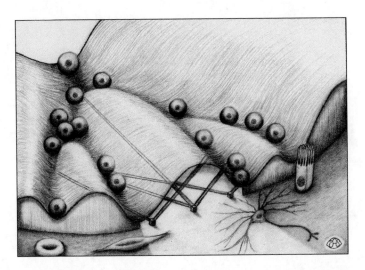

图 17 这张示意图展示了细胞如何在生物体发育过程中决定自己应该变成什么样，引自 1957 年版《基因的策略》(*The Strategy of Genes*)，作者是康拉德·沃丁顿。沿着崎岖的山路向下滚动的圆球代表细胞，沟壑交织的地形由基因的活动塑造，地面之下的固定钉和绳索代表基因。滚落到谷底后，细胞的类型便会确定下来，具体的落点由细胞滚落的路径决定

沃丁顿景观理论与莫诺的"大象论述"有异曲同工之妙。从细菌的基因回路到作为动植物发育现象基础的遗传程序，景观理论用地形这个独特的比喻抓住了二者的渊源和关联所在。正如我们在前文中所说，砖头和石头垒得再高也不是房子，基因堆得再多也成不了生物体。显然，地形景观的表观性意味着细胞的活动是基因组活动的总和，细胞所在的层面高于基因组。正如房屋和大厦的建设离不开井然有序的安排和规划，生物体的构建也必须有条有理、循序渐进。接下来，我们要把关注点放在细胞为此付出的努力上。

第 5 章

———

生命的步伐

宝宝是从哪里来的？或早或晚，每个孩子都会问这个问题，但不是每个家长都有实话实说的胆量。我还记得当年我问父母这个问题时，他们用了一个经典的答案搪塞我：是鹳把宝宝送到了妈妈怀里。

奇怪的是，早至古希腊和古埃及，晚至当今社会，许多文化都有飞鸟送子的传说，但不同的版本也各有特色。比如，有的地方说是鹭或鹤，而欧美国家普遍说是鹳。诞下宝宝的地点也因文化而异，有的说在沼泽地里，有的说在醋栗灌木丛中，还有的地点非常特别，比如一种只能在森林里找到的名叫 "adeborsteine"（鹳石）的魔法石内。我的父母当初只告诉我，鹳从巴黎领来了孩子。

从某种角度看，把我们的生命起源同飞鸟联系在一起不算太牵强。每个婴儿的起点都是胚胎，而在上千年的时间里，鸟蛋一直是人类窥探胚胎发育的窗口。说它是"窗口"也不完全是一种比喻：

虽然鸟蛋不像鱼类和蛙类的卵那样是透明的，但好在它的外壳非常坚硬，你可以在壳上开一个小孔，而里面的胚胎和膜还是完好无损的。通过这种方法，你能观察到鸟蛋的内部在幼鸟孵化的过程中究竟发生了怎样的变化。亚里士多德就是这样做的，他是把对鸟蛋的观察结果整理成文字的第一人，他详细记述了卵黄旁边的一个小红点如何奇迹般地在 21 天后变成了一只小鸡。亚里士多德不知道应该如何解释自己观察到的现象。他相信蛋里的那个小红点是精子，它需要用母鸡的经血激活，但亚里士多德不知道精子是如何变成胚胎的。他能够确定的只有自己眼见的事实：生命体就这样一点儿一点儿地凭空出现了。

到了一千多年后的启蒙运动时期，科学家和哲学家仍在寻找这些问题的答案。他们当时已经发现了引力和包括氧在内的元素，发明了"化学反应"这个词，并建立了认识周遭世界的庞大分类体系。但他们依然不知道宝宝是从哪里来的，这个问题出奇地难以解答。

英王詹姆斯一世和查理一世的首席御医、英国著名医生威廉·哈维曾试图解开生物体的起源之谜，他是启蒙运动早期对这个问题产生兴趣的思想家之一。9 月到 12 月是动物发情和交配的季节，每到这个时候，查理一世几乎每周都会外出打猎。国王及其随从猎杀的动物给了哈维获取卵的机会。蜥蜴、鱼、蛙和鸟都是卵生的，于是哈维推测鹿或其他哺乳动物应该也不例外。但是，他怎么也找不到哺乳动物的卵。整个 9 月和 10 月，哈维在解剖猎物子宫的过程中都没有看到任何东西，然而，到了 11 月和 12 月，他通过解剖看到了正在发育的小鹿胚胎。不仅如此，小鹿胚胎与他透过鸡蛋壳上的小孔看到的鸡胚惊人地相似。

哈维找到了胚胎所在的位置，但造就这个胚胎的卵依然无迹可寻。1651 年，在生命即将走向终点之时，哈维梳理了自己对动物发育过程的思考，并将它们写进了《动物的产生》（*The Generation of Animals*）一书。哈维给这本书配的版画封面是：希腊神话中的主神宙斯正在打开一枚蛋，从里面跑出了各种各样的动物；这枚蛋上铭刻着一句格言 "*Ex ovo omnia*"，意思是 "蛋生万物"。

哈维并没有观察到任何直接的证据，他坚持认为卵在生物的生长发育过程中扮演了关键性角色，其实更多是出于他个人的信念，而非基于客观事实。尽管如此，哈维同意亚里士多德的观点，他们俩都认为鸡的各个身体部位 "不是同时形成的"，在哈维笔下 "有各自的先后顺序"。动物的胚胎是卵生长和分化的产物，哈维把这个过程称作 "后成"（epigenesis），字面意思是 "后来才形成"，沃丁顿在他关于细胞命运的景观理论里借用的正是这个词。

与后成论针锋相对的理论则认为，有一个微小的生物体打从一开始便存在，只是它太小了，人的肉眼看不见。受精是把这个 "事先形成" 的个体放到卵黄附近的过程，卵黄为它的生长提供了必要的营养，直到它可以独立生存。这种认识被称为 "先成论"，你也许会觉得它听上去很荒谬。但是，1677 年安东尼·范·列文虎克用他的新型显微镜观察精液时看到了许多四处游动的独立生物，这成了支持先成论的证据。范·列文虎克发现的 "小动物" 彻底放飞了人们的想象力，他们认为每只 "小动物" 里都藏着一个小宝宝，而发育就是这个小宝宝生长到正常尺寸的过程。在一幅著名的插画里，一个小宝宝以胎儿的姿势蜷缩在精子里，脚趾指向精子的尾巴，脑袋则占据了精子头部的大部分空间，静静等待着开始生长的信号。

如果进行极限推理，先成论的不合理性就会暴露无遗。精子里面藏着小宝宝，这个小宝宝体内又必须有精子，而这个精子里又藏着一个更小的宝宝。为了能一代代地延续下去，生物体只能无限嵌套，并且越来越小。不仅如此，为了让这些无限嵌套且事先存在的小宝宝全部能长到正常尺寸，不至于出现断子绝孙的情况，是不是每多一个小宝宝，卵黄的体积就要相应变大一点儿，以保证营养供应？如若不然，是不是在小宝宝小到一定程度之后，它们就没有机会长到正常尺寸并出生了？那些相信鬼神的支持者倒是很乐于接受先成论的逻辑，因为这让他们省了不少事：根据精子当前的体积，他们一本正经地推算里面到底能装下多少个生物体。通过这种方式，他们有了将每种生物的起源追溯到伊甸园的底气。最终，每种生物的第一个个体的凭空出现就只能用造物主的存在来解释了。先成论认为每种生物的第一个个体都来自神的创造，就像雅典娜是从宙斯的脑袋里蹦出来的那样。

先成论者和后成论者之间爆发了争论，双方的分歧在 18 世纪的六七十年代达到顶峰。支持先成论的代表人物是知名的日内瓦博物学家阿尔布雷希特·冯·哈勒，他以准确描绘了肌肉和神经的特征而闻名。支持后成论的代表人物则是来自德国的卡斯帕尔·弗里德里希·沃尔夫，这位自命不凡的年轻学者在攻读医学博士期间耗费了大量心血，对鸡的胚胎进行了细致的研究。作为这项研究的其中一项成果，沃尔夫描述了胚胎的肠道从一堆未分化的胶状物质逐渐成形的过程。他注意到，受精卵内的物质似乎在按特定的顺序排列，时而形成嵴，时而形成褶，时而融合，时而分离；不只是肠道，血管、心脏及其他器官的形成过程也是如此。沃尔夫认为鸡的胚胎"无疑"

出现了后成效应，这是他亲眼所见："鸡胚的肠道最初只是一层膜。胚盘上出现一条纵纹，一开始它是平的，随后逐渐隆起，卷成圆柱形，这才变得像原始的肠道。因此我们很肯定，肠道是一种后来才出现的结构，而不可能是事先就有的。"

沃尔夫把自己的学位论文呈交哈勒审阅，他的发现自然引起了这位年长科学家的注意。二人在这个问题上产生了严重的分歧，尽管如此，他们依然保持了近 20 年的信件往来，激烈地争论发育的本质，直至哈勒去世。无论沃尔夫拿出怎样的证据，哈勒始终坚信每一个器官都是事先就存在的，他把矛头指向当时的显微镜，认为是它们不够强大，以致无法让我们看到这些微小的结构。

时间将证明沃尔夫是对的，并赋予他"现代胚胎学之父"的历史地位。但直到 19 世纪中叶，在鲁道夫·菲尔绍等人确定细胞是生命体不可或缺的基本单位后，先成论者和后成论者之间的争论才得以平息。在此期间，针对动物胚胎的研究一直在进行，而且取得了一些出人意料的成果。

Hox 舞步

在 19 世纪 20 年代的柯尼斯堡（今俄罗斯的加里宁格勒），爱沙尼亚解剖学家卡尔·恩斯特·冯·贝尔用瓶装标本、手术器具、蜡烛和显微镜把本就逼仄的房间塞得满满当当。其中，瓶子里装的是冯·贝尔收集的动物胚胎标本，它们展示了胚胎发育的各个阶段。他根据器官、组织及整体的结构形态，仔细地将这些瓶子按时间先后顺序摆放。冯·贝尔相信，通过识别各个物种有哪些相似和不同之处，他最终能确定各种动物之间有怎样的关联。

一个不经意间的疏忽给冯·贝尔带来了他期盼已久的灵光乍现。有一回，他忘记了给两个年幼的标本贴上标签。当再次拿出这两个标本时，他发现自己竟然分不清哪个是哪个了。这两个胚胎太像了，几乎一模一样。他立刻感悟到：

> 它们可能是蜥蜴、鸟或非常年幼的哺乳动物。这些动物的头部和躯干在形成过程中十分类似。这两个胚胎还没有长出四肢，就算有，在发育的最初阶段仅看四肢也不能说明任何问题，因为蜥蜴和哺乳动物的足、鸟的翅膀和爪，还有人的手和脚，都是在同样的结构基础上发育而来的。

冯·贝尔当时看到的是一种弯曲且分节的身体结构，头和尾的轮廓清晰可辨。头部有两只眼睛，躯干上有几道裂缝，好似鱼的鳃裂。长有鳃裂并不能证明它就是鱼的胚胎，因为蛙的胚胎也有这种结构。然而，当冯·贝尔仔细查看自己收藏的标本并试图分辨它们时，他有了新的发现。这个特征其实非常醒目，他不敢相信自己此前居然从未留意过：在发育的最初阶段，每个胚胎（从他收集的鱼、蛙到猫和奶牛）都有类似鳃裂的结构。事实上，这些胚胎的外形都极其相似。冯·贝尔基于这个洞见提出，所有动物的发育都以同一个模板作为起点，只有到了发育的后期阶段，各个物种才会根据各自的特征雕琢形态。

19世纪的博物学家热衷于探索自然规律。1830年，就在冯·贝尔首次报告早期胚胎具有某种可怕的相似性的两年后，围绕动物多样性的起源，法国博物学家艾蒂安·若弗鲁瓦·圣伊莱尔和乔治·居维叶较上了劲。区别于哈勒和沃尔夫私下里的不和，圣伊莱尔和居维叶的争论大多发生在公开场合——他们在巴黎的法兰西科学院前展开了一系列辩论。带着那个变革年代标志性的智慧和愚昧，圣伊莱尔提出了"构成的统一性"，他认为动物（无论它们是不是由上帝创造的）都拥有相同的基本结构，不同的物种都是这套基本结构的变体，而我们可以（也应该）找出这种基本结构。作为当时动物学界的最高权威，居维叶不同意圣伊莱尔的观点，他认为每种动物都是上帝独立创造的，并且能够完美地适应上帝为它们安排的环境。圣伊莱尔输掉了辩论，原因是他大胆断言，没有内骨骼的软体动物（比如枪乌贼和蜗牛）的身体组织方式与脊椎动物相同。而这个观点对当时的科学机构来说过于超前。但圣伊莱尔及其支持者没有就此偃旗息鼓，他们声称，正如查尔斯·达尔文在 1859 年出版的《物种起源》里所写的，蝙蝠的翅膀、海豚的鳍肢和马的腿都是同一种伟大结构的变体。这番话显然与圣伊莱尔的观点非常契合。换句话说，虽然动物在出生的时候千差万别，但不管是身体的基本外形，还是绝大多数内脏器官，都有相当多的共性，而且我们能在胚胎发育的过程中清楚地看到这些相似之处。

1994 年，瑞士日内瓦大学的发育遗传学和基因组学教授丹尼斯·杜布勒提出了"发育沙漏"的概念，它描述的现象是不同的物种从形态各异的卵开始，逐渐发育成外形相似的早期胚胎。杜布勒注意到一个有趣的现象：沙漏的瓶颈对应着令冯·贝尔顿悟的发育时期，而就两侧对称的动物（包括鱼、蛙和我们人类）而言，这恰好是全身上下、从头到尾的 *Hox* 基因（这个基因决定了动物的身体如何在沿着体轴的方向上分化成不同的部位）完全表达的时间。在瓶颈两侧，动物细胞可以随意尝试各种自组织方式，组成不同的形态。杜布勒认为，唯独在瓶颈处，当细胞启动整个动物体的构建过程时，它们必须使用 *Hox* 基因提供的遗传工具，而这势必导致形态上的雷同。至于 *Hox* 基因，出于某种神秘的原因，这种遗传工具具有绝对的物种保守性。

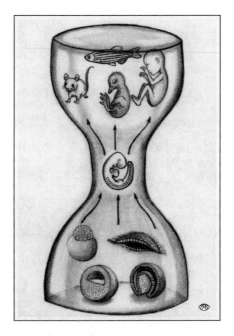

图 18　丹尼斯·杜布勒在 1994 年把发育和演化之间的关系比作沙漏。基于卡尔·恩斯特·冯·贝尔的观点，杜布勒提出，动物从形态多样的起点出发，挤过高度相似的瓶颈，最后变成千差万别的成体

　　作为一个类比，发育沙漏模型的确非常贴切，但它并不能解释究竟是什么让 *Hox* 基因能引发形态结构的趋同，从而消除鸡、蛙、鱼和人类卵细胞之间的区别。为什么一开始各不相同的东西会在细

胞增殖和生长的过程中变得一样？我相信，这个问题的答案与细胞在发育早期所跳的舞有关。这里说的"舞"可不是某种仪式礼仪，我们或许可以称其为细胞的"Hox 舞步"。它是一种基础舞步，犹如现实世界中的方形步是从华尔兹到伦巴的各种舞蹈的基础步伐。为什么说细胞的活动像在跳舞？为了解答这个问题，我们需要从头开始梳理，回到这支舞的起点，也就是动物的第一个细胞——合子。

翩翩起舞的细胞

精子和卵子的结合触发了细胞分裂和增殖的循环，一个细胞很快就能变成数以千计的细胞群。对所有动物而言，发育这出大戏的第一幕都是产生一团相互之间没有明显区别的细胞，它们被称为"blastula"（囊胚层）或"blastoderm"（囊胚层），其希腊语词根意为"生发外皮"，因为这团细胞是随后出现的一切结构的来源。

在这个阶段，细胞紧紧地相互依偎，如同成体的上皮细胞一样，排列成类似墙壁的结构。这种结构是由卵和卵黄的初始位置决定的，卵黄扮演的角色自然是细胞的第一份口粮。通常情况下，细胞要么位于卵黄上方，要么围绕着卵黄。位于上方的细胞平摊成片状，犹如漂在海面上的一叶小舟，方便它们自上而下地从卵黄这片海洋里获取营养；围绕卵黄的细胞则聚成球状，从四面八方吸食卵黄，就像橘子上长的霉菌。但无论是哪种情况，这些细胞从外表看都是一模一样的。此时的它们还不知道自己应该做什么或变成什么，并未发生结构和功能的特化。

接下来，从受精开始算，经过一段固定且长度因物种而异的时间，一部分致密排列的细胞把自己变成了另一种身手更灵活的细胞，并开始四处移动，它们的动作会让人联想到跳舞。这些细胞被称为"间充质细胞"。起初，间充质细胞的移动以小群为单位，仿佛被一根看不见的指挥棒引导着。在这些细胞完成一系列迁移活动后，原本未分化的细胞团首次显现出生物体的粗糙轮廓。随着舞蹈继续进行，越来越多的细胞开始脱离密集排列的群体而加入舞会，并在这个过程中聚集成一个又一个小群体。从致密的群体中抽身后，有的细胞钻进了卵的内部，也有的挤到了卵的表面，两相作用之下，原本致密的细胞团发生了弯折。虽然细胞紧密排列的结构大致未变，但一道新的细胞墙已经形成，它将阻挡其他细胞的迁移。当这一轮细胞迁移活动接近尾声时，我们就会看到冯·贝尔所说的那种相似得可怕的结构：胚胎的其中一端出现了类似头的结构，另一端类似尾部，中间是一群又一群的细胞（或者说体节）在胚层之内和各个胚层之间东奔西跑，而各个胚层开始分化成不同的组织和器官。对生物分类学体系中所有门的每一种动物来说，此时的胚胎看上去都大同小异。此时，我们来到了杜布勒的发育沙漏模型的瓶颈，随着Hox基因的表达启动，细胞表演了一段"Hox小跳"。

　　细胞的这段舞蹈有一个专门的术语叫"gastrulation"（原肠作用），它的希腊语词根是"gaster"，意思是"胃"——现代英语中的"gastronomy"（美食学）就由此派生而来。这个词造得有些尴尬，它是德国耶拿大学的教授恩斯特·海克尔在1872年提出的。海克尔研究海绵胚胎的发育时注意到，有一群细胞通过移动，使球状胚胎上形成一道凹陷，这便是海绵的肠道，而那些移动的细胞正是肠上皮细胞。你可以想象有一个瘪瘪的气球，用手指一压就能把两层致密排列的细胞压到一起，同时按出一道凹痕。在现实的海绵胚胎中，这道凹痕就是原始消化管，海克尔称之为"gastrula"，意思是"原肠"，也因此把这个过程称为"原肠作用"。

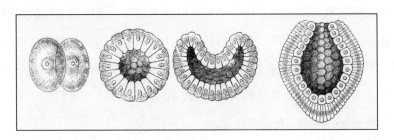

图 19　恩斯特·海克尔手绘的海绵胚胎原肠作用，这个过程按从左到右的顺序发生。引自《1877 年原肠祖说研究》（"Studien zur Gastraeatheorie 1877"，1879 年）

基于自己的观察，海克尔提出所有动物在发育早期都会经历原肠作用。他是对的，只不过海绵胚胎的原肠作用并不能代表绝大多数动物的情况：海绵细胞在原肠作用过程中只会分成两群或者说两层，而其他大部分动物的胚胎细胞都会分成三层。这些分层的细胞被称为胚层，它们是后续孕育所有机体结构的温床。在"舞会"即将结束时，根据细胞的形态、移动方式以及它们相对其他细胞的位置，我们已能看出每个胚层中的细胞日后会变成什么结构。肠道及相关脏器（包括肝脏、胰脏和肺）都来自内胚层，内胚层是胚胎最内侧的一层细胞。皮肤和大脑来自外胚层，外胚层是最外侧的一层细胞。而位于二者之间的是中胚层，它会变成肌肉（包括心脏）、血液、肾脏和生殖器官。

在正常的时间尺度下，原肠作用的细胞之舞进行得非常缓慢，细胞的变化和移动几乎难以察觉。这也解释了为什么沃尔夫等人会觉得鸡的胚胎似乎是凭空出现的。不过，今天我们可以把细胞的行为录下来，然后通过倍速播放来展示动物个体形成的奇妙过程。在镜头下，成群的细胞一起变换着形态，跳着"Hox 舞步"。我们会看到细胞表现出明确的意图，它们有时独来独往，有时成群结队，动作和落位都无比精准。在鸡的胚胎中，细胞的舞蹈起初很像波洛奈兹舞[1]，成对的舞者在舞厅里做镜像对称式旋转。分隔细胞舞者的中线预示着动物两侧对称的身体布局，沿着这条中线，我们能看出动物的头部、尾部、背部和腹部。

就昆虫而言，原肠作用之舞的规则甚至在受精发生之前就已经被刻进卵细胞里了，作为昆虫机体的第一个细胞，卵细胞从诞生的那一刻起便携带着构建身体所需的全部指令。比如，果蝇的卵含有特殊的蛋白质，它们的空间分布非常精确，起着像路牌一样标识胚胎的上下和前后的作用。受精完成后，随着新出现的细胞纷纷落到卵内的不同位置，它们会遵从这些"路牌"的指示，变成相应的样子。24 小时后，通过执行特定的遗传程序，这群细胞以蛆的形态从卵中爬出。与昆虫不同，脊椎动物的卵里没有这样的"路牌"作为标识，而是细胞凭空创造了共舞的规则。虽然这听起来像魔法，但它的本质其实是涌现。通过交换信号，细胞首先划定了机体的中轴线，作为自组织过程中的位置参照物；之后，它们设定好音乐的节拍，在一种隐形罗盘的引导下来来往往，并根据每个细胞的相对位置分配相应的角色。到原肠作用曲终舞毕的时候，胚胎就有了蛙、

---

[1] 波洛奈兹舞（polonaise）：一种波兰舞蹈，原型是喜庆节日开场或农民从田野劳动归来时表演的中速"步行"舞、慢步舞。其舞曲一般为中板、3/4 拍，复三部曲式，庄重华丽；舞蹈时两人一组，以行列行进。——编者注

兔、猪或人的轮廓。原肠作用依靠的完全是细胞的活动，在这个过程中，细胞带着明确的意图，以其他细胞的位置为参照物进行迁移，一边感知同类的数量，一边探查由它们自己建立的几何空间。细胞靠细胞骨架产生力的作用，实现位移；它们用化学信号告知其他细胞自己正在做什么、应该做什么，以及未来的命运如何。它们聚在一起，从固态变成液态，然后又变回固态，这种惊人的艺术感恐怕只有舞蹈和雕塑的强强联手可以形容了。转录或者说基因的表达，在这个过程中的确起到了一定的作用，但它的参与都是在细胞的要求和指挥下进行的。没有哪种现象能像原肠作用这样，将细胞塑造生物体的能力展现得如此淋漓尽致。

细胞通过原肠作用勾勒出生物体的外形，也难怪我那聪明又迷人的南非同行、从工程学家转行为生物学家的刘易斯·沃尔珀特生前曾这样说："我这辈子经历的最重大的事件不是出生、结婚或死亡，而是原肠作用。"

对每种生物来说，原肠作用的舞蹈都有一个独特的参照物，它代表舞蹈在整个细胞团里的起始位置。无论这个位置起初在胚胎的哪里，它最终都对应着背部的末端。在蛙的胚胎中，这种参照物最早是一条缝隙，被称为"背唇"，它会逐渐发育成一个孔，让原本圆滚滚的球状胚胎表面有了可识别的特征。内胚层和中胚层的细胞以这个孔作为区分头和尾的位置参照物，有意识地缓慢潜入胚胎内部，落到相应的位置上。鱼胚的原肠作用与两栖动物类似。陆生动物诞生之后，情况发生了一些变化。胚胎的孔被一条深深的凹槽取代，细胞的行为也因此改变。鸟类的细胞团为盘状而非球状，它们的原肠作用始于胚盘边缘的一处凹陷，这里的细胞先形成一条沟槽，然后这条沟槽慢慢地向胚盘的另一端延伸。这条沟槽被称为"原条"，同蛙的胚孔一样，是内胚层和中胚层细胞在新生胚胎内迁移的参照物；这些细胞聚集成群、形成胚层，最后发育成特定的器官和组织。哺乳动物也有原条，而且我们会看到，它已经成了定义什么是人类的标志。一旦所有的细胞各就各位，发起这场细胞舞会的地方就成了肛门所在的位置，也就是肠道最末端。因此我们可以说，屁股上的那个洞是你在成为人类的历史性时刻留给自己的纪念品。

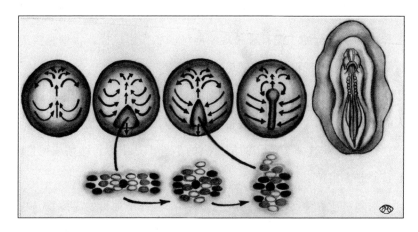

图 20　鸡胚的原肠作用。起初，鸡的胚胎只是一个大圆盘，胚胎细胞的移动非常协调，从整体上看，它们仿佛在跳波洛奈兹舞（沿箭头方向）。这种移动方式逐渐造就了原条（胚胎底部的三角形）；经过细胞模式化的移动和重新落位，胚胎上出现了躯体的主轴，这条轴线的顶部为头，底部为尾（如图中最右侧所示）

我曾在前文中提到，在舞蹈开始之前，胚胎细胞之间并没有肉眼可见的区别。一旦舞会拉开序幕，三个胚层的细胞就会以不同的方式移动，尽管此时我们还看不出它们是属于哪个胚层的细胞，也看不出它们会变成什么，但移动方式反映了这些细胞的命运。那些将来会变成内胚层的细胞开始变得松散，深深地钻入新生胚胎内部，在那里先平铺成致密的细胞层，再逐渐卷成管状，最后变成肠道。那些将来会成为外胚层的细胞则继续留在胚球或胚盘的表面，等待合适的时机去启动神经系统的构建过程。

最不同寻常的是中胚层细胞，它们一改原本类似墙壁的外观，细胞之间相互分离，以一种显然是各自为战的方式散布到内胚层和外胚层之间。中胚层细胞具有极为出色的导航能力，某些中胚层细胞甚至还会表现出群体行为。在哺乳动物胚胎中，构成心脏的中胚层细胞首先迁移到胚胎的最前端，那些构成胸腔内其他脏器的中胚层细胞则紧随其后，它们在胚胎的中轴线上沿从头到尾的方向，形成致密的球状结构。这种结构被称为"体节"，相当于肌肉和肋骨的芽。

杜布勒的发育沙漏模型准确地反映了原肠作用的一个耐人寻味的特点，它对应的正是沙漏的瓶颈。动物胚胎起源于不同的卵细胞，卵细胞有不同的几何结构，受到不同的物理限制，原肠作用的方式也各不相同，最终得到的结果却如此相似：无论是哪个动物物种，它们的胚胎看上去都很相似。在这个由冯·贝尔首次发现并阐述的发育阶段，一定有某种能使形态趋同的东西在起作用，这值得我们进一步探究。

尽管这种舞蹈很复杂，节奏和舞步都因物种而异，它在同一个物种的不同个体形成过程中却是完全相同的。如果把 100 个蛙或鸡的胚胎并排放在一起，观察它们的发育情况，你通常会在每一个胚胎里看到一模一样的变化（除非胚胎的发育出了问题）。这番景象别提多奇妙了。你甚至可以在胚胎发育的早期阶段给某一群细胞染色，然后在原肠作用过程中追踪这些细胞的去向。类似的实验最早是在蛙的胚胎中完成的，多亏有这些研究，我们才能知道原肠作用开始之前的位置决定了细胞最终会出现在胚胎的哪里：起始位置相同的细胞，最后总是落在相同的地方。我们可以根据细胞诞生的位置，勾勒出它们的命运蓝图。

所有动物身上都有一群特殊的细胞，它们对原肠作用的乐曲充耳不闻。这群细胞就是生殖细胞，即日后产生精子或卵子的细胞。就在准备从沃丁顿景观的山顶滚落的那一刻，真核细胞与基因组正式缔结了浮士德式协议。在原肠作用过程中，生殖细胞犹如局外人，它们的任务只是保留一套未拆封的细胞工具，供下一代使用。在性腺形成之后，生殖细胞能设法找到并进入性腺，这是所有动物的生殖细胞都具备的特性。而在此之前，它们始终偏居一隅，对周围热闹的舞会无动于衷。等到时机成熟，生殖细胞便会踏上穿越胚胎的神奇旅程，直到抵达性腺，在那里变成配子，为下一代的诞生做好准备。

细胞的语言

无论是华尔兹、狐步舞还是伦巴，虽然舞者的动作都需要遵循一定的章法，但就如何跨出每一步而言，他们自由发挥的空间还是相当大的。而芭蕾舞者的动作有精确的编排设计，节奏和动作需事先敲定，以保证各位表演者的舞姿在整场演出中始终同步且协调。相比舞厅里的《蓝色多瑙河》，原肠作用舞蹈的复杂步调更像帝国芭蕾舞团演绎的《天鹅湖》，无数胚胎重复着同样的舞步，全程不会踏错哪怕一步。胚胎肯定有某种类似舞谱的东西，上面清晰地标注了每个小节应该做怎样的动作，才能合上舞曲的节拍。它们甚至可能有舞蹈编导，只不过这位编导并非神明。

　　原肠作用的精确时序和细胞运动，最早是由柏林的汉斯·斯佩曼在实验室的蝾螈身上确定的。在 20 世纪前半叶的两场世界大战之间，对想透彻研究胚胎的人来说，地球上再也没有比斯佩曼的实验室更理想的地方了。斯佩曼之所以选择蝾螈作为实验对象，除了这种动物容易获取，还因为它们的卵体积巨大且富含卵黄，能迅速发育成细胞团，不仅用低倍显微镜就能观察，而且便于实验操作。方便操作这种特性对于斯佩曼的实验至关重要：据说他一生中的大部分时间都在想方设法地为难蝾螈的胚胎细胞，不是把这些细胞移除，就是将那些细胞混合，然后观察它们如何应对人为设置的种种困境。这样一来，细胞们就不得不根据斯佩曼指定的情景随机应变，在这个基础上开展关于自身命运的分子对谈，而不是简单地按照正常的时序把舞跳完。从斯佩曼所做的实验中，我们知道了细胞的行动模式，以及这些行动与细胞的命运之间有怎样的关联。

　　在这个研究方向上花费了数年时间后，斯佩曼又把他的注意力转移到背唇。背唇是一道凹槽，在原肠作用过程中为细胞的运动提供参照物。1921 年，斯佩曼让实验室中一名优秀的学生希尔德·曼戈尔德重复一个实验。斯佩曼本人做过几次这个实验，并观察到了十分有趣的现象：在原肠作用即将开始前，斯佩曼把一个胚胎背唇周围的组织取出，再将其植入另一个胚胎的背唇旁，不过位置正好相反。结果，被植入组织的蝾螈胚胎长出了第二具完整的躯体，很多时候是以连体双胞胎的形式。斯佩曼也尝试过移植其他部位的细胞，但都不能得到同样的结果。第二具躯体或许是由移植的细胞产生的，因为这些细胞"记得"它们要做什么，即使落到了另一个胚胎的另一处位置上，它们依然会按部就班地把未完成的工作做完。

然而，可能的原因不止这一个。

为了验证这种解释的可能性，曼戈尔德决定用两种色素含量不同的蝾螈细胞重复这个实验。这样一来，在连体双胞胎形成之后，曼戈尔德就可以根据颜色的深浅，轻松辨别哪些是供体细胞，哪些又是受体细胞。令人感到惊奇的是，连体胚胎的两具躯体都是由受体细胞发育而来的。移植的背唇细胞改变了受体细胞的身份，"指导"它们运动和变化，使它们发育成相应的部位；而在没有背唇细胞移植的情况下，这些胚胎细胞本不该变成现在的样子。背唇附近的这些胚胎组织如今被称为"斯佩曼–曼戈尔德组织者"（简称"组织者"细胞），因为它们发出的指令使周围的细胞明白了应该如何进行自组织。斯佩曼凭借这个发现获得了 1935 年的诺贝尔生理学或医学奖，而希尔德·曼戈尔德 1924 年在一场意外中丧生，因此她没能分享到这份荣誉，令人扼腕。

此后，科学家又在鸟、兔和小鼠的胚胎中发现了类似的细胞，它们都能在原肠作用过程中扮演舞蹈编导的角色。由于法律对人类胚胎实验的合理限制，到目前为止，我们仍然不清楚人类的原肠作用是否与此类似。连体婴儿或许就是人类的"组织者"细胞功能异常或发生分裂的结果。不过，就算对人类的原肠作用不甚明了，科学家也仍然知道，生物体的设计图使用的是一种通用语言，以至于胚胎能跨越物种的界限，读懂其他胚胎发出的信号。比如，假设你把蛙胚的"组织者"细胞植入发育早期的鸡胚，那么蛙胚的"组织者"细胞能指导周围的细胞形成第二个胚胎——鸡的胚胎（而不是蛙的胚胎）。用鸡和兔的"组织者"细胞做这个实验，也能得到同样的结果。"组织者"细胞发出的信号被受体细胞接收，后者将其翻译成自己的语言。这很容易让人联想到 *PAX6* 基因：不管这个基因原本属于哪个物种，只要谁得到并表达它，它就帮谁形成眼睛。信号是通用的，最终效应取决于细胞对信号的读取、释义和翻译。

图 21　希尔德·曼戈尔德做的斯佩曼－曼戈尔德实验，移植的"组织者"细胞诱导受体细胞产生第二个胚胎

　　在器官涌现的过程中，细胞之间会发生类似的对话。有的细胞负责指挥和引导，其余细胞则负责听从和执行命令。让母鸡长牙就是一个很好的例子。同许多器官一样，动物牙齿的发育与发生在两种组织之间的对话有关。生物学家通常将这种对话称为组织间的相互作用。

　　在鸡的颌骨发育过程中，排列疏松的间充质细胞（这种细胞能变成骨细胞、肌细胞和血细胞）与邻近的上皮细胞（由外胚层发育而来）之间，就会发生上面所说的相互作用。如果你把正在发育的颌骨内的间充质细胞替换成小鼠的间充质细胞，鸡的颌骨上就会长出牙齿。[1]最令人意想不到的是，这种牙齿符合爬行动物的特征，很像鳄鱼的牙齿，这无异于在实验室里看到了现实版的《侏罗纪公园》。

如果我们从细胞的角度看待生命，认为细胞才是生物体的构造者和管理者，而基因组只是为细胞提供工具的五金商店，母鸡长出了鳄鱼牙齿这种事就没什么可大惊小怪的了。化石记录和遗传学研究表明，鸟类是恐龙的幸存旁支，它们大约在 8 000 万年前就失去了牙齿。鸟类已经灭绝的祖先之一是外形似鸟的恐龙——始祖鸟（ *Archaeopteryx* ），它们的颌骨上长满了尖针般的牙齿。如果牙齿的生长也是由基因决定的，按照理查德·道金斯的"自私的基因"理论，鸡的基因组应当早就把这些基因剔除了。因为这就是演化的规则：越是无用的东西，就越留不住。但事实并非如此，牙齿的基因被保留下来，虽然成了束之高阁的工具，却有留作他用的潜力。鸟类缺少的仅仅是某些生物化学"咒语"，只要把缺失的环节补上，它们就能重新长出牙齿。

事实上，有的鸟类个体出生时的确长有牙齿，对这些个例的深入研究为弄清其背后的原理提供了线索。鸡有一种名为"Talpid"的突变体，会表现出许多古怪的特征，比如畸形的头部、类似爬行动物牙齿的透明牙齿。遗传学家发现，Talpid 突变体的体内有一种名为"音速刺猬因子"（简称"音猬因子"）的信号蛋白水平很高。实验表明，在颌骨上能形成牙齿的区域内，音猬因子是上皮细胞和间充质细胞之间互相沟通的重要信号渠道。在绝大多数鸟类体内，这些细胞都不会表达音猬因子对应的基因，而 Talpid 突变体不然，它们颌骨上的细胞铿锵有力地不停念叨着"音猬因子，音猬因子"。[2]只要在颌骨形成的过程中人为地提供音猬因子这种蛋白质，我们就能让已经沉寂数百万年的细胞重新开始对话。这也正是小鼠的间充质细胞给鸡的胚胎带去的东西。

　　神奇的原肠作用不仅是细胞与细胞之间的对话，也更像一场大合唱。细胞之间相互交换海量的信息，并根据这些信息不断做出反应，调整自己的舞步和舞伴。这种沟通不仅速度快，而且规模惊人，很容易沦为刺耳的噪声。可是这种情况并没有发生，因为信号蛋白（包括BMP、Nodal和Wnt，详见 92 页）牢牢把控着舞会的节奏，它们在生物体发育的过程中始终起着协调信息交换的作用，直到所有细胞都落到它们该落的位置上且细胞跳完最后一个舞步——这个时候所有脊椎动物的胚胎看上去都差不多。这三种蛋白质与决定哪里是个体的头尾、哪里是腹背有关。它们最初的功能是激活 *Brachyury*基因，*Brachyury*基因编码的转录因子又会进一步解锁数千个编码遗传工具和原料的基因。一旦 *Brachyury*基因被激活，细胞就可以动用许多与运动及定位有关的遗传工具，其中包括两种与维持这种状态有关的信号蛋白，它们分别是Nodal和Wnt。在蛙的胚胎中，这些信号蛋白与背唇的形成和活动密不可分。在鸡和小鼠的胚胎中，它们"凿"出了原条，"犁"出了指示前后的体轴；它们让细胞一面移动、一面交换舞伴，让细胞不断探索自己将落到哪里、会变成什么样子，不断摸索新的组合方式，尝试将收发信号、感知和做出反应的能力提升到全新的水平。在原肠作用的整个过程中，细胞以一种有序的方式从基因组里取用基因；当这些基因被表达成蛋白质时，它们通过将细胞分配到特定的位置，赋予其相应的命运，从而勾勒出生物体的轮廓。

　　细胞用于构建身体的基因和蛋白质，往往有着高深莫测的英文缩写或昵称，它们在细胞的通信语言中扮演的角色及它们被发现的故事往往就隐藏在这些名称里。比如，经常被简称为"Shh"的 *Sonic Hedghog*（音猬因子）基因是原本在果蝇基因组中发现的 *hedgehog*（刺猬）基因的脊椎动物版本（遗传学家把这样的基因称为"同源基因"），*hedgehog* 基因发生突变的蝇蛆长得很像一只迷你刺猬。再比如，BMP 是"Bone Morphogenetic Protein"（骨形态发生蛋白质）的首字母缩写，这种蛋白质最早是在生物学家研究骨骼生长时发现的，因此得名。在发育早期的胚胎中，位于原结（node，相当于鸟类和哺乳类的"组织者"）的细胞会合成一种重要的蛋白质，于是这种蛋白质被称为"Nodal"，它的功能之一是区分左和右。至于 *Wnt* 基因，其英文缩写是由两个基因的名字拼接而成的，科学家曾误以为它是两个不同的基因，实则不然：其中一个是果蝇的 *wingless*（无翅）基因，这个基因的突变会导致果蝇不长翅膀；另一个是促癌基因 *Int1*，它与癌症的发生有关。

直到最近，引导细胞表现出这些鲜明模式的机制才开始变得清晰起来。细胞似乎能够读取并解释数量和几何形态的意义，再加上信号本身，这些因素让细胞得以从基因组里取用构建胚胎所需的工具。看着这种过程在眼前发生，你很难不相信细胞一直很清楚自己应该做什么，应该与其他细胞保持怎样的相对位置关系，以及应该落在空间内的哪一个点上。它们似乎知道只有通过这样的协作，才能让器官（比如心脏和肺）维持正常的功能。

细胞与其他细胞的相对位置关系其实是它们最重要的资本之一，这在一群奇妙细胞的行动中表现得非常明显。这群细胞出现在原肠作用刚刚结束后，它们组成的结构被称为神经嵴，你的身体有相当一部分都是它们的成果。神经嵴细胞构成了头部的骨骼和软骨，参与了心脏、牙齿、部分肠道、眼睛和肌肉的形成。它们还是色素细胞的来源，否则我们的肤色就不会有深浅之分。对其他动物而言，没有色素细胞就意味着那些令我们着迷的精致条纹和斑点将不复存在。在神经系统发育的过程中，由于受到Wnt信号的影响，这些细胞落在神经系统的最背侧，纵贯整个躯干。接着，它们逐渐向外迁移，分布于身体各个部位，然后根据各自的位置不同，变成不同类型的细胞。比如，斑马和老虎身上醒目的条纹反映的正是神经嵴细胞的迁移路径：神经嵴细胞经过哪里，色素细胞就会在哪里生成。

神经嵴细胞的迁移路径非常精准，机制十分神秘，它们途经的细胞区域内肯定隐藏着某种能指示方向的线索。近期的研究认为，这种线索未必都是化学性质，应该也包括某些物理性质，比如细胞要穿越的区域是软是硬，以及密度是高是低。在这种情况下，细胞的邻居是谁就显得非常关键了：周围环境的物理性质被细胞转译成基因的活动，进而影响细胞的命运。由此可见，细胞用来沟通的语言并不局限于化学信号。

数手指和数脚趾

绝大多数人的每只手都有 5 根手指，分别是拇指、食指、中指、无名指和小指；脚趾的数量情况与手指类似。但也有人的一只手上长有 6 根手指，这种情况被称为"多指（畸形）"，在现实生活中并不鲜见。正如我们在前文中所说，多指是第一个得到确认的人类可遗传性状。手指和脚趾的模样及排列顺序，在人类胚胎发育的早期阶段就已经确定了：在胚胎两侧的肢芽成形后不久，这时还完全看不到手指和脚趾的影子。肢芽是四肢发育和生长的基础，这一点无论是我们人类还是其他脊椎动物都一样。除此之外，虽然你的手和我的手大小不同，但我们的手指与手掌的比例相同，而手掌的大小又与手臂的长短成固定的比例。这些直观的事实在刘易斯·沃尔珀特的心里挥之不去（还记得他说过的那句称赞原肠作用的玩笑话吗？）。通过对这些现象背后机制的深思熟虑，他于1969年提出了自己的观点：细胞会根据自己在群体中所处的位置，通过接收或发布指令来决定自己应该做什么。他把这种机制称为"位置信息"理论。[3]

为了厘清位置和比例的深层关系，沃尔珀特做了一个思想实验。他想知道有没有其他物体具有类似的性质，即无论这个物体的尺寸如何改变，它的每个部分都会与整体保持固定的比例。沃尔珀特找到的答案是国旗，他总是以法国的三色旗为例，事实上任何三色旗都可以。一面法国国旗无论尺寸是大是小，都不会影响它上面的蓝色、白色和红色长方形的相对位置，距离旗杆最近的永远是蓝色长方形，距离旗杆最远的永远是红色长方形。另外，每种颜色的长方形的面积总占国旗总面积的1/3。

接下来，沃尔珀特又把他的注意力转移到现实生活中的其他实例上，他想寻找一种由三个元素在空间中有序排列而成的东西。我们的手指和脚趾倒是不错的备选项，只可惜手指和脚趾的数目通常是5而不是3。更符合要求的例子是鸟类的翅膀和爪，而且沃尔珀特可以拿它们做实验。以鸡为例，它的每只爪子上有3个趾，分别对应人的食指（第2指）、中指（第3指）和无名指（第4指）。沃尔珀特想到用鸡做实验也是受到了法国国旗的启发：在鸡胚发育的过程中，鸡的爪子就像法国国旗，第 2 指（趾）对应蓝色区域，第 3 指（趾）对应白色区域，第 4 指（趾）对应红色区域。在这面由细胞构成的"三色旗"上，有某种东西向成群的细胞发出了信号，告诉它们应该变成蓝色、白色还是红色，以及应该长到多大才能与代表其他颜色的细胞群相匹配。

顺着这个思路往下，沃尔珀特设想有一张由细胞构成的白纸，他认为构建生物体的结构模式需要一种神秘的化学指令。沃尔珀特称这种未知物质为"形态发生素"，即"形态的缔造物"，它会从白纸的其中一边开始溢出，然后弥散至整张纸，并形成浓度梯度。然后，他认为形态发生素的浓度高低会对细胞造成不同的影响（这也是沃尔珀特最富有见地的地方）：在细胞看来，高浓度是让它们变成蓝色区域的信号，中浓度是让它们变成白色区域的信号，而低浓度是让它们变成红色区域的信号。这相当于另一种形式的细胞对话，区别在于这种信息的意义并不取决于信号分子本身，而是取决于细胞距离释放这种信号分子的源头有多远。这有点儿像远在天边的袅袅青烟和近在眼前的腾腾烟柱，虽然都是山火，但距离的远近传递出的危险信号不一样。沃尔珀特推测，形态发生素传递的信息与"旗帜"的尺寸无关。换句话说，无论人的手掌是大还是小，小指相对食指的比例都是固定不变的。

为了验证沃尔珀特的法国国旗式细胞信号模型，人们做了很多实验，其中一些借鉴了斯佩曼–曼戈尔德实验。参考这个发现了背唇周围"组织者"细胞的经典实验，研究人员同样把供体胚胎的细胞移植到受体胚胎上，然后观察它们会做何反应。只是这一次，移植的是肢芽细胞，而不是背唇细胞。某些位于肢芽后方的细胞具有非

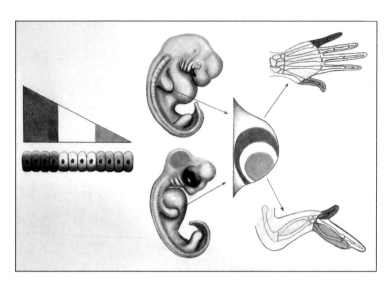

图 22　位置信息理论的法国国旗模型。按照这个假说，一种名为形态发生素的物质呈浓度梯度分布，不同的浓度对应细胞不同的命运。脊椎动物的肢芽为我们理解这种胚胎发育的机制提供了很好的范例。一种物质在肢芽上沿从后向前的方向弥散，通过读取这种物质的浓度信息，细胞根据相应的指令变成不同的指（趾）。虽然形态发生素本身都一样，但人类和鸟类的胚胎对它的解读有所不同

常惊人的性质：如果你从一个鸡胚上取出这些细胞，然后把它们放在另一个鸡胚正常发育的肢芽前方，那么最终这只小鸡的爪上会长出6趾而非3趾。不仅如此，多出的3趾还与正常的3趾呈镜像对称：从前到后，这些指的排列顺序不是正常的234，而是432234。拥有这种特殊能力的细胞所在的位置被称为"极性活性区"，在某种程度上，它们其实就是手指和脚趾版本的"组织者"细胞。当我们试图在这群细胞当中寻找是哪种分子在弥散时，果真有一种蛋白质蹦了出来：音猬因子。

还记得长牙齿的Talpid突变体吗？它们体内音猬因子的水平高到了颌部的上皮细胞根本无法对这种喧闹的噪声视而不见的地步。

同样是在这种突变体中，许多其他组织（包括肢芽）的音猬因子水平也是超标的。这些突变体之所以叫"Talpid"，其实是指动物界的鼹科（Talpidae，代表性物种是鼹鼠），这个科的物种个体除了有正常数量的脚趾，还有一根额外的趾，它被称为"os falciforme"，也就是"伪骨"。进一步的研究已经表明，如果你把含音猬因子的小液滴置于鸡胚肢芽前方，就能诱导小鸡出现"432234"多趾畸形。而在人类中，许多多指病例都与音猬因子出现在错误的位置上有关：这扰乱了细胞之间的对话，导致细胞接收到错误的信号，犹如七嘴八舌的传话游戏或那个喊"狼来了"的男孩。

我们可以从音猬因子过量导致的综合征看出，不同的组织对相同的信号有不同的释义方式。除此之外，与其说这类信号的功能是命令细胞，不如说是"组织"细胞：在受这种信号影响的范围内，细胞纷纷做出自己的选择。无论是来自小鼠、鱼还是小液滴的音猬因子，只要把它放到鸡胚的肢芽上，它就能激发细胞，使它们形成额外的趾；而如果把它放到嘴部，它又能促使鸡胚长出鸡的祖先们早在几百万年前就不再长的牙齿。

至于细胞是如何解码和翻译这些信息的，这是一个非常复杂的故事。沃尔珀特当初设想的是，细胞只要像抄录煤气表或水表的读数那样，看一眼信号分子的局部浓度即可，但这种机制并不像他以为的那么简单。相反，这是一种非常精妙的过程，细胞内各种活动环环相扣，与蛋白质分子之间的相互作用方式息息相关。从原肠作用启动的那一刻起，处于不同位置的细胞之所以会变得不同，原因就在于它们身旁的邻居和交谈的对象都不一样。这些因每个细胞而异的独特经历决定了它们表达的基因各不相同，最后的外观也不太一样。

这些差异会体现在细胞的分子构成中。在每一个细胞和每一种类型的细胞内部，各种各样的分子机器、蛋白质和脂质分子本身也都是遗传工具的取用者。细胞之间的对话发生在许多不同的层级上，同样的信号能对不同的听众产生不同的效应。这就好比，同样是左右摇头，这个动作在印度表示肯定，而在欧洲表示否定；再比如，竖起大拇指在美国表示鼓励，但在中东的很多地区这个动作非常无礼。同样，音猬因子对口腔内的细胞来说意味着牙齿，对肢芽末端的细胞来说则意味着手指或脚趾。

即便如此，对于成群的细胞为何能跨越遥远的距离，在生物体内创造出协调一致、互相匹配的结构，沃尔珀特的位置信息理论也仍然为回答这个问题提供了一种可行的思路。只要看看自己的身体，你就会发现器官和组织不仅内部结构精巧，它们在身体上的分布模式和彼此的相对位置也十分协调。你的眼睛、鼻子、嘴巴和耳朵虽然都位于身体两侧，但彼此的相对位置显然有某种关联。这些结构的种子细胞当初正是按照位置信息的规则落位的。除音猬因子之外，还有BMP、Nodal、FGF（成纤维细胞生长因子）、Wnt等，这些分子都被用于挑选DNA工具并塑造不同类型的细胞；然后，不同的细胞组成不同的器官和组织。事实上，正是因为这些信号分子在截然不同的生命现象中反复出现，我们才会认为它们并不是在指挥细胞，而只是作为基因表达的产物从属于遗传程序。这些信号与几何学及力学信息一起，决定了每一群细胞应该往哪里迁移，决定了每一个器官应该是什么形状，以及构成这个器官需要多少细胞、每种细胞的比例又是多少。这些都是我们从实验里得知的，但我们对细胞如何做到了这些仍然知之甚少。

音猬因子、BMP、Nodal、Wnt、FGF、TGF（转化生长因子）及其他信号蛋白，它们的确是基因编码的产物，但基因并不会替细胞解读这些信号的具体含义。比如，在收到某种信号后，细胞为什么应该移到这个位置，细胞构成的组织为什么应该是这种尺寸或形状。除了DNA可以转录成什么样的RNA以及再被翻译成什么样的蛋白质，基因对其他事都一无所知。基因之所以会被转录，是因为细胞在综合周围的环境信息并与其他细胞交换信号之后，决定转录自己的基因。基因是细胞的"仪器"，是构成细胞的化学语言的字母。通过衡量化学信号的强度，细胞们学会了"数数"。

时间、空间和脉管系统

我们可以从位置信息理论中感受到，在细胞的世界里，一切都是相对而言的。就生物体的发育而言，分割及掌控时间与空间的方式至关重要。

在动物（尤其是脊椎动物）中，一旦生物体的基本轮廓成形，原肠作用之舞就会停止。此时，主要的器官和组织都有了雏形，只待进一步雕琢成最终形态。比如，这时候的内胚层覆盖了胚胎的整个正面，内胚层的细胞折叠成管状，将进一步细分成食管、肺、胰、肝、胃和肠道。在每个器官对应的区域内，位置信息和信号分子帮助细胞塑造各自的结构及与其他细胞建立联系，最终使细胞成为相应的功能实体。

当原肠作用结束时，虽然身体各个部位的种子都已埋下，但就鸟类和哺乳动物（比如小鼠和我们人类）而言，身体比例还是头重脚轻：躯干只发育到前肢这一步，而从前肢到肛门之间没有任何明显的结构（但很快就有了）。这个空缺的部分将由一团不断生长的细胞填补，这团细胞位于胚胎的后端，它们会聚成一种致密的结构，这种结构按从前向后的顺序逐渐出现在胚胎中，看上去就像一条粗香肠。这根"香肠"就是脊髓和各种中胚层衍生物的前身，按从前到后的顺序，它的各个部分将依次变成四肢、肾和性腺。决定这种位置和布局的正是我们的老朋友 *Hox* 基因，伴随身体的生长，它的表达被激活。

我们可以在脊髓两侧看到一种由中胚层细胞组成的细胞团，这种随时间推移越变越多的结构被称为"体节"，它们在生长的机体里扮演着某种类似码尺的角色。这些细胞团日后将变成躯干的肌肉、肋骨和脊柱。但此时，它们还只是成对地、接二连三地、有节奏地出现，每对体节所需的形成时间由生物的种类决定：斑马鱼是 30 分钟，小鼠是 3 个小时，人类是 5 个小时。体节形成的过程被称为"体节发生"，它代表身体正在扩展和生长。当这个过程结束时，身体的结构就趋于完整了：小鼠共有 60 个体节，人类有 42~44 个体节，蛇有 500 个体节。虽然各个物种的体节数目悬殊，但从外表看，不同动物的胚胎此时依然十分相似。卡尔·恩斯特·冯·贝尔当年忘记给标本瓶贴上标签，导致后来分不清瓶中的标本究竟是哪种动物，他当时面对的正是这种带体节的胚胎。

体节发生的节奏性不禁让人想到，它们或许是某个不断重复的过程产生的结果。比如，极有可能是某种周期波从后向前扫过了正在生长的中胚层，导致它的细胞按从前向后的顺序生长。这个想法于 1997 年被在马赛工作的发育生物学家奥利维耶·普尔基耶证实。

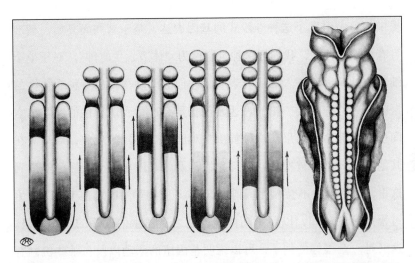

图 23　在体节发生的过程中，一波又一波的基因活动从胚胎的后端开始，涌向前端（沿箭头指示的方向），当蔓延到身体的某个梯度时，这种振荡式基因活动戛然而止，那里的细胞聚成细胞团，也就是体节。伴随这种有节奏的基因表达活动，体节依次形成并把身体分成不同的区段，之后再细致地雕琢成躯干的肋骨和肌肉。图中最右示意了约 5 周龄的人类胚胎，可见体节

普尔基耶在鸡胚的体轴两侧发现了少量周期性表达的基因，它们的活动与体节发生的节奏完美契合。这些基因的表达与 Notch 信号有关，它们在生长中的中胚层内引发一轮接一轮的基因表达波，促进体节的形成。基因表达波周期性地重复，向前端奔涌的表达波只要碰上体节便戛然而止，就像拍打沙滩的海浪一样迅速退去，只留下浅浅的盐渍。它们的周期和节奏与体节形成的时机相符。每当表达波到达前方的尽头，它就会停止；随后，新的一轮表达波从后端涌上来，将时间化作空间。当然，这些都发生在胚胎后端的细胞不断增殖的背景下，后端的新生细胞被卷入体节发生的过程，让胚胎得以生长。

　　蛋白质之间的相互作用（不要忘记，基因只是为蛋白质的合成

提供信息）引发了这种潮汐式的基因表达，基于其周而复始、精准且有规律的特性，我们把这种机制称为"体节发生时钟"。对于单个细胞内的基因，深入的研究表明，它们的活动呈现出一种规律性的振荡模式，一轮接一轮的表达波正是具有这种表达特性的细胞在空间里同步振荡的结果。这种首次在鸡胚中观察到的现象，后来又在其他生物胚胎中被发现，而且它们涉及的基因相同（既然已经读到这里，想必你并不会因此感到惊讶）。不同物种的区别在于体节发生过程持续的时间，以及紧随体节出现之后发生的振荡的具体时机。这又是一个很好的例子，可以说明基因组的活动以及与某些机制有关的遗传工具具有高度的物种保守性。

只要干扰这种基因表达波，就能阻止体节形成，并打乱肋骨和肌肉的正常发育节奏。事实上，很多人类的脊髓发育缺陷（包括部分脊柱侧凸），都被认为是由体节发生时钟相关的基因发生突变引起的。就生物体形成的机制而言，基因表达波是不可或缺的一环。

不同的动物体内有着同样的基因、同样的表达波，以及不同的周期和不同的体节数量。这种机制究竟是如何运作的？如果从正在经历振荡式表达的中胚层取出一些细胞，把它们打散，然后观察与体节发生时钟有关的基因活动，你会看到这些基因依然在以该物种特有的周期进行振荡式表达。也就是说，这是细胞固有的性质。这些细胞的活动会逐渐趋于同步，用不了多久，你就又能在培养皿里看到一轮接一轮的表达波周期性地扫过成群的细胞了。这种振荡是从基因表达的调控网络中涌现的一种性质，而基因表达波是从组织细胞的相互作用中涌现的一种性质。

在胚胎的体轴上，表达波终止的位置与它们生成的位置之间存在固定的距离关系，而且这种距离关系似乎是由其他信号系统决定的。至于是哪些信号，你应该不会再对它们的名字感到陌生了：Wnt和FGF。也就是说，在体节发生过程中，我们首先会看到一种细胞固有的基因表达活动，这种规律性的活动由蛋白质之间的相互作用来调控；而在更高层级上，蛋白质之间的相互作用又由能塑造空间的信号系统来协调。当你把人类的基因或蛋白质植入小鼠的细胞，并让它参与小鼠的体节发生时，整张网络的活动依然会遵照小鼠固有的节奏进行，这再次凸显了细胞在这个至关重要的过程中扮演的关键角色。细胞的地位高于基因，它们让外来的基因顺应了受体物种的需要。这次依旧是细胞说了算。

身体生长的过程还涉及其他类型的中胚层细胞，它们的活动也与 *Hox* 基因的表达有关。前后肢、肾脏、性腺和外生殖器，这些器官的芽原本都是胚胎上规则的 V 形缺口，我们认为这些在体轴上按从前到后顺序分布的芽，也是在类似的振荡机制的调控下形成的。我们把体节描绘成一种千篇一律的结构，只是为了便于叙述，事实上并非所有细胞的自组织方式都如此简单直白。要想知道它们究竟有多复杂，我们只需要看看心脏形成的过程。

你的心脏是一种内部分成多个腔室的球状器官，它通过进进出出的管道与身体的各个部位相连。位于心脏上部的两个腔被称为心房，它们分别接收来自循环系统和肺的血液；位于下部的两个腔被称为心室，负责将血液从心脏泵出。腔静脉、肺动脉、肺静脉和主动脉构成人体的脉管系统，将心脏的腔室与身体连接起来。在将氧气和其他重要物质输送到全身后，资源耗尽的血液沿着由毛细血管和静脉组成的血管网注入腔静脉。腔静脉是两条粗大的血管，与心脏的右心房相连。一旦右心房的血液量趋于饱和，心房的肌肉就会收缩，把血液向下挤进右心室。随后，当右心室的血液量也趋于饱和时，心室的肌肉收缩，将血液推进肺动脉，送往肺部补充氧气。在肺里循环一圈后，血液流进肺静脉，然后被送回左心房。当左心房的血液量趋于充盈时，心房肌肉收缩，将血液挤进左心室；紧接着左心室的肌肉收缩，再次把富含氧气的血液推进主动脉，然后送往全身。所有这些肌肉的收缩运动其实都是由右心房上的一个部位控制的，它接收来自神经系统的电信号，然后刺激两个心房，引起它们的同步收缩。传入的电信号在心肌细胞之间传播，到达位于两个心室之间的某个地方，引起心室肌肉强力的同步收缩，确保心脏能把血液输送到人体的各个部位。同样的过程每天重复进行大约 10 万次，在你活着的每一天都是如此。不同步的信号和收缩会导致心动过速、过缓，或者心律不齐。这种失误有可能置人于死地。心脏的结构非常复杂精巧，虽然它只是身体的一个泵，但没有它谁也活不下去。

在动物胚胎的所有器官中，心脏是最早投入工作的，原肠作用之舞刚刚结束，心脏的搏动就开始了。此时的心脏还只是一段由中胚层细胞组成的球状管道。鱼类的心脏基本上止步于此，只有一个心房和一个心室，二者通过同时收缩为血液在鱼类全身的流动提供足够的推动力。蛙类的心脏比鱼类的心脏复杂一些，有三个腔，包括两个心房和一个心室，含氧血和缺氧血能在心室里混合。哺乳动物的心脏就像我们人类的一样，由四个腔组成，心脏细胞同样以球状管道为起点，紧密排列的细胞经过弯曲、折叠和结合，最后的产物不仅仅是上下各二的四个腔室，还有腔室之间精巧复杂的阀门：

它们位于每侧的心房和心室之间，每个阀门由两个或三个瓣片构成；多亏有它们，心脏内的血液才能沿固定的方向流动。除此之外，心脏还需要与周围新生的静脉和动脉连接。在某种程度上，这是一份接驳管道的工作。绝大多数建设和调整的工程都是心脏一边为胚胎泵血一边完成的。如此大费周章，竟然只为了造一台泵，这多少会令人感到吃惊。

哺乳动物的心脏是自然界登峰造极的工程学作品，就连大脑也难以望其项背。奇怪的是，从一开始由中胚层细胞构成的球状管道到最后堪称自然界奇迹的四腔室结构，中间有那么一段时间，心脏却全然是另一副模样。在胚胎发育过程的某个阶段，哺乳动物的心脏只有两个腔室，这很容易让人联想到鱼类的心脏。虽然鱼类发育成熟的心脏和哺乳动物这种还在发育的心脏并不完全相同，但二者的相似性也很能说明问题。正如冯·贝尔所说，这种相似性证明了某种关联，即我们与其他物种曾在演化史上经历过相同的时刻。这引出了更深层的疑问：我们应该如何看待自己在自然界中的位置？

体节发生的结束标志着胚胎形成接近尾声。至此，心脏的结构已经成形，各种各样的器官和组织也具备了绝大多数的功能性组分，甚至是全部的功能性组分。到这里为止，我们已经介绍了细胞从沃丁顿景观的山顶滚落、增殖，然后利用位置信息赋予自己特定的命运。此后，发育便进入了非常神秘的阶段。

虽然我们知道此时的胚胎里发生了什么——每个器官的种子都开始萌芽和生长，并与整体的尺寸保持特定的比例——但我们完全不清楚这种现象背后的机制是什么。我们只知道，成群的细胞似乎"知道"自己应该长到多大，以及应该在什么时候停止，这也是为什么每个器官都有固定的尺寸。比这更惊人的是，虽然你我的手臂尺寸不同，但同一个人的两条手臂长度几乎没有差别，而左、右手臂的发育和生长其实是相互独立的。我们不明白为什么会这样。

我们能够确定的是，在这些现象背后操控一切的肯定也是细胞。

胚胎的政治

到目前为止，我们介绍的原肠作用只涉及细胞、信号，以及在发育和演化的过程中涌现的那些结构。但 20 世纪初，这个故事突然多了几分政治色彩。恩斯特·海克尔对这种转变负有主要责任。他是一位杰出的动物学家和胚胎学家，后来成了达尔文的演化论最坚定的支持者之一。海克尔不仅擅长构建科学观点，在交流和传播思想方面同样游刃有余：他的著作配图精美，尽显自然界的迷人景象；他举办的公开讲座妙趣横生；他还创造了很多沿用至今的生物学术语，其中最著名的要数"原肠作用"。他对发育和演化的看法博采众家之长，富有说服力。然而，想要说服他人的强烈欲望导致他误入歧途。

针对胚胎发育的研究让人们看到了无数可以证明物种相似性的视觉证据，在缺少专业实验证据的情况下，许多科学家发现自己很难对不同物种的胚胎在视觉上的相似性视而不见，而这种相似性成了他们得出各种结论的重要依据。达尔文知道冯·贝尔的研究，他清楚发育早期的动物胚胎十分相似，之后它们又会渐渐变得不同。达尔文在《物种起源》中强调了这一现象的重要性，他通过罗列证据、梳理事实，指出动物（包括人类）拥有共同的祖先。

海克尔也试图表达同样的观点，但插图和文字在他手里沦为危险的利器，甚至成了自掘坟墓的工具。在 1874 年出版的《人的演化》（*The Evolution of Man*）一书中，海克尔加了这样一幅插图：从顶部到底部，该图展示了胚胎发育从始至终的过程；顶部是早期的几个阶段，底部则是晚期的几个阶段。海克尔按照自己的主观倾向，将当时已经得到研究的几种胚胎按照想当然的顺序添加到这幅图里。在这幅图的最下面，他把鱼的胚胎放在最左侧，而把人类的胚胎放在最右侧，暗示生物的演化类似胚胎的发育（始于一个未分化的细胞团，终于一个复杂的生物个体），总是沿着一条从简单到复杂的道路进行。这已经算是一种臆测了，但他并未就此罢手。

与冯·贝尔类似，海克尔也指出，越早期的胚胎，相似程度就越高。他认为动物的演化好比一架梯子，而胚胎的发育过程犹如攀爬这架梯子，是演化过程的重演。鱼是蛙下面的那根横杆，蛙是蝾螈下面的横杆，蝾螈在鸡下面，诸如此类。海克尔说每一根横杆都代表演化上的一次"进步"，表明生物在"低等"物种的特征基础上做了改进。如果一个胚胎在发育的早期阶段长出了类似鳃裂的结构，这时候的它就是一条鱼，而不仅仅是像鱼；如果它后来又长出了尾巴，比如人类的胚胎，在这一刻我们每个人就是猴子。海克尔给这种假说取了一个十分拗口的名字：个体发生对系统发生的再现。它的意思是生物体的胚胎发育再现了这种生物演化的历程。

书一经出版，海克尔画的插图就引发了质疑。19 世纪晚期，以照片作为证据的做法还没有在科学领域得到普及，博物学家和医生仍然靠手绘图向读者展示他们的发现。当时的科学家人人都是能写会画的才子，而海克尔把这种才能发挥到了极致，他有时会牺牲图

画的真实性，只为了让笔下的胚胎契合自己的观点。有的图画来自
他对别人草稿的临摹，而不是亲眼观察；有的图画上标注的是人类
胚胎，但其实是鸡或狗的胚胎；还有的时候，他反复画的是同一张
图，却宣称它们是多种不同的动物发育到同一阶段的样子。

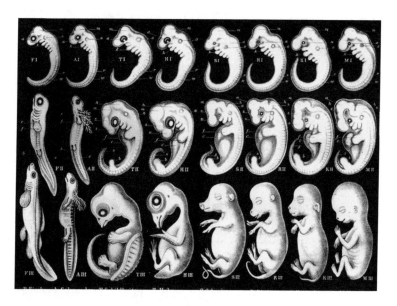

图24　恩斯特·海克尔的脊椎动物胚胎发育对比手绘图。引自《人类起源或人
类发展史》(*Anthropogenie oder Entwickelungsgeschichte des Menschen*, 1874年)

　　海克尔这种轻率无信的态度让他成了众矢之的，学术界的同行
纷纷谴责他的做法。他公开承认了自己的所作所为，并承诺从此改
过自新，但为时已晚，海克尔的名字与学术不端紧紧地绑在了一起。
更糟糕的是，所谓的智慧设计论的支持者如获至宝，这种理论认为
世间万物皆由上帝创造，每个物种生来便是今天的模样。这个理论
的拥趸始终揪着海克尔不放，用他的手绘图"证明"生物的演化纯
属子虚乌有。直到今天，只要你在网上搜索"海克尔""胚胎""演化"

这几个关键词，排在搜索结果前十位的几乎都是"捏造""谎言"之类的词语，以及某些反对演化论和反科学的网站。

海克尔对事实的画蛇添足不仅招致了众多批评，还引发了意识形态上的纷争，着实令人感到遗憾。争论充斥着发育和演化两大领域，那些真正值得深入研究的核心问题却黯然失色。尤其是，在原肠作用结束、细胞激活 *Hox* 基因并开始用它来构建生物体的那一刻，所有脊椎动物的胚胎即便不是一模一样的，也是非常相似的，这是千真万确的事实。但这究竟是为什么呢？无脊椎动物也有相似的结构。由此可见，肯定有某种东西在驱动这种通用的发育模式，所有动物（包括人类）莫不如此。在DNA的结构被发现和阐明的几十年前，我们就已经根据胚胎的发育情况，想到人类和其他动物可能拥有共同的祖先了。

这对我们来说意味着什么？我们应当如何看待自己是什么或是谁？当年海克尔把灵长类动物的胚胎放在了发育对比图的最右侧，那是因为他假想存在一种衡量物种是否先进和完美的尺度，并认为我们人类位于这种尺度的最顶端。但事实上，这样的衡量尺度并不存在。将人类纳入生物学分类体系几乎总是一件令人头疼的事，因为我们自认为在道德和智力方面高其他动物一等，而有些时候，这种认知理应受到质疑。我们是真如《创世记》所说，"是依照上帝的形象被创造出来的"，还是如莎士比亚所写，人乃"万物之灵长，宇宙之精华"？又或者，我们是其他什么东西？要回答这个问题只有一种办法，那就是观察我们在母亲子宫中的发育过程。

第 6 章

———

隐秘的角落

　　不足月的胎儿长什么样？早产是一件吓人但又不算少见的事，对那些经历过早产的人来说，这是一个绕不开的问题。我的第二个孩子丹尼尔是早产儿，孕 28 周就出生了。当丹尼尔的奶奶第一次来看他时，这个早产的孙儿显然让老人家感到忧心忡忡。

　　我在伦敦希思罗机场接上来探亲的妈妈，之后的一路上，她都安静得反常。开车到本地医院足足需要两个小时，可她几乎一言不发。这着实让我觉得奇怪，明明有很多可以聊的新鲜事，我们以往基本能聊上一路。到了医院，走向早产儿病房时，她依旧保持沉默。在病房里，她围着恒温箱转了好几圈，把刚出生的丹尼尔从头到脚仔仔细细看了个遍，这才转身对我说道："他什么都没缺！"

　　我终于明白她有多坐立不安了：她不知道一个距离足月还差那么多天的婴儿会是什么样子。她担心自己的孙子会不"正常"。对她和与她同辈的许多人来说，孕期的子宫是一个巨大的谜团，里面发生的事让他们感到既好奇又害怕。

看到丹尼尔四肢健全，只是发育不良后，她总算松了一口气。当时的观点普遍认为，妊娠时间超过 6 个月并不保险，孕 28 周才是早产是否会留下后遗症的分水岭，而且很多时候它是早产儿生与死的分界线。丹尼尔的大脑仍在高速发育，他的肺还不足以支持自主呼吸，他暂时也不具备吮吸的本能。这时候的他原本还需要从他的母亲（我的妻子苏珊）的血液中获取营养。接下来的两个月，丹尼尔一直在早产儿病房里接受医务人员的照护，他会继续生长，直到身体足够强健，然后出院回家。在病房护士的督导下，妻子苏珊、丹尼尔的姐姐比阿特丽斯和我又花了好几个月的时间，提防和应对丹尼尔早产给我们一家人带来的挑战。

如今，丹尼尔已经健康地长大成人。我们知道，过早地从苏珊的子宫进入医院的恒温箱并在那里完成发育，这无疑对丹尼尔身体的某些方面造成了影响。不过相比之下，丹尼尔作为一个人的主要特征早在他匆匆降生到这个世界前的数周便已确定。这全是细胞的功劳，许多工作在孕期的前 8 周就完成了。到了孕 8 周，人类的胚胎通常会长到半英寸左右。此时，婴儿的轮廓依稀可辨，该长的东西也都长了：手臂、腿和脑袋，在脸上还能隐约看到眼、鼻和嘴。从此刻开始，我们不再称它为胚胎，而是称之为胎儿。在这个转变发生之前，胚胎细胞一直忙着拉帮结派，组成不同的小群体，这些群体相当于器官和组织的种子。为了实现特定的功能，细胞一面争夺空间，一面与其他细胞建立联系。同其他动物一样，把细胞组织起来的是原肠作用，但在原肠作用开始之前，人类的胚胎还需要经历另一个不可或缺的步骤。合子产生的大约前 100 个细胞有两种可能的命运：

要么成为胚胎的一部分，要么成为支持胚胎的结构。作为哺乳动物，我们需要与母亲建立联系，靠她们提供食物和保护。事实上，我们可以与母亲建立很多种联系，而这些联系确立的时间都在胚胎发育的早期阶段。

哺乳动物：看不见的卵

每一种动物体的构建方式都十分独特。不过，从卡尔·林奈的时代开始，我们就学会了将生物分成不同的纲，同一个纲里的动物细胞会采取相当类似的策略来组织机体。正如我们在前一章看到的，鱼和蛙的胚胎都来自透明的卵，受精发生在母体外，胚胎发育的速度极快。我们之所以对这两类动物的发育机制有相当透彻的了解，是因为从一开始的精卵结合到原肠作用之舞，再到机体初具雏形，鱼和蛙诞生的过程一览无余地展现在我们面前。鸟类的情况也大致相同：只要在它们的蛋壳上开个小洞，任何人都可以化身现代的亚里士多德，以天为单位观察一个合子变成一只鸡的全过程。

包含人类在内的哺乳动物就不一样了。我们是动物界的少数派，地球上共有 850 万个物种，而哺乳动物只有 6 000 种。我们的发育模式显得有些古怪：胚胎时期的我们是在母体内生长的。出于这个原因，哺乳动物的受精和发育很隐蔽，都是在母亲的子宫里悄悄地进行。作为对这种发育模式的纪念，我们每个人身上都带有曾经与母亲骨肉相连的印记——肚脐，亚里士多德称其为肚子的"根"。

肚脐是脐带的遗留物，而脐带在发育过程中出现的时间非常早。

脐带把胚胎同胎盘连接起来，既是一种将胚胎固定在子宫内的附属结构，又构建了输送养分和排出废物的细胞系统。在演化过程中，伴随着这些结构和亲子间种种联系的出现，哺乳动物的卵细胞变得越来越小。我们在介绍克隆动物时说过，科学家曾试图把蛙类的克隆实验照搬到绵羊身上，可是困难重重，因为哺乳动物的卵细胞比其他动物的卵细胞小得多，小到它们含有的养分（相当于卵黄）只够支持胚胎前几周的发育。此外，哺乳动物的卵细胞也没有足够的空间来容纳整个胚胎发育过程所需的全部养分。虽然有的卵生哺乳动物也能产下体积巨大的卵，比如鸭嘴兽，但这是罕见的例外。为了让哺乳动物的个体顺利诞生，胚胎细胞想出了一种从母体获取养分的新方法。

在科学发展史上，我们直到最近才理解哺乳动物的发育过程。事实上，绝大多数哺乳动物的卵都太小了，以至于在有史可查的很长一段时期内，我们曾认为哺乳动物很可能不是从卵里诞生的。至少从亚里士多德生活的时代到 17 世纪，人们都认为婴儿是精液在女性子宫的肥沃"土壤"里生根发芽的产物，至于婴儿的组织是如何形成的，一直是人们激烈争论的问题。我们曾在第 5 章里提过，因为鱼、蛙和鸟类显然都是由卵孵化而来的，御医威廉·哈维据此推断哺乳动物肯定也是从卵里诞生的。可是，哺乳动物的卵始终无迹可寻。到了 1827 年，卡尔·恩斯特·冯·贝尔因为忘记贴标签而分不清早期胚胎的标本。差不多在同一时期，他解剖了一条狗的卵巢，这项研究随即引发热议：

> 我在一个小小的囊里发现了一个小黄点，然后又在数个其

他的囊里发现了同样的小黄点，绝大多数类似的囊里都有且只有一个小黄点。太奇怪了，我心想，这个小黄点会是什么呢？我又打开了其中一个囊，小心地用刀把小黄点挑出来，放入盛有水的表面皿，再拿到显微镜下观察。我惊得连连后退，仿佛被闪电击中，因为我清清楚楚地看到了黄色的卵黄，它虽然极小，但结构完整……我永远想不到哺乳动物的卵细胞里竟然会有如此像鸟类卵黄的东西。

这个问题总算有了结论：哺乳动物也有卵，只是它们小得不可思议。

虽然卵细胞是人体最大的细胞，但它的直径仅为 0.1~0.2 毫米，与我们头发丝儿的粗细相当，体积是鸡卵的 1/500。理论上，这个大小仍在肉眼可见的范围内，但前提是你要像后知后觉的冯·贝尔一样知道自己在看什么。在取得这一重大发现后，冯·贝尔哀叹道，他过去曾有难得的研究孕妇尸体的机会，但他没有料到哺乳动物的卵居然这么小，所以没能看到它们。

人类的卵不仅小而脆弱，还稍纵即逝。离开卵巢后，每个卵细胞只能存活 12~24 个小时，在此期间，它会沿着输卵管向子宫移动。到达子宫后，除非它与精子结合，否则卵细胞就会死亡并崩解。即使卵细胞和精子结合成合子，要找到合子也没有那么容易。合子会一边分裂，一边在子宫里滚动，直到第 7 天前后，细胞团才会在子宫壁上扎根。

从这一刻起，新的人类个体才算八字有了一撇。细胞接下来的行为，尤其是它们在原肠作用过程中的行为细节，会对即将出生的这个人产生非比寻常的深远影响，然而，出于伦理原因，科学家对胎儿形成过程的研究只能止步于此。于是，他们不得不退而求其次，通过对其他哺乳动物的研究，间接推断人类的合子是如何在新家落地生根的，以及妊娠开始之后又是如何一点儿一点儿勾勒出人体轮廓的。

小鼠和人类的遗传工具

我们对人类胚胎实验的审慎态度，不可避免地钳制了科学家对人类原肠作用相关细节的深入研究。直到近几年，在绝大多数情况下，我们都通过观察其他哺乳动物的细胞行为来认识人类的发育过程。兔、猪和绵羊都在这类研究中展现出非凡的实用性，但作为实验动物，最受欢迎的无疑是小鼠。

为什么是小鼠？因为除了体形小、容易繁殖和发育迅速（我们在前文提到过，这些都是一种动物能够被用于突变筛选实验的理想特质），它们与人类的DNA相似度达到了97%。不仅如此，编码蛋白质的基因约占人类基因组的2%，这些基因就是"基因组的工具箱"，单就这部分序列而言，小鼠与人类的相似度达到了惊人的85%。在小鼠的基因组中，这部分基因以与人类相同或类似的顺序排列，数量也十分相近。正是出于这些原因，小鼠成了我们认识人类的许多生物学机制，以及某些遗传变异会对发育造成什么影响的关键因素，我们在第1章已经见识过这一点了。另外，它们对我们理解哺乳动物胚胎前几周的发育来说尤为重要。

科学家在培养皿中将小鼠的合子培育2~3天时间，直到小鼠的胚胎做好在子宫内着床的准备。通过这种体外培养实验，我们发现相比其他动物的合子，哺乳动物的合子在受精后的分裂速度很慢。果蝇的合子只需 2 个小时就能分裂产生大约 6 000 个细胞，然后立刻启动原肠作用并持续大约 1 个小时；小鼠的合子平均每天只能发生 2~3 轮分裂，经过 4 天总共才能产生大约 240 个细胞，此时它做好了着床的准备。

尽管如此，除了分裂的速度和细胞的数量不同，所有哺乳动物的合子在早期分裂的其他方面都大同小异。完成 3~4 轮分裂，合子就会变成一个紧凑的细胞团，被称为"桑葚胚"（morula，*mora* 在拉丁语中意为"浆果"，此时的细胞团外形如同桑葚）。桑葚胚的一部分细胞位于细胞团内部，其余的细胞则覆盖在细胞团外表面。在到达某个特定的时间点之前，桑葚胚里的每个细胞都能发育成完整的个体。科学家发现，所有来自这个早期阶段的细胞都保留了与合子相同的分裂和增殖能力。将桑葚胚分成两团、三团或四团细胞，每一小团细胞都能像最初由同等数量细胞组成的桑葚胚一样，重新开始分裂和增殖。同卵双胞胎最有可能是合子在二细胞期或桑葚胚时期一分为二的结果。与此同时，如果你把外来的细胞或细胞团植入桑葚胚，桑葚胚就会主动接纳它们，权当是分裂和生长的进程加快了。所以，嵌合体很可能是不同的细胞团相互融合的产物。

哺乳动物的胚胎细胞决定自己命运的时刻即将来临。但在桑葚胚进一步发育并附着到子宫壁上之前，细胞需要先集中力量为胚胎打造一个安乐窝，这是细胞在胚胎形成过程中第一次进行明确分工。位于桑葚胚最外侧的细胞会启动一系列活动，改变自己的外形和功能，构建一堵细胞"墙"。这层墙的厚度仅与一个细胞的宽度相当，它是胎盘的前身，被称为"滋养外胚层"（trophectoderm，这个单词的前缀"tropho"意为"滋养"），这个名字体现了它将在母体供养胚胎的过程中扮演什么样的角色。与此同时，位于桑葚胚内部的细胞继续保持原样，它们的命运暂时还未确定。

随着发育的进行，胚胎细胞需要使用基因组的工具箱。滋养外胚层的细胞会选择一种名为CDX2的蛋白质，用于控制细胞墙的结构，以及在其中安置各种各样的泵。这些泵决定了液体能否流入桑葚胚内部。当它们开启时，液体流入桑葚胚内部，把细胞之间的缝隙撑开。这是一种类似水力压裂的生物学过程，水力压裂是指将水和化学物质压入岩石，在水穿过的同时达到将岩石粉碎的目的。[1]当这些泵完成自己的任务时，胚胎的结构就会变成这样：滋养外胚层环绕着一个充满液体的腔，一个由100~150个细胞组成的细胞团被挤到一旁，紧紧地贴在滋养外胚层的内表面上。

惊人的是，如果你在这种生物学版的水力压裂作用结束之前，把一个细胞从桑葚胚的内部转移到胚胎的外表面，那么这个细胞不仅能识别自己的新位置，还会开始合成CDX2，投身到泵取液体的任务中，为液体腔的形成出一份力。反过来，把一个细胞从桑葚胚的外表面转移到胚胎的内部，它就会停止合成CDX2。这表明细胞可以主动地评估自己究竟是位于桑葚胚内部还是外表面，并相应地调整基因的活动。

一旦充满液体的腔室形成，被包裹在滋养外胚层内部的细胞团就会发生改变。终于到了给细胞分配职责的时刻，但就算到了这一步，也不是所有细胞最后都能成为胚胎的一部分。除了细胞所处的位置，具体的比例也成了影响细胞命运的重要因素。在这个阶段，位于桑葚胚内部的细胞需要再做一个决定：有一批细胞将发生特化，它们的功能是供养胚胎，直到母体接手这项任务。出于这个原因，这些细胞被称为"原始内胚层"或"原始消化管"，并变成一种特殊的结构——卵黄囊，负责在胎盘形成前供养胚胎。其余的细胞都会变成胚胎的一部分。

　　我们把这时候的胚胎称为囊胚，至此，哺乳动物的胚胎细胞做好了植入子宫的准备，原肠作用的舞会徐徐拉开了大幕。

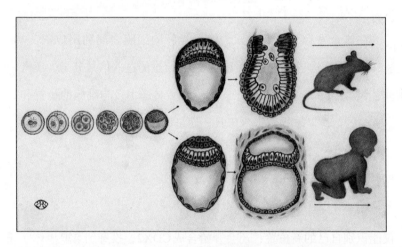

图 25　小鼠和人类在胚胎发育的早期阶段非常相似。受精后，细胞分裂、增殖，其中一部分成为胚胎外组织。这些在囊胚中全都清晰可见：滋养外胚层在外，原始内胚层在内，原始内胚层覆盖于胚胎细胞的外表面，将胚胎细胞与囊胚腔分隔开。此时，胚胎做好了植入子宫的准备。而在筹备原肠作用的过程中，小鼠胚胎和人类胚胎的差异开始显现：小鼠的胚胎逐渐变成杯状结构，人类的胚胎则变成一种扁平结构

　　对于细胞内发生了什么，上面的描述与遗传学家的话语大不相同。在遗传学家看来，基因才是主导一切的老大，它们是工程师，

也是事件发生的驱动力。他们认为，基因决定了一个事件会在何时何地发生。然而，正如我们已经看到的，其实是细胞在接收和读取来自邻居细胞的信号，并评估自己位于群体的什么位置；它们不仅能探测相互之间交换的化学信号，还能感知物理信号，比如细胞群体的整体几何形状、张力、压力和应力。细胞根据自己的位置和周围的情况，在基因组里开启或关闭必要的工具，帮助自己构建组织。我们之所以知道是细胞在掌控一切，原因在于，当我们把囊胚细胞从一个位置转移到另一个位置，或者将细胞团一分为二时，细胞能根据情况调整自己手头的任务。

在这个发育的早期阶段，构成囊胚的细胞之间利用FGF、Wnt和Nodal进行沟通。除了我们在前文介绍过的这些信号分子，还有一种名为"Hippo"的信号分子，它们负责传递力及与细胞的位置和数量有关的信息。基因组提供工具，而细胞负责干活。

与我们的母亲相连

虽然所有哺乳动物的胚胎在发育的早期阶段都大同小异，可一旦囊胚在子宫上着床，差异就开始出现了。绝大多数哺乳动物的囊胚都依靠滋养外胚层固定到子宫内表面的黏膜（子宫内膜）上。而有的哺乳动物，比如牛和马，它们的胚胎居然要等到原肠作用结束才会着床。不过，就包括灵长类在内的一小部分哺乳动物而言，它们的囊胚更容易站稳脚跟，所以在原肠作用开始之前，它们的囊胚就早早地扎根在褶皱的子宫壁里。不同物种的囊胚之间还存在其他差别：小鼠等啮齿动物的囊胚呈杯状，而其他哺乳动物（包括人类）的囊胚都呈扁平的圆盘状。囊胚的形状由滋养外胚层决定，它要么向内挤压胚胎细胞（把胚胎塑造成杯状），要么向外拉伸胚胎细胞（把胚胎拉伸成圆盘状）。滋养外胚层的细胞并不是通过增加或减少细胞的数量，而是靠改变细胞内部和细胞之间的张力实现这一点的。

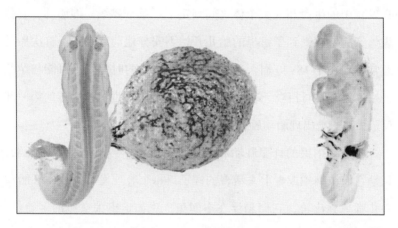

图 26　28 天龄人类胚胎的背面（左图）和正面（右图），旁边的附属结构是卵黄囊。从背面可以看到沿脊柱两侧分布的体节，而从正面能清晰地看到眼原基，以及紧贴在头部下方的原始心脏

　　相比我母亲和更早的几代人，如今的我们对人类发育过程的许多事实都不再感到陌生。这在很大程度上要归功于技术的进步，比如超声和体外受精技术。当然，瑞典摄影师伦纳特·尼尔森同样功不可没。1965 年，尼尔森在《生活》（*Life*）杂志上发表了一组极为震撼的专题摄影作品，题为《生命在诞生之前的样子》。这些照片让公众第一次有机会亲眼看见一团细胞是如何一点儿一点儿变成人类的：先是胚胎上长出了眼睛和四肢，之后是胎儿一边用大拇指练习吮吸，一边在羊水里游动。一夜之间，许多人都见到了人类的胚胎长什么

样，而且人们惊奇地发现，这些胚胎在很早的时候便有了酷似人类的外形。

在很长的一段历史时期内，人们都不认为胚胎跟怀孕之间有什么关系。事实上，在 1827 年冯·贝尔证实哺乳动物的卵细胞确实存在之前，这种细胞一直都停留在假说层面。绝大多数宗教和法律都在发育中的生命和人类个体之间划定了一条分界线，即胎动，它代表母亲能够感受到子宫里的胎儿开始不安分地动起来了。首次胎动通常出现在孕 18~20 周，远比胚胎变成胎儿的时间晚，可能与孕肚开始显露的时间相当。这也是为什么美国在 19 世纪初通过的第一部反堕胎法只把出现胎动后进行的堕胎手术判定为非法。

尼尔森拍摄的许多胚胎和胎儿都来自流产或终止妊娠的死胎，只是它们被摆拍成看上去活着的样子。每个表现发育过程的胚胎和胎儿都单独出镜，它们悬浮在空间里，犹如走出太空舱的宇航员。在其中几张照片里，它们被蓬松的纱布包围着，让人不禁联想到母亲舒适且安全的子宫。照片中虽有脐带，但摄影师没有表现其功能（与胎盘和母亲建立一种不可或缺的、维持生命所必需的联系）的意图。从此，这种把胎儿当作独立个体的摆拍手法成了表现人类发育过程的标准模板，今天的准父母们在育儿相关的手机软件里看到的图片大多如此。遗憾的是，类似的照片却被反对堕胎的团体当成证据，他们坚信从发育的第一天起，人类个体就已经具备独特的个性、完全发育成熟且能独立生存。这种观点是错误的。[2]

从根本上说，只要还在子宫里，我们就必须依赖母亲，强行把胎儿描绘成独立个体的做法是没有意义的。胎儿与母亲的关系极为密切，脐带就是很好的证据。除了为胚胎或胎儿输送养分和氧气这项显见的功能，脐带还是一条允许双向交换的管道。任何随血液流动的细胞都能从母亲体内进入胚胎，反过来也一样。因此，胚胎能从母亲那里获得少许细胞，母亲同样可以从胚胎那里得到一些细胞。

在妊娠早期，通过脐带进入母亲体内的胚胎细胞可能还没有明确的分化方向，不确定会变成哪一种器官或组织。我们称这样的细胞具有"多能性"，意思是它们虽然能变成很多不同类型的细胞，但终归不是所有类型的细胞。由于这些细胞的命运、形态和功能仍有相当强的可塑性，它们可以被招募到人体（包括母亲的身体）的任何部位，用于构建或修复受损的组织。针对小鼠的研究表明，来自胚胎的细胞确实能修复受损的母体组织，而且有证据显示，同样的情况可能也会发生在人类身上。[3]科学家在母体组织里检测到了来自男性胚胎的细胞，这种现象被称为"胎儿细胞微嵌合"。在这种情况下，母体不是因为自身基因的杂糅，而是因为来自胚胎的细胞才变成了嵌合体。你可以把这种现象看作胚胎利用了细胞互助协作的特性，对母体施以援手。

模仿自然

人类个体的诞生需要卵子和精子结合成一个新的细胞，而且这个细胞需要准备一段时间，直到它能植入子宫并从子宫获取营养（自从冯·贝尔证实哺乳动物也有卵细胞，这一点就毋庸置疑了）。事实上，几乎所有哺乳动物都是这么来的。作为人类体外受精技术的先驱，罗伯特·爱德华兹、琼·珀迪和帕特里克·斯特普托当年正是按照这些步骤做的：他们先让卵子和精子在实验室里结合，然后成功地把得到的细胞团植入一位母亲体内。1978 年夏天，这位母亲在英国的奥尔德姆顺利产下一名健康的女婴，她的名字叫路易丝·乔伊·布朗。

试管婴儿技术被应用于实践已有数十年的时间，然而直到今天，将培养皿作为人类卵子受精的场所依旧是一件主要靠运气的事，因为试管婴儿的成功率只有 35% 左右。回望过去，医生和科学家一直希望在脱离子宫的情况下培育哺乳动物，正是从他们的尝试（以及失败）中，我们逐渐认识到周围的环境对造就我们的细胞来说是多么重要。

时间回到 1944 年，米丽娅姆·门金感觉自己可能取得了一个惊人的发现。6 年前，曾与哈佛生物学家格雷戈里·平卡斯一起研究如何培育"无父"家兔的门金，被波士顿妇女免费医院①的约翰·洛克聘为助手，洛克当时正在研究如何帮助不孕不育的夫妇实现为人父母的愿望。那时没有人知道这条路走不走得通，但门金的导师平卡斯似乎成功地让家兔的卵在培养皿里完成了受精，他甚至宣称自己的实验室在 1935 年通过体外受精得到了一只兔宝宝。既然如此，何不把同样的技术应用到人类身上呢？

于是，针对出于种种医学原因而需要接受子宫切除术的患者，洛克会询问她们是否愿意把手术日期安排在排卵日之前。这样可以保证手术切除的卵巢中总有一些已做好受精准备的成熟卵细胞。手术之后，门金负责将这些卵细胞从卵巢中分离出来，放入培养皿，与精子一起静置 30 分钟，然后观察会发生什么。一周又一周，她看

---

① 1966 年，带有公益性质的波士顿妇女免费医院与波士顿产科医院合并，后来又与其他医院合并，现为布莱根妇女医院。——译者注

不到任何变化。于是，门金调整了培养皿的环境条件，也考虑了精子的问题，但结果还是一无所获。

后来的某一天，因为不得不照顾自己的孩子，门金忘记了时间，导致卵子和精子混合的时间比平时更长。当回到实验室时，她发现一个合子居然形成了。这个细胞甚至还在活动，它分裂成两个细胞，然后变成三个，这才没了动静。这是世界上第一例疑似人类卵子在子宫外成功受精的实验，它表明人类卵细胞活动的时间表与其他动物不同。对于门金观察到的现象是否真的属于体外受精，至今仍然颇有争议，就连平卡斯声称 1935 年经体外受精获得的兔宝宝也越发让人觉得可能是通过传统受孕方式诞生的。无论真相如何，门金的发现对这个领域的研究来说都是一针强心剂。

随后，在 1959 年，平卡斯的同事、任职于伍斯特实验生物学基金会的张民觉取得了重大突破：他在培养皿中让一只黑兔的精子与另一只黑兔的卵子完成受精，然后把得到的细胞团植入一只白兔体内。当这只白兔产下一只黑兔宝宝时，任谁也不能否认这只黑色的兔子是经体外受精得到的了，因为家兔的黑色皮毛是一种隐性性状，代孕的白兔不可能是这只黑色小兔的亲生母亲。只要能被放入天然的子宫内，就算在培养皿里完成受精的合子也可以发育成健全的个体。在这一点被明确证实之后，设法实现人类体外受精就不再是空中楼阁了。

首先，科学家要对卵细胞的功能有更多、更深入的了解。这就要提到罗伯特·爱德华兹了，他在英国约克郡的一个中产家庭长大，参过军，退役之后曾在班戈大学和北威尔士大学学院攻读生物学。[4]爱德华兹在爱丁堡大学获得了动物遗传学和胚胎学的博士学位，他的博士生导师不是别人，正是康拉德·沃丁顿。爱德华兹的研究聚焦于染色体异常对小鼠发育的影响，为了认识这种影响，他开始关注卵子的活动：它如何发育成熟，如何做好受精的准备，如何通过与精子的相互作用形成合子，以及它在个体的发育中扮演怎样的角色。在研究过程中，他发明了一种促进排卵的方法，解决了哺乳动物卵子稀少的问题。日后，这种技术将派上大用场。

1963 年，针对卵子和精子在发育早期阶段的表现，爱德华兹的实验对象从小鼠换成了人类。在加入剑桥大学生理学系后，他聘琼·珀迪为实验室成员。珀迪曾是一名护士，研究过组织排斥现象。爱德华兹想做的同洛克和门金先前所做的事一样，他也在四处寻找人类卵子的捐献者。事实证明，这几乎是一项不可能完成的任务。爱德华兹走访了一家又一家医院的病房（主要在伦敦市内），向院方讨要子宫内膜样本，想着兴许能从上面刮到卵子。他确实拿到了一些，但数量远远不够。

研究的进度缓慢到令人绝望，直至爱德华兹遇见帕特里克·斯特普托。斯特普托是奥尔德姆总医院的产科医生，这家医院离曼彻斯特不远。斯特普托是率先在绝育等手术中尝试微创术式的先驱。爱德华兹很想与斯特普托合作，以便利用后者的手术技能去帮助那些既有捐献卵子的意愿但又不想做子宫切除术的女性。斯特托普热情的回应远远超出了爱德华兹的预料。这位产科医生早就有了帮助不孕不育患者消除痛苦的想法，他从爱德华兹和珀迪的研究中看到了让试管婴儿技术成为现实的巨大潜力，于是欣然同意加入。

三个人于 1968 年开始合作，并在 1969 年宣布成功实现了人类卵子的体外受精，这是自 1944 年门金的无心插柳之举以来的首例报道。1970 年，他们成功地让合子分裂和增殖到 16 个细胞。又过了一年，他们得到了两个结构完整的囊胚，包括致密的滋养外胚层细胞组成的"墙"、充满液体的腔，还有根据自己所在的位置而发生分化的细胞团。至此，他们只剩下一件事还没做，那就是把发育到这个阶段的囊胚植入子宫，让细胞能够继续自行发育。

为了攻克体外受精技术的最后一个课题，他们需要研究经费的支持，而凡事一旦同经费扯上关系，政治因素就会变成令人头疼的绊脚石。为了弥合实验研究和医疗实践之间的鸿沟，爱德华兹研究团队申请在剑桥附近设立一家诊所，他们的要求得到了批准，但英国医学研究理事会（MRC）拒绝为他们提供经费。[5] 包括这个理事会成员在内的许多人都对这个研究项目有所顾虑，他们担心将实验室培养的囊胚植入子宫可能会导致胚胎发育异常。民众要是知道自己缴纳的税金被用来资助这样的研究，会做何感想？

研究团队急忙将募集经费的目标转向私人资金，同时把开展研究的场地定在斯特普托的诊所。他们先从奥尔德姆总医院收集卵子，将它们妥善封装后送到剑桥，再在剑桥把卵子和精子放入同一个培养皿，尝试用不同的环境条件培育合子。一旦合子成功分裂，产生足够大的细胞团，就会被运回奥尔德姆总医院，然后被植入母亲体内。这个往返过程总共需要耗费 12 个小时，运送的货物可谓珍贵无比。

英国医学研究理事会的担心或许并非杞人忧天。当时还没有精密的超声扫描技术，谁也不知道胎儿的发育是否正常。同样的实验如果放在今天，不要说申请经费了，恐怕根本就不可能得到批准。而在那个年代，前后共有 282 对夫妇参与了这项研究，历经 495 次治疗尝试之后，1978 年 7 月 25 日，路易丝·乔伊·布朗诞生了。如今，试管婴儿技术已经衍生出价值不菲的产业，它让许多人体验到了天伦之乐，也将为更多人点燃希望。

在实现卵子体外受精以及研究如何将合子培育到做好着床准备的过程中，科学家对胚胎的形成过程有了远超从前的认识，尤其是认识到人类与其他哺乳动物在发育上的区别。最关键的是，虽然就认识发育的一般原则而言，小鼠是一种绝佳的参照，但在某些细微之处，人类有自己专属的特征——类似的细节在发育的早期阶段会产生举足轻重的影响。小鼠和人类的区别不仅在于囊胚形成所需的时间（小鼠的胚胎需要 4 天，而人类的胚胎需要 7 天），还在于细胞之间相互沟通的方式。尽管双方的基因组为细胞提供的工具基本上相同，但小鼠细胞和人类细胞运用这些遗传工具的方式存在细微的区别，而且这种区别的影响非常大。比如，FGF 信号系统对小鼠的原始内胚层分化来说是不可或缺的，对人类来说则不是这样。[6]

细节十分重要，尤其是在发育的早期阶段。事实上，绝大多数流产都发生在受精后的第一周。由此可见，就个体的生死存亡而言，细胞对这个阶段的掌控是多么关键。

划定界线

我们人类倾向于从个人的视角看待世界，尤其当涉及自己的后代时。给胎儿取名字，猜测孩子的性别，想象他们将来可能是什么样，这些做法在如今的准父母群体中变得越来越普遍。而且，早在腹中的胚胎能否顺利出生都还是个未知数时，准父母就开始乐此不疲地这样做了。然而，科学总有办法扫我们的兴，让这些期望落空。

　　绝大多数自然受精的合子其实都无法存活，正如我们前文所说，体外受精的成功率仅为 35%。出于这个原因，采用试管婴儿技术实现生育的女性需要接受一系列激素注射，以触发超数排卵（不同于每次只排一个成熟卵子的正常情况，超数排卵意味着同时排出两个或三个可以受精的卵子）。这些卵子在被收集起来后，通过完成体外受精而达到成熟。每一个受精的卵子都可以变成一个合子，然后开始分裂和增殖。当这些合子进入囊胚阶段时，我们就认为它们已经做好了进一步发育的准备，其中的一个或两个会被植入人体，而其余的合子会被冻存，以备未来的不时之需。

　　然而，冻存这些细胞引发了许多问题。冻存的囊胚在法律上究竟处于怎样的地位？它们是否有归属，如果有，它们到底是属于捐献卵子和精子的人，还是属于负责培育合子的科学团队？如果患者借助体外受精技术成功怀孕，细胞又有富余，将多余的细胞用于体外受精之外的目的是否合乎伦理？细胞团发育到什么程度才能算一个个体，是进入囊胚阶段还是更晚的阶段？倘若一个囊胚被算作人类个体，那它享有权利吗？最后这个问题在当时（还有今天）尤为重要，原因在于，虽然没有人质疑这些细胞是人类的细胞，但对于一团细胞在什么时候变成了人类个体这个问题，我们直到今天都莫衷一是。试管婴儿技术的发明相当于在强迫我们面对一个古老的问题：如果这个世界上有灵魂，那么灵魂是在什么时候进入我们身体的？

　　1982 年，英国成立了一个由哲学家玛丽·沃诺克领导的委员会，专门负责探讨上述问题（除了关于灵魂的问题），为今后如何处置和管理涉及人类胚胎细胞的研究提供建议。该委员会的 21 名成员来自多个专业领域，包括哲学、法律、宗教和医学，其中只有一名科学家，就是发育生物学家安妮·麦克拉伦。在接下来的两年里，成员们一面评估相关的证据，一面围绕这些由技术进步引发的问题进行辩论。他们后来决定搁置最宏大的问题——"生命的起点在哪里"，因为成员们一致认为，这个问题"既关乎科学，也关乎信仰，二者的权重不相伯仲"。他们把讨论问题的视角放在胚胎和个体的层面上，考虑"如果要为这两个对象提供保护，应该保护到什么程度"。事实证明要回答这个问题也不容易，因为光是回答那些被我们称为桑葚胚、胚泡（哺乳动物的囊胚）、胚胎细胞、胚胎或原肠胚的结构是在什么时候变成个体的问题，就已经极其让人头疼了。

委员会成员向 300 多个涵盖了各种宗教传统、社会和人权观点的组织征求了意见。他们还鼓励公众来信，并收到了近 700 封信。天主教徒主张，新的人类个体在受孕的那一刻就形成了。犹太教和伊斯兰教权威则说胚胎发育到 40 天左右会变成人，这个时间点与胚胎变成胎儿的时间点很接近。

有的科学家建议把人类个体诞生的拐点设定在神经系统第一次迸出电火花的时候，因为这代表个体从此有了感觉、感受和思维。还有的科学家认为应该以心脏开始搏动的时刻为准，但界定心脏形成于何时也不是一件容易的事：那些将来构成心脏的胚胎细胞在明确分化成心脏细胞之前就会开始搏动。与此类似，也有一些细胞虽然命运不明，但它们之间已经开始用电信号相互交流了。"泾渭分明"这个词与人类发育的这个阶段似乎根本不沾边儿。

委员会中唯一的生物学家安妮·麦克拉伦在做出决议的过程中

起到了主导作用。麦克拉伦以成功将发育中的小鼠胚胎移入和移出子宫的实验，以及在哺乳动物胚胎学领域的深厚造诣而为人所知。她向委员会的成员清楚地阐述了人类胚胎在发育的早期阶段表现出的复杂性，描绘了大量的细胞如何在胚胎的形成过程中发生移动和特化，并重点讲解了原肠作用。借助为数不多的被保存在医疗机构的人类早期胚胎，麦克拉伦展示了这些胚胎的组织方式与生物学家在其他物种的早期胚胎中观察到的现象存在怎样的关联。除此之外，她还清楚表达了自己作为一名生物学家的看法，正如她曾为此专门写过一篇探讨个体从何而来的论文。那篇论文题为《把线划在哪里？》，其中部分内容也被她用在了委员会的讨论中。[7]

"如果我不得不指定（发育的）一个阶段，然后说这就是我成为我的那一刻，"她写道，"我认为应该选择第 14 天。"[8] 这是原肠作用开始的时间。就在这一天前后，人类的胚胎上真的会出现一条线：如果你还记得，这条线就是我们前面所说的原条，它是细胞团上的一道凹陷，自此身体便有了前后之分。麦克拉伦的选择虽说有点儿武断，但并非心血来潮。

那么，她为什么会指定这个时刻？让我们回顾鸡的胚胎细胞在原肠作用过程中所跳的魔法之舞。我们在前文中看到，鸡的囊胚同人类的囊胚一样，受精卵在经历一系列分裂和增殖后形成圆盘状胚胎。鸡的这个圆盘状胚胎包含了数千个完全相同的细胞。之后在某个时刻，凹陷的原条出现，细胞开始跳舞。如果你在此之前，把圆盘状的胚胎一分为二，那么每一半胚胎的细胞都会形成各自的原条，最后变成两个胚胎。如果把圆盘状胚胎一分为四，你就会得到四道原条和四个胚胎。原条是一副完整躯体的标志。

麦克拉伦知道人类的囊胚也是圆盘状的，只是所含细胞的数量远比鸡的囊胚少，二者的组织方式也有所不同。尽管如此，根据极少数有幸窥见过这种早期人类胚胎的科学家所言，人类的囊胚也有凹陷或者说条纹，而且与鸟类的原条非常相似。这种结构通常出现在发育的第 14 天或第 15 天，也就是人类胚胎的原肠作用开始之时。当然，原肠作用也有出错的时候。科学家认为，绝大多数连体婴要么是因为胚胎上错误地形成了两道原条且这两道原条发生了融合，要么是因为原条本身发生了分裂。以鸡胚为对象的实验能够佐证这种解释。因此，在麦克拉伦的引导下，沃诺克领导的委员会提出，人类个体形成的时间大约是发育的第 14 天，或者说是原条开始出现的时间。这是因为一旦过了这个时间点，就算你把细胞团一分为二，它们也不能发育成两个独立的个体。

1984 年，沃诺克委员会发布《沃诺克报告》[①]，并确立了"14 天规则"，这是研究人类胚胎的时间上限。1990 年，这个规则被写进了英国的法律，数个国家随即跟进。

在体外培育受精卵，直到它做好移植的准备，这种原本是为了给试管婴儿铺路的技术，为我们认识合子如何发育成人类个体提供了全新的路径。在过去的 10 年里，技术进步已经让体外培育的人类胚胎能存活到法律限定的第 14 天了。先前的研究也证实，人类细胞在分裂和增殖过程中的自我掌控方式与其他哺乳动物非常相似。胚胎的体外培养让我们能通过观察知道每一轮细胞分裂所花费的时间，以及人类细胞在发育早期的独特节律。我们还从中学会了如何根据

---

① 请注意，不要与 1978 年发布的同名报告（涉及特殊教育）相混。——编者注

囊胚的形状和外表，推断它有多大的概率存活到分娩。另外，最新的研究发现，有一小部分胚胎在培养皿中发生了特殊变化，而我们此前认为这些变化只与胚胎在子宫内的着床有关。

我们很难评估这个发现的意义。实验中的胚胎大多不太健康，也不会存活太长时间，很多时候就算不主动销毁它们也没有触犯法律的风险。不仅如此，考虑到超过一半的合子其实都活不到原肠作用发生之时，我们很难说在这些胚胎上观察到的缺陷究竟是实验条件不够理想造成的，还是天生如此。不过，科学家迟早会找到有效提高胚胎存活率的办法。届时，14 天规则能否继续执行而无须做任何补充，目前看来犹未可知。

无论如何，我们知道原肠作用之舞蕴藏着许多与人类发育有关的秘密，即使我们无法目睹这个过程。为了像保护个体一样保护合子的权利，沃诺克委员会把原肠作用这个我们在成为人类个体的道路上经历的最重要时刻，推进了无边的黑暗。想从这个信息黑洞中挖掘新的线索，需要具备足够的创造力，但通过回顾科学发展史上的重要事件，我们能大致推测自己遗漏了些什么，以及应该把什么东西作为参照物。

人类胚胎

我们总是在精子钻入卵子的一周之后，就看不到胚胎发育的过程了。因为从这个时候开始，未来将构成人体的那些细胞很快就会被要变成胎盘的滋养外胚层细胞严严实实地包裹起来。这也是体外受精的胚胎被植入子宫的时间点，因为正常情况下，自然形成的人类囊胚就是在受孕后的第 6 天或第 7 天开始侵入子宫壁的。一旦囊胚完全钻入子宫内壁、原肠作用开始，再想把它挖出来看看发育是如何进行的，就几乎不可能了（除非中途发生什么差错）。

这也正是为什么数百年来，我们对人类发育的认识靠的都是收集流产或堕胎的生物样本。如今，你依然可以在某些地方（比如伦敦的皇家外科医学院亨特博物馆、巴黎植物园的珍奇柜）看到类似的收藏。如果你有心观赏这些标本，很可能会被瓶瓶罐罐里的东西吓一跳。

这些胎儿或胚胎多半带有发育畸形，从前的人曾误以为这些畸形就是人体的正常形态。裂开的头骨露出畸形的大脑，撕裂的后背上可见破损的脊髓，融合的双腿让人想到美人鱼，独眼婴和连体婴也在其列。也难怪在许多文化里，这些由于妊娠提前终止而诞下的胚胎（胎儿）会被视为低等的动物、短命的幽灵，或者干脆被视为一坨肉，而绝对不会被当成是人。但它们的视觉冲击力一点都不小，而且人们觉得让女人观看这种标本是不得体的。在 19 世纪末于伦敦举办的一场展览会上，有一张海报上写着："胚胎学展览，展示人类的起源，从最小的生命微粒到结构完美无缺的胎儿。本展览仅限男士入场。"

在这些收藏家和四处举办展览的人中，有一些人同当时的科学家一样，对还原人类胚胎的早期发育过程颇感兴趣。瑞士解剖学家威廉·伊斯就是其中之一，面对猎奇的畸形胚胎（胎儿）展览，他决心把人类胚胎的正常发育过程梳理出来，以正视听。为此，他需要先获取足够多的标本，尽可能完整地补全发育时间线。伊斯把研究重点限定在发育过程的前两个月内，他联系了医生、助产士和科学家，询问他们是否碰到过妊娠失败的患者，以及能否给他提供一些子宫组织样本。伊斯非常精明，他知道人类胚胎发育过程的标本非常稀有，而且并不是所有人都乐意把样本提供给别人，所以他宣称自己对正常胚胎长什么样一清二楚，样本里有任何异常都逃不过他的眼睛。提供样本的人还能得到一项奖励：伊斯愿意与参与者（各个领域的专业人士，主要是妇科医生和助产士，但不包括母亲本人）分享荣誉，提供样本的人可以用自己的名字为样本命名，永远被世人铭记。通过这种方式，希斯开创了一种一直沿用到 20 世纪的研究传统，但诞下胚胎或胎儿的女性没能在医学发展史上留下姓名。

威廉·伊斯最终收集到 25 个发育了 3~8.5 周的正常人类胚胎，这让他得以在 1885 年发表了第一篇系统梳理人类胚胎发育过程的论文。[9]伊斯收集的标本在巩固人类与其他动物之间联系的同时，也驳斥了恩斯特·海克尔的观点。海克尔认为我们在母体子宫里会重演各种动物的形态，最后才变成人类。而伊斯的研究表明，我们从合子形成的那一刻起就是人类，而且自始至终都是如假包换的人类。

富兰克林·P. 莫尔继承了伊斯的衣钵，他一面继续收集胚胎（胎儿）标本，一面在巴尔的摩的约翰斯·霍普金斯大学从事科学研究。莫尔以敏锐的观察力（他的德国导师称之为"Raumsinn"，字面意思是"空间感"）著称，这一定就是他如此有先见之明的原因。他认识到了细致地比较正常标本和异常标本的差别，对认识人类胚胎发育过程的重要性。截至 1913 年，莫尔已经收集了 800 件标本；到 1917年，这个数字达到了 2 000；今天的卡内基科学研究所[①]收藏了大约

---

① 华盛顿卡内基科学研究所的胚胎学部门由莫尔申请并建立，这 1 万件标本包括莫尔收集的藏品以及该机构多年经营所得。——译者注

1万件人类胚胎标本，这些藏品是所有人类胚胎发育研究的标准参照物。莫尔效仿了伊斯的做法，用标本命名权向提供它们的医生和科学家致敬。

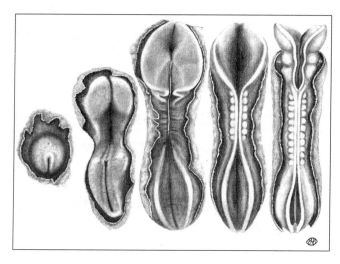

图27　发育早期阶段的人类胚胎，时间大约是第14天（左）到第28天（右）。同鸡胚的情况一样，原条出现的位置（最左侧胚胎上的缝隙）对应胚胎的后端，胚胎从此有了前后之分。胚胎的前端由将来构成大脑（大的分叶结构）的细胞占据。在身体两侧呈对称分布的囊状结构是体节。图片的原型为卡内基科学研究所收藏的标本，本图是对照片的临摹

　　卡内基科学研究所收藏的极早期人类胚胎透露给我们的信息可谓意义非凡，从很多方面来看都是如此。藏品中有多件胚胎标本的长度介于1~3毫米，这正好是原肠作用启动和原条开始形成的阶段。通过它们可以看出，人类胚胎在进入原肠作用阶段时不仅尺寸很小，还被包裹在一层保护膜里，犹如带壳的核桃。莫尔能收集到这些标本，这本身就是一件令人惊讶的事。许多女性在孕7周或孕8周之前根本就意识不到自己怀孕了，所以发生在这个时候的流产大多不

会引起她们的注意，只会被当成是月经来迟了。莫尔和为他提供样本的人能在 20 世纪第二个十年收集到胎龄为 2 周、3 周或 4 周且外观完好的胚胎，堪称壮举，但如果深究他们的做法背后的伦理学，估计今天的你我很有可能会皱起眉头。

绝大多数标本都是意外所得，要么是流产，要么是堕胎。品质最好的标本来源于妇产科手术，而所有样本的取得都没有得到患者的知情同意。几十年后，一位名叫约翰·洛克的产科医生在研究一个课题时进一步跨越了红线：针对那些主动到波士顿妇女免费医院接受子宫切除术的患者，洛克要求她们在手术前的某个特定时间与丈夫同房。洛克的意图是获取特定胎龄的胚胎，他的做法或许可以让胚胎样本的年龄精确到天，但放在今天，任何效仿这种做法的研究者都会面临严厉的指控。

虽然从伦理学的角度看，卡内基科学研究所的藏品可能来路有些不光彩，但它们让我们窥见了本应被 14 天规则捂得严严实实的发育环节。许多胚胎标本都按照时间顺序被拍照、解剖和重新排序，它们让我们对人类的身体结构如何涌现、生长并最终成形，有了深刻的认识。正是因为有卡内基科学研究所的藏品，我们才能知道人的心脏和其他肌肉都来自中胚层，肺和肠来自内胚层，大脑则来自外胚层。根据这些藏品还原的发育时间顺序，我们可以凭直觉感受到细胞在完成受精后的 4 周内，如何一步一步地把自己从没有固定形状的细胞团雕琢成轮廓清晰的人体。凭借这些标本，我们甚至还知道了大脑出现的确切时间。在很多人的观念里，大脑无疑是人类最具代表性的身体结构。

本质的区别

大脑是一个神奇的器官，它孕育了我们的人格、希望和梦想。大脑由大约850亿个神经元组成，它们全部来自原肠作用时期的数千个前体细胞。这些前体细胞的增殖在胚胎的活动中占据了非常可观的比重：巅峰时期，人类胚胎每分钟能产生1万个新的神经元。每一次分裂发生时，细胞内的分子机器都要按正确的顺序复制人类基因组的60亿个核苷酸，以确保后代的每个细胞都能分到一套属于自己的基因组。可想而知，复制过程中的错误在所难免。基因组的复制错误会导致突变，突变则有可能引发细胞内的混乱。

虽然我们平时所说的基因突变大多是指环境因素（比如紫外线和香烟烟雾里的毒性物质）导致细胞癌变的现象，但胚胎在发育过程中也有可能误入歧途。哈佛大学的神经生物学家、内科医生克里斯托弗·沃尔什在研究神经疾病的病因和分子基础时，逐渐对半侧巨脑症产生了兴趣。这是一种先天性病症，它的表现是大脑局部异常膨大，引起癫痫（往往十分严重）。由于半侧巨脑症患者在出生时就有这种缺陷，沃尔什决定寻找引发这种病症的基因突变。

沃尔什和他的课题组发现了一个名为AKT3的基因，它编码的蛋白质能促进细胞生长，而在半侧巨脑症患者体内这个基因发生了突变。他们注意到这个基因异常活跃的表达活动仅限于某些脑区的神经元，这可以解释为什么患者的大脑只是局部膨大。随后，沃尔什检测了半侧巨脑症患者的DNA，由此发现了一件奇怪的事：虽然这个致病基因出现在病变的脑细胞里，但它并没有出现在其他正常的脑细胞或其他组织的细胞（比如血细胞）里。为什么一个致病基因只存在于部分细胞中，而不是全身所有细胞里呢？有人认为原因在于这些患者是嵌合体，致病基因来自另一个合子的基因组，但后续研究显示，这是另一种完全不同的现象，它被称为"遗传镶嵌"。[10]

你很可能认识一些皮肤上有明显色块或天生长着一缕异色头发的人。他们很可能就是镶嵌体。当发育进行到某个阶段时，细胞团如火如荼地分裂和增殖，其中一个细胞却在复制基因组的过程中出了错。考虑到细胞在机体发育过程中必须迅速复制大量的遗传序列，突变几乎可以算是细胞的一种"职业风险"。就半侧巨脑症患者而言，肯定是某个细胞在个体发育过程中发生了复制错误，然后这个错误被遗传给所有的后代细胞。在携带这种突变的细胞中，有一部分后来构成了大脑。除了这部分细胞，人体其他部位的细胞则通常不受影响。

错误在所难免，而且错误出现的频率是相对固定的。基于这个观察结果，沃尔什及其实验室成员有了更为惊人的发现：即使是不分裂的细胞，也依然会出错，这导致随着时间的推移，细胞内的突变会积累得越来越多。沃尔什估计，成年人大脑中的每个神经元都携带了 1 500 多个突变。

并非所有突变都出现在胚胎发育阶段。基因的突变贯穿我们的一生，有的突变是细胞衰老的结果，有的是因为细胞受到了无法修复的损伤。不同的破坏性媒介会在DNA上留下可辨识的痕迹，比如，吸烟会导致CG核苷酸对变成AT核苷酸对，阳光暴晒会导致CC变成TT。衰老对细胞造成的影响也很独特，它让XC变成TG，其中"X"代表C、G、A和T中的任意一个。而且，衰老的细胞会自发地发生突变。成体细胞每年都会发生 20~50 次突变，细胞对时间的感知源于某种内置的生物钟，它从合子发生第一次分裂开始计时。在绝大多数情况下，突变对细胞的功能都没有影响，因为我们在前文中说过，编码遗传工具的序列在人类基因组中只占很小的一部分，大约是 2%。但也有些时候，纯粹是概率事件，突变正好发生在编码蛋白质的序列上，还改变了这段 DNA 序列的功能。突然之间，细胞的工具箱发生了变化：其中一件工具被移除、修改或弄坏了。半侧巨脑症患者体内的 *AKT3* 基因就属于这种情况。

由于人在出生之后几乎不会再产生新的神经元了，因此细胞衰老导致的突变与大脑功能之间的关系尤为密切。沃尔什和他的课题组推测，不仅是脑部疾病，某些与年龄有关的认知障碍或许也是由突变的积累引起的。[11]

在前文中介绍科学家如何寻找导致某些疾病的基因突变时，我曾说过，光看基因突变对我们认识正常的发育过程往往没有什么帮助。这句话在这里依然适用：卵子和精子的基因突变（个体从父母身上获得的突变）并没有让我们对发育过程的认识更进一步。细胞在衰老的过程中逐渐积累的突变则不然，这类突变的确能告诉我们一些有关发育的事情，特别是对于同一个细胞的所有后代，它们携带的突变事实上起到了类似条形码的标识作用。

过度简化的基因中心论会给人一种错误的印象，即精子和卵子结合后，合子的基因组是固定且唯一的。但基因嵌合体的发现表明，合子的基因组其实一直在发生变化。从人类胚胎的第一个细胞发生分裂开始，突变就出现了，以至于合子的两个子细胞分别拥有五六个互不相同的突变，因此二者的基因组并不一样。之后，当这两个细胞发生分裂时，新的错误又出现了，这两个细胞的子细胞既继承

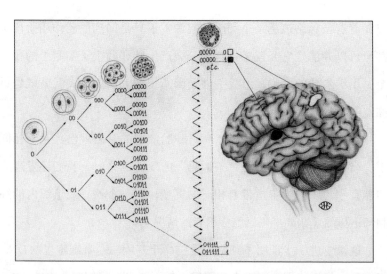

图 28　细胞的"条形码"，以人类的大脑为例。从第一次细胞分裂开始，每个细胞都会发生突变。由于突变的随机性和差异性，在发育过程中，新出现的细胞逐渐拥有了各自的"条形码"。与此同时，每个细胞都在产生自己的克隆体，并以同样独特的方式将各自的"条形码"传递下去。图中的白色块和黑色块分属两个克隆细胞，它们都是同一个细胞的后代，只是携带了不同的突变。在某些情况下，突变的积累会引发疾病

了母细胞的突变，又产生了各自独有的突变。同样的情况在一代又一代的细胞中不断上演。就我们目前所知，突变在胚胎形成过程中的积累速度比在成体细胞中更快，而突变的快速积累集中发生在细胞的命运开始确定、细胞的形态和功能发生特化的时候。这个发现最重要的意义或许是，科学家有了一种全新的追溯过往的方式，他们可以将这些突变及其在后代细胞中的传递作为线索，梳理在人类发育的起点究竟发生了什么。[12]

　　如今，我们可以利用突变"条形码"追溯器官和组织的起源，确定它们是哪些细胞的后代。每个细胞都会在母细胞的基础上添加新的突变，所以这些"条形码"记录了每个细胞的生命史，我们可

以循着这条脉络追溯某个细胞的起源（不只是回到原肠作用阶段），甚至可以弄清楚它究竟来自合子分裂产生的那两个子细胞中的哪一个。用沃尔什的话说，给我一件爱因斯坦的大脑样本，我就能告诉你他的胚胎长什么样。

事实上，当原肠作用开始时，胚胎细胞的基因就已经互不相同了。当我们追溯这种突变"条形码"的变化脉络时，我们还发现许多器官和组织的细胞携带着相同的突变，同一个器官或组织内的细胞却不尽然（比如半侧巨脑症患者的情况）。

这至少进一步证明了细胞的地位高于基因。一个细胞里的DNA突变可以告诉我们该细胞来自哪里，却不能告诉我们它要去向何方。从细胞的身份到位置，再到它们会参与构成哪些组织和器官，原肠作用之舞打破了原本安宁祥和的氛围，改变了一切。而在这个过程中，细胞的DNA有条不紊地发生着突变。细胞各有各的命运，它们修成正果之时就是我们诞生之日，只不过这里所说的命运并非来自某种事先写好的代码，而是来自细胞的一种能力——在胚胎发生的过程中，它们能够读取和理解自己在构建特定器官和组织的细胞群体中的位置。由于各自独特的经历，每个细胞都是独一无二的，正是无数个独特的细胞让你成了你、让我成了我。

我们身上的DNA序列不是只有一套，而是有数十亿套。假设每次细胞分裂产生一个突变，那么我们身上的突变数量应当与细胞数量相当——实际数字只多不少。我们平时所说的"我们的DNA"更像某种笼统的"平均值"，只反映了我们所检测细胞样本的整体情况，远远不能代表我们的躯体或大脑的实际情况，因为这两者都是由数十亿个细胞构成的。

　　综上所述，对于人类个体究竟诞生于何时，我们距离这个问题的答案是否又近了几分？人体的构建或许始于细胞在原肠作用阶段踏出的第一个舞步，如果用此时的胚胎作为人类个体诞生的标志能让你满意，那么你大可以把原条的出现看作自己降临到这个世上的里程碑事件。但考虑到针对胚胎的研究和遗传镶嵌现象，我们可以得出另一个匪夷所思的结论：在我们的一生中，细胞时时刻刻都在重塑我们。

　　我们可真是了不起。从第一个细胞形成到咽下最后一口气，我们始终是一大群细胞（"我们的细胞"）不断工作的产物。我们已经知道了许多有关它们的事，比如它们相互作用的方式，以及它们产生新细胞和构建新个体的方式。不仅如此，我们还通过梳理某些知识并将其应用于实践，有样学样地培育出最惊人的生命形式：人类。只不过，我们目前所做的仅仅是将沉睡在卵子内的那根发育的导火索点燃，然后任由细胞自行其是地构建生物体。有人想知道我们能否更进一步，像在餐厅点菜一样，直接用细胞制造我们需要的部位，甚至是逆转岁月（动物克隆实验证实了细胞返老还童的可能性）。你也许觉得这听起来像科幻故事，但从过去几年我们对细胞的新认识来看，这些构想并没有那么遥不可及。如今，我们操控细胞的手段渐趋成熟，原样复制器官和组织的技术也日臻完善，有朝一日，这些技术或许可以帮助受伤或衰老的我们修复身体。同样的技术也让复制个体成为可能，这势必会影响和挑战我们对自己是谁的看法。

3

第三部分

细胞与我们

一个人在出生之前经历的九个月，其过程之有趣、影响之重大，远超人生在世的七十载。

——塞缪尔·泰勒·柯勒律治，《记托马斯·布朗爵士的〈医生的信仰〉》（Notes on Sir Thomas Browne's "Religio Medici"，1802 年）

原条的形成是发育过程中一个极为重要的里程碑事件，因为它标志着人类个体的出现。在此之前，细胞团就只是细胞团。一个细胞团通常会变成一个人类个体……有时候会变成两个个体（事实上也有什么都变不成的时候）……在圆盘状的早期胚胎里……骰子还未掷出。

——安妮·麦克拉伦，《把线划在哪里？》

工程学的精髓在于用我们不完全理解的材料塑造我们无法精确分析的结构，然后用这种结构承受我们不知道如何准确评估的力，这样一来我们的无知程度就不会被公众知晓。

——阿奇·里斯·戴克斯博士，1976 年

第 7 章

————

以旧换新

我们都不可能永生，但有人相信长命百岁并不是梦。这些人主张世上有能延年益寿的灵丹妙药，他们认为某些神奇的饮食搭配和运动疗法能滋养我们的细胞，让它们存活得更久，从而延缓正常的生物学衰老。

有人甚至认为这种灵丹妙药就藏在我们的基因里。这些笃信人能长生不老的预言家就包括亚马逊公司的创始人杰夫·贝佐斯，以及成立不久的 Altos Labs（阿尔托斯实验室，一家旨在研究如何对个体身上的细胞进行重编程的企业）。Altos Labs 立志像克隆成体细胞那样，让个体身上的细胞重获青春，而且这种返老还童的方法很可能没有使用次数上的限制。事实上，贝佐斯及其商业伙伴们已经吸引和招募了某些顶级科学家，比如曾担任美国国家癌症研究所所长的理查德·克劳斯纳，这些人计划在未来的几年内让我们享受到永葆青春的技术成果。研发治疗衰老（仿佛衰老是一种疾病而非我们固有的生物学过程）的技术具有可观的市场价值，考虑到目前已有数十亿美元的资金流进了这个领域，Altos Labs或许真能实现空前的壮举。

但是，细胞本身并非一种永生不灭的东西。10多年来，谷歌旗下的生命科技公司Calico一直致力于研发抗衰老的魔法配方，却拿不出任何可靠的成果。不过，将来的事谁也说不准。尽管贝佐斯发起的项目吸引了大量知名人士和大笔资金，但就目前的科学进展而言，这个项目几乎没有掀起任何波澜：它更像一门押注未来的生意。或许这也是为什么Altos Labs研究团队在描绘公司的宏伟愿景时修改了先前的部分措辞，他们不再宣称自己所做的工作是为了实现永生或永葆青春，而是为了让人们过上更健康、更长寿的生活。克劳斯纳的原话是"活得长寿，死得年轻"，简直叫人分不清他是不是在说反话。

人类追求长生不老的历史堪称悠久。Altos Labs敢于攻关这个课题的底气源于前人所做的一系列实验，正是这些实验给了我们一种细胞似乎能够永生（确切地说，应该是趋于永生）的印象。如果可以破解这些特殊细胞背后的秘密，我们或许就能找到让自己的细胞永生的方法。但在认识这些细胞之前，我们先要了解并接受它们的局限性。

生命的传代

20世纪初，美国胚胎学家罗斯·哈里森想研究神经元，他希望有一种理想的实验环境，让他可以观察神经元在独处或与其他不同类型的细胞共处的情况下，分别会以怎样的方式进行自组织和活动。哈里森想知道，在人工培养的条件下，神经元能否靠自己完成发育，以及它们如何通过与其他细胞的相互作用来构建功能性的结构和网络。1907 年，借助蛙的胚胎组织，他找到了让神经元在培养基中保持活力和功能的办法，这使他得以观察神经纤维生长和相互作用的细节。

这是科学家第一次实现了细胞在生物体外的人工培养，哈里森的实验让许多人大开眼界。他的研究激发了亚历克西·卡雷尔的想象力，卡雷尔原本是一位法国外科医生，后来到纽约的洛克菲勒医学研究所（今天的洛克菲勒大学）工作，并转行从事科学研究。1912 年 1 月 17 日，利用哈里森的技术，卡雷尔把鸡胚的心脏细胞群转移到用鸡的血浆提取物配制的培养基里。这样的培养基能促进细胞增殖，如果一切顺利，用不了几天，它们就会铺满整个培养皿。到了这一步，你就不得不开展细胞"传代"工作。传代的意思是，将一部分细胞从已有的一群细胞中取出，并将其放到一个新的培养皿内，让它们在那里自由生长。卡雷尔想知道细胞究竟能传多少代。他的想法是，只要细胞传代的次数足够多，经过长期的培养，它们或许就会长成器官，而我们可以用这些器官做移植手术，替换掉衰竭的器官。这个思路被今天的我们称为"再生医学"，卡雷尔的想法正是梦开始的地方。

通过不断将细胞转移到新的培养基里，卡雷尔成功地使传代过程持续了一个月，然后是两个月，再然后是一年。10 年后，他培养的细胞已经传了 1 860 代，可新细胞生长的势头依旧很猛。《纽约世界报》刊登了一篇骇人听闻的报道，声称如果这些细胞可以长成一只鸡，那么这只鸡"将非常巨大……一步就能跨过大西洋"。1939年，在卡雷尔返回法国后，受他信任的同事艾伯特·埃贝林接手了细胞传代的工作。埃贝林数年如一日地耕耘，直到卡雷尔去世两年后的1946年，他才因为需要开展其他实验项目而终止了这项研究。在1942年发表的一篇论文中，埃贝林提到了围绕这些细胞的生长之谜，他把它们称为"卡雷尔博士的不死鸡心"。这个延续了30年的实验引起了人们的强烈共鸣：细胞可以永生，只要你知道应该如何妥善地照料它们。

只要条件合适，细胞就能永生，在这个前提下，医生和科学家能想到的下一步自然是设法"培育"组织和器官。只要器官能在培养液里保持活力，我们就可以无限期地保存它们，并将它们用于移植或其他修复手术。同样振奋人心的是，我们还可以用体外培养的组织和器官，去做那些出于伦理或可行性原因而不能做的实验。当初就已经有人拿卡雷尔培养的细胞去测试药物的毒性了，如果能解决相关的技术问题，这些细胞的作用将不可限量。

但是，人们对这个实验的质疑越来越多。科学研究的真实性靠的不是名望的背书，而是实验的可复现性。卡雷尔曾凭借对外科技术的研究获得1912年的诺贝尔生理学或医学奖，这个光环给他的细胞传代研究披上了一层可信的外衣，后来科学家和医生们却发现他的实验结果无法复现。无论他们如何努力地尝试，都无法像卡雷尔那样让细胞传那么多代，体外培养的细胞总会在某个时刻死去。如果一位生命科学领域的科学家声称自己有了惊人的发现，其他人却无法复现同样的实验结果，这种情况一开始往往会导致这位科学家虚荣心膨胀，他或她会自诩拥有完成这种实验的天赋和技艺。卡尔·伊尔门塞在错误地宣称自己成功克隆了小鼠时如此，当初那些认为自己的显微镜比别人更高级或者自以为在卵子或精子里看到了微型人类的先成论者亦如此。同样，卡雷尔经常挂在嘴边的说辞是，唯有他和埃贝林掌握了细胞无限传代技术的诀窍，所有无法复现他们实验的人都只是不知道正确的做法。这种解释流行了很多年，导致整整两代科学家都把细胞永生不死的结论奉为圭臬。

终于在 1961 年，美国细胞生物学家伦纳德·海弗利克公开挑战了卡雷尔的说法，这种解释才跌下神坛。海弗利克按照类似的步骤做了很多次实验，可他一次又一次地发现，体外培养的细胞会死，而且它们的寿命有明确的极限：细胞最多只能分裂 50 次，随后便会进入生物学家所说的 "senescence"（这个英语单词来自拉丁语 "senex"，意思是 "衰老"）状态，最终迈向死亡。当海弗利克把他的研究成果投稿给《实验医学杂志》时，负责对接的编辑不是别人，正是因为发现劳氏肉瘤病毒而获得诺贝尔生理学或医学奖的佩顿·劳斯。劳斯拒绝了海弗利克的稿件，给出的理由是："我们从过去 50 年的组织培养中看到的最基本的事实是，细胞天生就会增殖，而且只要体外培养的环境适合，它们就能无限增殖。"幸运的是，挫折只是暂时的。很多其他科学家（其中不乏诺贝尔奖得主）也发现细胞会不可避免地走向衰老，海弗利克的研究最终发表在另一份学术期刊《实验细胞研究》上。[1] 如今，为了纪念海弗利克，我们把体外培养细胞的最大分裂次数称为 "海弗利克极限"。

关于卡雷尔究竟对他培养的细胞做了什么，人们有很多的猜测。善意一点儿的观点认为，由于他的疏忽，每次传代都受到了污染，老的胚胎细胞里混入了新的胚胎细胞，从而导致细胞总是 "后继有人"。其他人则不相信这是意外。但无论卡雷尔当初做了什么，如今我们都已经明确地知道，细胞不可能永生（至少正常的细胞不能）。

出于某种我们无法完全阐释的原因，细胞也有自己的生命周期。在它们正常的生命历程中，包括在体外培养的情况下，细胞每天都要承受各种可预测的攻击。比如，太阳的辐射，还有饮食中的矿物质和毒素，这些都会导致细胞的DNA发生突变。随着突变的积累，细胞用于自我修复和维持正常功能的工具及原料渐渐变得不好用或不可用。当问题还不太严重的时候，细胞尚且能靠各种各样的机制应付过去，特别是功能冗余机制（执行同一种功能的遗传工具不止一种，以备不时之需）。然而，随着基因组的缺陷变得越来越严重，劣质的蛋白质就会妨碍细胞的正常运作，造成细胞功能衰退乃至死亡。不只是细胞核的DNA会受到这种影响，其后裔为真核细胞提供能量的细菌的DNA同样会发生突变，导致细胞的能量供应减少。

姑且不论突变，作为一种分子，DNA本身其实相当稳定。我们在前文中提过，一个人去世后，只要DNA的分子结构完整且环境条件适宜，哪怕历经上千年，我们也能从他或她身上的每个细胞里检测出DNA。DNA不仅不会在细胞死后立刻分解，其活性甚至还能维持一小段时间。以小鼠和斑马鱼为例，个体死亡两天后，其DNA的转录活动仍在进行。这些在个体死亡后仍能继续表达的基因被统称为"死亡签名"，它们不需要任何来自活细胞的支持和反馈，只顾埋头干着身为基因该干的事。[2] 最终，转录活动也停止了，DNA陷入某种类似休眠的状态并开始缓慢地分解。

虽然我们的DNA很坚强，哪怕我们死了它们也不见得会消失，但我们终究会变老，因为我们的细胞会衰老。正是细胞的功能衰退和崩解，把我们拉入了死亡的深渊。

违约

当我在前文中说细胞不能永生时，你可能注意到我加了一个前提条件：正常的细胞。因为有一类特殊的细胞能在适当的条件下挣脱死亡的束缚，它们就是癌细胞。

我们曾介绍过动物细胞与基因组达成了一份浮士德式协议。细胞被允许掌管基因组里的工具，用它们构建和供养生物体，而条件是细胞必须将基因组完整地传给下一代（负责执行这项任务的是生殖细胞，或者说卵子和精子）。这份协议之所以能有效执行，是因为生殖细胞固若金汤，它们几乎相当于DNA藏身的地堡，能让基因组免受日常生活中的种种伤害；而作为回报，基因组允许细胞在构建和供养生物体时使用自己。但这份协议其实非常脆弱，因为基因组不断地试图颠覆细胞的统治地位。一旦基因组谋反成功，癌症的魔爪就会扼住生物体命运的咽喉。

科学家第一次得知与基因组谋反有关的细节，要归功于一份细胞样本。该样本来自一位名叫海瑞塔·拉克斯的非裔美国女性，科普作家丽贝卡·思科鲁特曾把拉克斯的生平写成了非常动人的故事。1951 年，拉克斯因病被巴尔的摩当地的约翰斯·霍普金斯医院收治。她在那里被确诊患有宫颈癌，医学治疗最终未能挽救她的生命。在拉克斯住院期间，医生从她的子宫颈上取了一份样本并送去做实验室分析。同该院确诊宫颈癌的其他病例一样，这份样本的部分细胞被送到了医院的癌症研究员乔治·盖伊手上。当时仍有很多人相信卡雷尔培养的永生细胞，所以盖伊一直有一个雄心勃勃的想法：用人类的细胞复现卡雷尔的细胞无限传代实验。研究培养肿瘤细胞的方法还有额外的好处：它们存活的时间越久，盖伊能研究它们的时间就越长。这对寻找细胞恶变的源头和机制来说，无疑是潜在的利好消息。

尽管从未有人复现卡雷尔的实验，但盖伊的实验助手玛丽·库比切克仍决定动手尝试。她从海瑞塔·拉克斯的组织样本中取出细胞，其中既有子宫颈的正常细胞，也有肿瘤细胞。然后，她把这些细胞放入一支装有培养基的试管，并给试管贴上了一个写有"HeLa"（海拉）的标签，便离开了实验室。她本以为这些细胞活不过两三天，但几天后，当库比切克回来检查这批"海拉细胞"时，她震惊地发现试管里那些来自肿瘤组织的细胞非但没死，还在以惊人的速度增殖，它们的数量每天都能增加一倍。

海拉细胞传了一代又一代，完全没有停止的迹象，它们似乎真的不会死。如今，海拉细胞已成为生物学研究的重要素材，让我们对正常细胞和癌细胞都有了更深入的认识。海拉细胞的后代被用于疫苗的检测和生产，让制药公司赚得盆满钵满。直到今天，这种细胞对生物学实验来说依然不可或缺。

海拉细胞为我们讲述了两个故事：一个故事关乎细胞的起源和身份，另一个故事的主题是永生。在第一个故事里，正如科学家和伦理学家当年难以判断冻存的囊胚从何时开始成为个体，以及它们应当属于谁，海拉细胞也存在同样的问题。拉克斯的家庭成员还有其他一些亲属，一直在为这些细胞的归属权争论不休。他们认为，这些细胞是在拉克斯不知情的情况下从她体内的组织中取出的，所以它们应当属于"她"，并由此推论海拉细胞应当属于他们，因为他们和拉克斯有遗传上的直接关联。与此同时，世界各地的实验室今天使用的海拉细胞从来都不是拉克斯身体的一部分，而是当初那份组织样本里的细胞经过许多轮增殖得到的后代细胞。要说它们与拉克斯的细胞有什么关系的话，大概就只有DNA了。但就算是DNA，海拉细胞的基因组和拉克斯亲属的基因组也不相同，前者是后者的变异版本，或者说是叛徒，它们曾攻击过拉克斯的身体并将她杀死。人类细胞从何时开始才能算作某个个体的一部分？还有，我们应当如何在研究中规范地使用人体细胞？要想回答这些问题，只盯着DNA是远远不够的。

第二个故事则关乎海拉细胞为生物学的发展所做的贡献。海拉细胞的培养实验表明细胞或许真能永生，而这个发现恰恰出现在卡雷尔的细胞不死论被推翻的几年前。与卡雷尔不同，盖伊公开了自己的实验方法。无论哪个实验室向盖伊索要海拉细胞，他都会应允，并随细胞样品提供一份有关培养条件的说明，确保其他人能得到同样的实验结果，便于他们开展进一步研究（盖伊并未收取任何费用，这一点让得知此事的拉克斯亲属备感烦恼）。

但是，海拉细胞后来发生的变化，暴露了其不死特性的真实面目。无论在哪里，海拉细胞都能不停地增殖，并且在这个过程中变得越来越异常。针对各个实验室的跟踪调查显示，海拉细胞并不是一种组分单一的克隆细胞，而是一整个细胞家族；不同种类的海拉细胞在行为表现、基因表达和携带的DNA等方面均有所不同。这些细胞根本就不是拉克斯身上的细胞。拉克斯的细胞与正常人的细胞一样，都拥有 23 对染色体。今天的海拉细胞却不是这样，它们的染色体数目并不固定，从 35 对到 45 对都有。海拉细胞的基因组变得混乱不堪，由于基因组所受损伤十分复杂且独特，科学家甚至能据此追溯每一种海拉细胞的来源。很多科学家说，海拉细胞的基因组面目全非，这意味着严格按照定义，它们已经不能算人类细胞了。你永远不可能用这些细胞克隆海瑞塔·拉克斯，因为基因组里的遗传工具已经严重损坏且无法修复了。

这些突变虽然触目惊心，但它们反映了细胞癌变的机制。基因组违反了与细胞达成的浮士德式协议，导致拉克斯的子宫颈细胞开始分裂和增殖。这一切的起因很可能是某一个突变，它触发了一系列关联事件，对拉克斯的身体造成了严重损害。最终，突变使细胞瘫痪且无法自我修复，也无法与周围的细胞进行有意义的合作。与此同时，严重损坏的遗传工具反而成了癌细胞的帮凶，让它们能快速增殖。随着癌细胞的数量越来越多，它们开始侵入周围的空间，破坏组织和器官。

但是，肿瘤细胞也要靠身体提供增殖所需的营养，所以它们依然受到生物学规则的限制。如果不加区分地杀死人体内的所有其他细胞，那么肿瘤细胞也会死亡。于是它们学会了拉拢身边的细胞，让邻居为它们的私欲服务。癌细胞会向周围的正常细胞发送一系列信号，促进血管形成，这种现象在医学上被称为"血管生成"。肿瘤需要血管，而且是很多血管。

在体外，这种限制则不复存在。所以当库比切克开始培养拉克斯的细胞时，取之不尽的养分打破了生物体的限制，导致细胞完全失去了对基因组的控制。就这样，海拉细胞沦为基因组的载体，以最纯粹的形式印证了理查德·道金斯的"自私的基因"观点。随着海拉细胞的增殖，基因组变得越来越混乱。细胞在失去与其他细胞协作所需的遗传工具后本应很快死去，这些细胞如今却能存活下来。海拉细胞虽然获得了永生，但也为此付出了沉重的代价：只剩下一堆除自我复制之外几乎没有任何其他用处的基因。

　　在培育出海拉细胞后的几十年里，科学家在实验室里又获得了其他具有永生特性的细胞系。这些细胞系通常都来自肿瘤组织，并且表现出与海拉细胞相似的特征，包括突变引发的级联效应和DNA鲜明的自私特性。事实上，如果想让一个正常细胞获得永生，你只需要让它同一个癌细胞融合。然后，癌细胞会把这个正常细胞变成怎么都吃不饱、直到把宿主的身体榨干的同类。这与电影《异形》里的反派生物有几分相似。

　　癌细胞的行为表现之所以如此异常，原因可能在于，发生突变的基因大多与细胞的自组织密切相关。比如，在细胞的遗传工具中，有的基因参与了细胞的分裂和增殖，并在这个过程中帮助细胞实现相互沟通；有的基因负责检查和修复转录及翻译过程中发生的错误。海拉细胞的不同细胞系发生的突变也各不相同。不过，所有永生细胞系都有一个共同特征，这个特征位于染色体末端，科学家把这个位置称为"端粒"。

　　端粒的英文单词"telomere"源于希腊语"telos"，意思是"末尾"，因此端粒是指染色体末端的DNA。端粒由一种特殊的核苷酸重复序列构成，不编码任何蛋白质。它们如同快递里包裹易碎品的气泡纸，功能是保护染色体中负责编码蛋白质的主体部分不受损伤。不过，端粒同任何一段DNA序列一样，每天都在遭受各种各样的攻击。因此，端粒的长度能反映一个细胞的年龄：细胞的年龄越老，端粒的长度就越短。但是，细胞有一种能阻止端粒缩短的酶，这种酶被称为"端粒酶"。

海拉细胞及其他永生细胞系的端粒远比正常细胞的端粒长。这是因为在这些细胞内，端粒酶的活性高于正常水平。事实上，所有癌细胞的端粒酶水平都很高。秉持自私的本性，只要有机会，劫持了细胞的基因组就会把自己的需求放在第一位。

如果你给体外培养的细胞提供端粒酶，它们就能不断地分裂和增殖，产生一代又一代新细胞，最终突破海弗利克极限。但这并不意味着这些细胞不会变老：它们可以无限增殖，而与此同时，它们也在衰老。这让人想起希腊神话中那个关于提托诺斯和黎明女神厄俄斯的故事。厄俄斯爱上了特洛伊国王的儿子、凡人提托诺斯，于是她请求宙斯赐予提托诺斯永生。宙斯同意让提托诺斯长生，却未承诺让他不老。后来，厄俄斯发现自己不得不永生永世照料提托诺斯。正如这个希腊神话故事所言，要同时做到长生和不老是非常困难的。本章开头提及的Altos Labs应该对此提高警惕。

海拉细胞并没有为我们指明返老还童的方向，因为这些细胞的掌控权已经彻底落到了基因组手里。不过，我们的身体里还有另一种在努力争取永生的细胞。这些细胞改写了浮士德式协议，让它偏向了对生物体有益的一边。

一个全新的你

就在你阅读这段文字的时候，你的肠道里正在发生一场艰苦卓绝的战斗。战斗的一方是你上一餐吃下的食物经过消化的副产物，另一方是你的肠道细胞及其盟友——肠道细菌。肠道细菌与你的身体建立了互惠互利的关系，它们帮你消化食物和吸收营养；作为回报，你允许它们在你的肠道里安家。绝大多数时候，胜利的一方都是你肠道里的细胞联军，即便如此，伤亡也在所难免。每一天，你的体内都有超过10亿个肠上皮细胞死去。除非患上某种严重的疾病，否则你根本感觉不到这种规模的细胞伤亡。这是因为在肠道表皮之下，有一群特殊的细胞在兢兢业业地工作，它们持续产生一批又一批新细胞并被送往前线。多亏了它们，你的肠上皮才能在一周左右的时间里彻底更新一次。

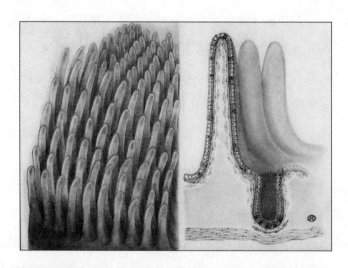

图 29　肠道表面貌似地毯，一大块上皮细胞通过折叠形成绒毛（左图），以这种方式增大肠道表面积，以便更好地执行从食物中吸收营养的功能。右图中，绒毛的横切面清楚地展示了肠隐窝，肠道干细胞就藏在隐窝这个由其他细胞围成的细胞龛里。干细胞的工作方式如同一条传送带，细胞从隐窝的底部开始，逐渐向顶部移动。在肠上皮里移动的过程中，细胞走完了它们从出生到工作再到死亡的一生。在这张图中，不同类别的细胞以不同深浅的阴影表示

这些特殊的细胞被称为干细胞，如果命名是因为在细胞生长和分化的树状图里，它们位于"茎干"（或者说"根部"）的位置。干细胞具有一些非常特殊的性质。首先，它们是每个组织的细胞蓄水池，能为组织贡献不止一种类型的细胞。以肠道为例，肠道干细胞可以变成各种负责消化食物的细胞。干细胞之所以能源源不断地为机体提供新细胞，原因在于它们的分裂不仅是为了产生工作细胞，还是为了自我复制，将供应工作细胞的潜力保存下来。许多干细胞都是永生的，或者说至少能跟我们活得一样久。除了肠道，它们还存在于人体的其他部位。比如你的皮肤，在那里干细胞产生的新细胞前仆后继，填补着因日常损耗而脱落或受损的皮肤。多亏了它们的努力，你的皮肤才能每个月彻底更新一次。最了不起的要数骨髓里的造血干细胞，它们每秒钟都能产生数百万个新细胞。每一天，你的体内都有 20 亿个红细胞倒在运输氧气的路上，造血干细胞会默默地帮你填补上。因此，我们应该对它们心存感激。

干细胞也会衰老，只是衰老得非常缓慢。它们似乎是通过控制自己的增殖和生命周期，才让端粒和线粒体一直保持年轻的。对于我们的身体每天遭受的持续不断的损伤，干细胞便是我们的应变之道。尽管各个组织和器官的细胞经常遭到毒物、辐射、感染、损伤及其他各种因素的伤害，但在绝大多数情况下，你的组织和器官都不会因此停止工作。对此，最大的功臣自然是干细胞，它们总在忙着用新的细胞替代将死或已死的细胞。

除了少数例外，人体的绝大多数组织和器官里都有干细胞，确切地说是都有"成体干细胞"，因为它们是发育成熟的人体的一部分。而成熟的心脏就是少数例外之一；此外，我们在过去很长一段时间里认为大脑也没有干细胞。20世纪的大多数时候，科学家一直认为脑细胞的数量在人出生后不久就固定下来了。如果有神经元被摧毁，你的大脑就只能拆东墙补西墙，或者付出让你的认知功能产生缺陷的代价。但到了20世纪90年代，作为60年代的一批先锋研究的后续成果，科学家逐渐发现了可以驳斥这种看法的证据。在小鼠和家兔用来处理气味的脑区（嗅球），新的神经元以非常高的频率产生。考虑到敏锐的嗅觉和对气味的记忆攸关这两种动物的生死存亡，这种现象倒也合情合理。那么，我们的大脑是否也会用类似的方式来维持正常运转呢？

要在实验动物的大脑（或者其他任何器官）中检测是否有干细胞并不难。这类实验的原理可以简单概括如下。我们用特殊的有机染料或有机分子给单个细胞的DNA染色。如果这个细胞不分裂，我们做的化学标记就会一直留在这个细胞内；如果这个细胞发生分裂，那么每分裂一次，它的化学标记含量就会减少一半。因此，我们只需要检测一个细胞内有多少DNA受到了标记，再计算这个含量同最初那个细胞中的化学标记含量的比值，就能知道这个细胞相对于第一个细胞的年龄。这种技术被用于计算各种动物的"细胞更新"（一个组织或器官需要多少时间才能把原有的细胞全部替换成新的细胞）的速率。然而，在人类身上做这种实验跟在人类身上做其他任何实验一样，都因为不符合伦理而不可行，至少是不妥当。但是，天无绝人之路，弗雷德·盖奇及其同事在某些癌症患者身上看到了契机：出于治疗的目的，这些患者被注射了一种能与他们的DNA结合的药剂。当盖奇等人在有些患者去世后检查他们的大脑时，发现他们大脑的某些区域有细胞分裂的迹象，尤其是海马区一个被称为"齿状回"

的结构，这个脑区在人的学习和记忆功能方面扮演着核心角色。[3]

尽管这个发现十分引人遐想，但同样的情况也会发生在健康人身上吗？为了回答这个问题，2005—2015 年，斯德哥尔摩卡罗林斯卡医学院的柯丝蒂·斯波尔丁和约纳斯·弗里森开展了一项极富想象力的研究。[4]

像对待癌症患者那样用药物分子标记正常人的脑细胞，实在是太冒险了。但斯波尔丁和弗里森意识到，一项发生在 1955—1963 年的纯天然实验已经替他们完成了标记这一步骤。在冷战最紧张的时期，美国和苏联都曾在地表进行过核武器试验，试爆的核弹导致地球大气中充斥着一种碳的稀有同位素——碳-14。当人们呼吸空气时，这种同位素涌入了他们的细胞。此后，这些同位素便留在细胞内，作为这些细胞自那时起就已经存在于地球上的标志。1963 年，核武器试验终止，而那些在试验期间出生的人相当于被"脉冲式"地注入了这种罕见的同位素。只要在这些人的组织和器官内检测和追踪碳-14 的含量，我们应该就能得到一些与细胞的前世今生有关的信息。这项研究的基础正是碳-14 的粒子性质。

地球上大部分的碳原子都由 6 个质子和 6 个中子构成。但碳-14 不一样，它有 6 个质子和 8 个中子，这种结构不太稳定。随着时间的推移，碳-14 发生衰变，它最后会变成含 7 个质子和 7 个中子的氮原子。其半衰期非常精确和稳定：每过 5 730 年，物体内碳-14 的含量就会减半。考古学家据此发明了碳-14 定年技术，用于确定古老有机物的年代，结果的误差仅在正负两年之间。斯波尔丁和弗里森正是利用这项技术估算了人体各个组织和器官的细胞更新速率，其中就包括大脑。

　　他们从生前同意参与该实验的志愿者尸体上采集了组织样本，并用碳–14 定年技术对已确定会自我更新的细胞进行了分析。不出所料，在这些出生时地表有过大规模核武器试验的人体内，斯波尔丁和弗里森发现肠道细胞和皮肤细胞远比其他部位的细胞年轻。干细胞的确履行了自己的职责。来自大脑皮质（布满沟回、与感觉和认知功能有关的大脑灰质）的样本则显示，神经元里的碳–14 未经任何稀释，也就是说这些细胞没有发生过分裂。但是，在大脑海马区的深处，斯波尔丁和弗里森在一个叫齿状回的区域发现了碳–14 被稀释的迹象，这与盖奇的研究结果不谋而合。作为学习和记忆的中心，齿状回对人的意义不亚于嗅觉对啮齿动物的重要性，而细胞的自我更新能力无疑对这两项功能有利，因此这个发现让人觉得合情合理。斯波尔丁和弗里森估计，成年人的齿状回每天都会产生数百个新的神经元。

　　这个引人入胜的发现并没有让所有人信服。近几年又有一些研究支持原先的主张，即认为人脑在人出生的几年后就不会或几乎不会再产生新的细胞了。关于这个问题，未来几年还有很多值得深究的地方，但无论如何，神秘的齿状回肯定发生了某些不同寻常的事。

　　斯波尔丁和弗里森还用碳–14 定年技术测定了人体其他组织和器官的年龄，同样取得了出人意料的发现。总体而言，我们的身体比预想的更年轻。除了肠道、皮肤和血液的细胞会频繁更新，人体骨骼每 10 年就会重建一次。就连你身上的脂肪细胞也不会永远赖在那里什么都不做，它们每 8 年就会更新一次。利用同样的技术，斯波尔丁和弗里森还发现，有些人体组织在人出生后真的没有任何更新过的迹象，比如眼睛里的晶状体和心脏的细胞。

我们可以从这些发现中看出，人体并不是一个在人出生后就只能慢慢走向衰老的静态系统。人体不光有各种各样的基因组，就连不同部位的年龄也各不相同。每个组织和器官都有自己的节律和逻辑，虽然构建它们的干细胞的DNA相同，但它们只按自己的时钟运作。造成这些差异的确切原因目前仍是个谜，但有一点显而易见：每一年，构成你身体的绝大多数细胞都会发生改变。细胞和基因组不停地变样，它们彼此之间的差异越来越大，今天的你永远都不再是昨天的你。

细胞的成衣

干细胞虽然神奇，却非常难以观察。肿瘤细胞非常乐意在培养皿里现身和增殖，干细胞则不同，它们很害羞，更愿意藏身于细胞龛（一种由细胞构成的微环境，位于各个组织和器官的深处，我们至今无法通过人工的方式在实验室里复现这种微环境）。

一旦离开它们天然的藏身处，干细胞就会迅速失去其特殊的状态，变成特化细胞，耗尽潜能，然后死亡。这就是为什么这么多年来，科学家始终只能靠在实验中观察到的干细胞功能，反向推断生物组织里有干细胞存在。世界上第一个明确显示干细胞存在的证据出现在20世纪60年代，起因是多伦多大学的生物学家欧内斯特·麦卡洛克和物理学家詹姆斯·蒂尔想知道，既然血细胞的寿命很短，人体如何保证我们在一生中有足够的血液供应。蒂尔放射处理对照组的小鼠，杀死了它们的血细胞，继而导致对照组的小鼠全部死亡。与此同时，他用同样的方法处理了另一组小鼠，但给它们注射了来

自健康小鼠的骨髓细胞。实验组的小鼠不但没有死，而且健康快乐
地过完了一生，目睹这个结果的蒂尔和麦卡洛克得出了很多结论。[5]
其中一个结论是，这个实验表明，骨髓中的某些细胞有能力在其他
生物个体内重新安家落户，哪怕二者的基因组并不相同，这些细胞
也可以恢复另一具机体的血液供应。这项研究促成了骨髓移植术的
诞生，让我们有了治疗某些疾病的方法，比如白血病这种由患者的
骨髓产生大量功能异常的白细胞引发的病症。即便如此，由于始终
没有人能实现干细胞的体外培养和分离鉴定，骨髓中含有造血干细
胞的说法也仍然只是个假说。

　　不过，近些年科学家开始学习如何获取其他类型的干细胞并用
于实验室研究，而且这方面的研究成果十分喜人。21 世纪初，当时
还在荷兰乌得勒支大学任教的汉斯·克拉弗斯领导着一个团队，对
人类肠道的再生能力（尤其是肠道干细胞使用的基因组工具）展开
了研究。克拉弗斯及其同事发现，小鼠体内的这些干细胞表面有特
殊的蛋白质，我们可以根据这些蛋白质识别它们。接下来的难题是，
如何从体外培养的细胞里将它们分离出来。

　　研究团队的胃肠科医生佐藤敏郎接受了这项挑战，他打算利用
这些细胞表面的标志物，通过不断试错摸清楚培养条件，争取在体
外复制肠上皮细胞的细胞龛。在佐藤终于成功地将肠道干细胞分离
出来后，它们的表现却出乎所有人的意料：几天后，实验室培养的
细胞不仅存活下来、能够增殖，而且呈带状排列的正常肠道细胞变
成了一种外面带突起的空泡状结构，有数量不等的干细胞以相等的
间距分布在这种空泡的底部。这些体外培养的干细胞重现了肠道的
三维结构，培养皿里的空泡相当于迷你版肠道。[6]

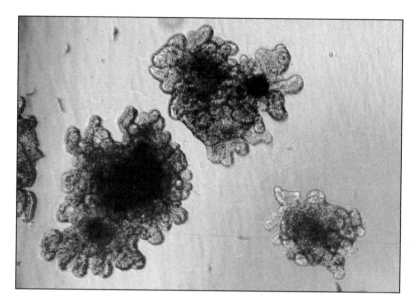

图 30 人类肠道的类器官，也被称为迷你版肠道，由成体肠道干细胞形成

又过了几天，这个迷你版肠道已经生长到连培养皿都装不下了，研究人员不得不将它打散。园艺师会用剪下的枝条培育新的植株，与此类似，迷你版肠道的碎片也被用作培养新结构的种子。每一块碎片都能长成新的迷你版肠道，理论上这个过程可以不断重复、无休无止。于是，科学家头一次发现体外培养的细胞不需要发生癌变，只要通过不断自我重调就能获得永生。

我之所以在这里说"重调"而不是"重构"，是因为这些迷你版肠道并非真正的肠道。它们都是"类器官"，也就是器官的简化和微缩版本。类器官与成熟器官不同，只要条件合适，它们就能永远保持可再生的稚嫩状态。迷你版肠道长不出血管，这对它们的结构和功能而言是一种限制。举个例子，迷你版肠道里不会出现免疫细胞，所以一旦培养基受到污染，它们就非常容易死亡。另外，它们也不会与任何其他组织或器官建立联系，因此，那些我们在人体的正常器官中司空见惯的行为表现和功能，在迷你版肠道里是看不见的。尽管如此，正因为我们能在体外研究它们，类器官让我们知道了很多与细胞如何构建器官和组织有关的事。

佐藤培养类器官的秘诀在于化学信号。他像炼金术士一样，用各种各样的化学信号模拟出干细胞所在细胞龛内的天然环境。其中一种成分是信号蛋白Wnt，我们在第5章里提过，这种分子在原肠作用之舞的编排中扮演了重要角色。另一种成分是名为人工基膜的胶状物质，它由肿瘤细胞分泌，含有超过1 500种化合物。如果没有这种胶状物质作为基质，那么什么都不会发生。它的功能似乎是帮助干细胞维持肠上皮的结构，而这种结构是证明这些细胞身份的必要元素。不过，即使用上Wnt和人工基膜，这个实验也不是次次都能成功。

为了让干细胞以更高的概率存活下来并形成迷你版肠道，佐藤不是用一个细胞，而是用两个细胞（一个干细胞和一个普通的肠道细胞）作为培养的起点，让干细胞像在天然的肠道里一样与普通细胞为邻。这一点非常关键。与形单影只的情况相比，有了可以沟通的伙伴后，干细胞会更高效地形成相应的人体结构。事实上，当只有一个干细胞时，它做的第一件事就是自我复制，第二件事是让其中一个细胞变成普通的肠道细胞。随后，这对细胞才会齐心协力地着手构建迷你版肠道。为了得到肠道的类器官，我们需要两种细胞的精诚合作。

这里所说的合作并非只有化学信号的交换。细胞同样会利用组织结构的几何学信息，以及由细胞之间互相推搡挤压而产生的力学信息。我的同事、目前供职于罗氏制药的马蒂亚斯·卢托夫一直在用微细加工和工程学技术引导迷你版肠道的生长，他试图让干细胞自发形成的囊状结构纵向发展，长出能容纳干细胞的隐窝，从而使迷你版肠道变得更像天然肠道。新一代的迷你版肠道的用途会更加广泛，尤其是对于临床试验，而且有的设想已开始走向实践。

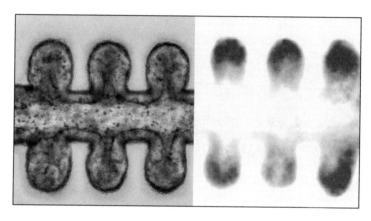

图 31　利用工程学技术，让小鼠干细胞形成的肠道的类器官拥有管道状外形，更接近天然的肠道（右图：染色显示，干细胞位于隐窝底部）

　　如今，用成体干细胞构建的迷你版肠道已经作为疾病和感染的模型，被用于药物测试。而同样的测试如果采用传统的动物试验，不仅价格十分昂贵，往往也不可行。2018 年，伦敦癌症研究所的尼古拉·瓦莱里及其同事公布了一项引人注目的研究。他们先用癌症患者的干细胞培养出迷你版肠道，然后分别监测了抗癌药物在迷你版肠道和患者肠道里的效果。迷你版肠道和患者肠道对药物表现出相似的反应。[7]这表明类器官的确能被用于药物的测试和筛查，我们可以用它们检验哪些药物对患者的好处最多而伤害最小，无须以患者的健康作为试错的代价。在另一个更加惊人的概念验证实验里，研究人员将迷你版肠道植入小鼠体内，结果发现迷你版肠道被整合到天然肠道里。这意味着在未来的某一天，我们或许可以用类器官来修复受损的人体组织和器官。[8]

绝大多数组织和器官都有自己的干细胞，如果肠道干细胞可以形成迷你版肠道，那么我们应当可以如法炮制，培育出大部分脏器的类器官。事实的确如此，在过去的几年里，各种各样的类器官都被成功培养出来：迷你版肝脏、迷你版肺、迷你版胰脏，还有皮肤的类器官。这些类器官的培养实验大多使用的还是小鼠干细胞，但人类干细胞的出镜率也变得越来越高。对于促使细胞形成类似天然脏器的结构，信号分子Wnt和人工基膜似乎是必不可少的核心成分。令人不解的是，至今还没有人找到让造血干细胞产生血液的方法。造血干细胞的容身之所位于骨髓深处，那里的微环境想必迥然不同，所以我们还需要做更多的研究。

各种器官和组织内的成体干细胞都承担着明确且固定的职责，它们位于哪个部位，就负责支持哪个部位。比如，肠道干细胞只能变成肠道细胞，造血干细胞只能变成血细胞，皮肤干细胞只能变成皮肤细胞。然而，有一类特殊的干细胞能变成你体内的任何细胞，甚至变成其他干细胞，它们被称为"胚胎干细胞"。这种细胞的发现纯属偶然，但对那些希望细胞永葆青春的人来说，胚胎干细胞无疑会令他们魂牵梦绕。

永生之岛

20 世纪 50 年代，美国缅因州巴尔港杰克逊实验室的新晋博士研究生勒罗伊·史蒂文斯接到了一个课题：调查卷烟纸是不是导致肺癌及其他与抽烟有关的癌症的元凶。同往常一样，他选择以小鼠作为实验对象，这一次他用的是一种代号为 129 的小鼠品系。某一天，他注意到有一只小鼠的阴囊肿得很大。在切开这只小鼠的睾丸后，他发现里面有许多不同类型的细胞乱糟糟地挤作一团：属于牙齿、毛发、肌肉的细胞，还有一些他一时之间也分不清楚的细胞。类似的赘生物被称为"畸胎瘤"，它的英文单词"teratoma"源于希腊语"teratos"，意为怪胎。数百年来，畸胎瘤一直让医生好奇不已。

通常情况下，畸胎瘤是一种长在睾丸或卵巢里的良性肿瘤，可它们多样化的潜力令史蒂文斯颇感兴趣。于是，他决定把畸胎瘤细胞注射到其他小鼠皮下，看看它们能否在其他小鼠体内长成新的畸胎瘤。与此同时，他还把这种细胞注射到另一些成年小鼠腹内。史蒂文斯发现，这些细胞在腹腔液（一种在所有腹部器官之间起润滑作用的体液）里如鱼得水，它们形成的赘生物虽然模样古怪，但只要你受过专业训练，就会发现这些结构像极了即将启动原肠作用的细胞团。被这种相似性深深吸引的史蒂文斯想知道，如果把早期胚胎细胞注入 129 品系小鼠的睾丸里，它们是否也会长成肿瘤。结果确实如此，在接下来的 20 年里，史蒂文斯一直在观察畸胎瘤细胞的行为表现和结构，他称这些细胞为"胚胎性癌细胞"。他耐心且翔实地记录了自己的观察结果，这些实验报告为"生命的不老之泉"（胚胎干细胞）的发现铺平了道路。

史蒂文斯研究的小鼠畸胎瘤细胞，尤其是它们与胚胎细胞的相似性，引起了科学界的关注。肿瘤细胞为何能回调到胚胎阶段？对这个问题产生兴趣的其中一位科学家是宾夕法尼亚福克斯·切斯癌症中心的胚胎学家比阿特丽斯·明茨。明茨在 20 世纪 60 年代发明了一种培育嵌合体小鼠的技术，做法是分别从只有 8 个细胞的白色小鼠囊胚和黑色小鼠囊胚中提取细胞，然后将它们拼凑到一起。1975 年，明茨报告称，通过将一只黑色的 129 品系小鼠的胚胎性癌细胞注射到一只白色小鼠的囊胚内，她得到了皮肤上有黑白色块的成年小鼠。也就是说，她用肿瘤细胞培育出了健康的嵌合体小鼠。进一步的分析发现，来自 129 品系小鼠的细胞被整合到了那只成年小鼠的所有组织中，唯一的例外是它们的种系细胞（包括卵子或精子，以及原始生殖细胞），而且这些生殖细胞无法产生后代。这个发现十分耐人寻味，因为胚胎性癌细胞正好来自生殖细胞肿瘤组织。这表明胚胎发育可以逆转肿瘤，使肿瘤细胞的生长恢复正常，并让它们参与正常的发育过程。但令人意想不到的是，这方面的研究居然从此没了下文。

胚胎性癌细胞的行为表现引发了一个疑问。类似这种能参与小鼠正常发育的细胞是否存在于正常的动物体内？[①] 1981 年，当时任职于剑桥大学的马特·考夫曼和马丁·约翰·埃文斯，还有任职于加州大学旧金山分校的盖尔·马丁，分别独立地取得了最早的研究成果。当把发育早期阶段的小鼠胚胎细胞（具体来说是植入子宫前的囊胚细胞）放进适合生长的环境里培养时，他们发现细胞形成了一个个行为表现类似于胚胎性癌细胞的小集落。随后，他们又把这些胚胎细胞注入了囊胚。同明茨的实验结果一样，这些囊胚最终发育成了嵌合体小鼠。不过，与胚胎性癌细胞参与形成的嵌合体小鼠不同，这些成年的嵌合体小鼠可以生育。马丁给这些细胞取名为"胚

① 129 品系是一种容易发生癌变的小鼠。——译者注

胎干细胞"，因为它们来自发育中的动物，而且能够产生除自己以外的其他细胞，这与干细胞的特点一样。

如果小鼠有胚胎干细胞，那么人类也应该有。因为二者的囊胚非常类似，囊胚细胞使用的工具也很像。一场寻找人类胚胎干细胞的大戏由此拉开序幕，可直到将近 20 年后的 1998 年，科学家才提取到这种人类版本的"魔法细胞"。这要归功于体外受精技术让人工培养囊胚成为可能。取得这项研究突破的是美国科学家约翰·吉尔哈特和詹姆斯·汤姆逊，他们成功培养出一些细胞，这些细胞表现出很多与小鼠胚胎干细胞相似的特性。但问题是，他们如何证明这些细胞具有多能性，并且能形成外胚层、中胚层和内胚层这三个胚层？又如何证明它们是真正的胚胎干细胞？测试多能性的常规方法是，将待测细胞与早期胚胎细胞混合，看它们能否形成嵌合体。但是，与寻找大脑干细胞的情况一样，你不能仅因为怀疑一种细胞是胚胎干细胞就把它注入人类的囊胚，然后观察会发生什么事。考虑到这一点，他们转而把这种疑似的人类胚胎干细胞注入免疫功能低下的小鼠体内。如果这些是如假包换的干细胞，它们应当就会生长；如果这些细胞具有多能性，它们就会像小鼠的胚胎性癌细胞和胚胎干细胞那样长成肿瘤，而且肿瘤内应该包含各种类型的细胞。结果是，这种疑似的人类胚胎干细胞的确表现出了这种性质。直到今天，这依然是测试人类胚胎干细胞是否具有多能性的标准实验。

人类胚胎干细胞的发现开启了医疗技术创新的新纪元。只要科学家知道该如何引导胚胎干细胞变成特定的组织，他们就可以在体外培育神经细胞，然后用这些细胞修复患者受损的脊髓，让四肢瘫痪的人恢复运动能力。我们或许还可以引导胚胎干细胞变成心脏细

胞，然后将其注射到心脏病发作后遗留的疤痕组织里，帮助患者修
复心脏。我们甚至有可能引导它们变成脑细胞，用于替换帕金森病
患者脑中那部分功能异常的细胞。这项技术的应用前景不可限量。
如果说这个世界上真的存在传说中的不老泉，那么它神奇的泉眼肯
定藏在胚胎发育的早期阶段，就在那些还未分化且可以变成任何类
型细胞的细胞里。

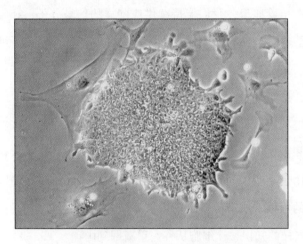

图 32　胚胎干细胞集落，边缘的细胞正在发生分化

　　尽管针对胚胎干细胞的研究仍处于起步阶段，但我们已经对这
些细胞的运作方式有了一定的认识。首先，我们知道这些细胞只需
使用很少的遗传工具（4 种转录因子和 3 种其他蛋白质），就能维持
时间停滞般的年轻状态。在这些分子中，有一种尤为关键。这种分
子的发现者是爱丁堡大学的伊恩·钱伯斯、奥斯汀·史密斯，还有京
都大学的山中伸弥，他们将其命名为 Nanog，这个名字源于（苏格
兰）盖尔神话中的提尔纳诺岛（Tír na nÓg），据说那里的时间不会
流逝。该分子本质上是一种分子扳手，胚胎干细胞需要依靠它来启用

其他遗传工具，比如转录因子Sox2、Oct4、Klf4和Esrrb。如果缺少Nanog分子，就算有这些转录因子，细胞也会很快丧失多能性。

胚胎干细胞维持年轻状态还有一个重要基础，那就是它们将自己浸泡在一系列信号分子中。这种分子"鸡尾酒"的成分，与胚胎启动原肠作用、细胞确定最终落位时使用的配方大致相同，包括FGF、Nodal和Wnt。对自然发育的动物来说，这些信号往往稍纵即逝；但在培养皿里，我们能持续供应同样的信号分子，让细胞一直保持多能性。虽然科学家通过人为添加的方式确保胚胎干细胞能获得充足的信号分子，但它们也会自己分泌这些物质——它们仿佛感觉到自己身处的环境无法支持原肠作用和胚胎发育的完成。

细胞利用信号传输（细胞之间的相互作用和对话）来决定自己的命运和身份，我们已经看到了很多类似的例子。正是靠这些信号分子作用于某些事先存在的基因回路，细胞才能稳稳地停留在沃丁顿景观的山顶，或者沿特定的山坡和峡谷滚落到谷底。我们或许可以利用同样的知识，让细胞从谷底重新回到山顶。

回到未来

在亲眼见证转录因子对胚胎细胞产生的影响后，山中伸弥萌生了一个大胆的想法，他认为自己或许能动手接管整个过程。只要配方正确，分子"鸡尾酒"可能就会把成熟的体细胞转化成胚胎干细胞。约翰·格登的实验，还有多莉羊的诞生，这些先例都表明细胞的状态是可逆的。话虽如此，但寻找分子"鸡尾酒"的配方依然是一件主要看运气的事。

山中从统计小鼠多能细胞表达了哪些基因入手，尤其关注那些只在发育的早期阶段表达的基因。他得到了一份包括 24 个基因的清单。随后，他和他的团队将这些基因全部导入成纤维细胞（一种负责修复人体的细胞）。在这样的化学环境下，细胞被迫合成了一些它们在正常情况下并不会合成的蛋白质。不出所料，几天后，有一小部分成纤维细胞转变为多能细胞。在这 24 个基因中，有一个或几个携带着某种代码（一种类似"时间机器"的数据恢复软件），能让细胞回到发育的早期阶段，回到沃丁顿景观的山顶，恢复到分化前的样子。[9]

在证明细胞的转化有可能实现之后，山中接下来要做的就是缩小范围，确定实现这种"时空穿越"最少需要多少个基因。他得出的结论是 4 个，分别是 *Sox2*、*Klf4*、*Oct4* 和 *Myc* 基因。这 4 个基因编码的都是转录因子，其中 3 个对细胞维持多能性来说至关重要。出人意料的是，Nanog 分子竟然不是这款蛋白质"鸡尾酒"的必要成分。不过，这 4 种转录因子最终还是会合力启动 Nanog 的合成过程，Nanog 的激活标志着细胞到达了命运的终点。

山中用这 4 种蛋白质对小鼠细胞进行了重编程，又把得到的多能细胞植入发育早期的小鼠胚胎。多能细胞和谐地融入了胚胎，同后者一起构建出一只健康且具有生育能力的小鼠，这只小鼠的后代同样健康且具有生育能力。这证明上述 4 个转录因子的确使细胞的状态回到了发育的起点，能重新变成任何器官或组织。山中称这些重编程细胞为"诱导多能干细胞"。后来，山中及其同事又用人类的成纤维细胞上重复了该实验，经过层层筛选和淘汰，他们最终得到的人类蛋白质组合与小鼠的无异。[10]

多莉羊、戈登的蛙、山中的诱导多能干细胞，虽各不相同，却殊途同归。尽管山中的实验结果让那些在细胞中寻找"不老泉"的人精神为之一振，但山中找到的转录因子与那些在自然状态下将成体细胞重编程为卵母细胞的转录因子之间究竟是什么关系，这个问题目前仍是个谜。除此之外，山中的转化手段也不太高效。有成千上万的细胞获得了这4个基因，但每1 000个细胞里只有一个发生了真正意义上的重编程。山中的转录因子能否起效，似乎主要取决于细胞的状态。

尽管如此，但细胞重编程确实有助于延长端粒，并提高线粒体的供能效率。细胞"看上去"更年轻了，山中的转化手段似乎让细胞和基因组重新就那份浮士德式协议进行了谈判。Altos Labs的成立在很大程度上正是基于这些确凿无疑的新发现，这家公司的研究人员目前正在调整和试验山中的分子"鸡尾酒"，他们希望有朝一日能用这种方法对人类的细胞进行有效的重编程。

我们将拭目以待。在重编程的过程中，细胞内肯定发生了某种有趣的变化，虽然许多科学家把注意力放在了受山中的分子"鸡尾酒"调控的各种基因上，但最重要的变化显然发生在细胞整体的层面。无论基因"鸡尾酒"通过怎样的方式影响DNA，它们都终将干扰细胞内的其他蛋白质，并唤醒某些分子通路（比如细胞活动的控制中心mTOR，参见62页）。这个领域想取得惊天突破很可能还要再过几年，但这一路上应该会有不少令人惊喜的发现。

无论如何，诱导多能干细胞和类器官让我们看到了细胞如何利用基因构建组织、器官和生物个体。最关键的是，它们可以用作再生医学的工具。在所有的实际应用场景中，这些诱导多能干细胞（常用缩写"iPSC"表示）都等同于胚胎干细胞，并被认为可用于制造器官和组织。诱导多能干细胞的优势在于，它们并非来自囊胚，也就可以绕过使用人类胚胎的伦理学难题。从这个角度看，它们拥有无与伦比的价值。

拼凑而成

如何用胚胎干细胞获取其他细胞的相关研究，不断给我们带来惊人的发现。2012 年，对神经系统的发育怀有浓厚兴趣的著名科学家笹井芳树，开始尝试用各种方法探究小鼠的胚胎干细胞，希望借此认识哺乳动物大脑的发育方式。某天，他在检查一位同事实验用的细胞时看到了惊人的一幕：一个视杯（尚在发育的小鼠胚胎的眼睛）出现在其中一个培养皿里，周围还有一些大脑碎片。[11] 眼睛是一种复杂的结构，它不仅包含了许多不同类型的细胞，而且细胞排布的密度及细胞之间的几何结构关系都有严格的规范。这也是为什么在培养皿里看到初具雏形的小鼠眼睛会让笹井震惊不已。他试着用同样的培养基和培养条件培养了人类的胚胎干细胞，结果再次观察到了带有脑组织且外形酷似眼睛的结构，而且这一次它更大也更立体。[12] 细胞似乎知道自己属于哪个物种，在构建眼睛的时候居然还相应地调整了尺寸！

从前的科学家发现了迷你版肠道，如今新的一批科学家又发现了迷你版大脑。就在笹井公布该发现的一年后，维也纳的奥地利科学院分子生物技术研究所的两位科学家马德琳·兰开斯特和于尔根·克诺布利希，首次展示了大脑的类器官。[13] 这种由多层细胞堆叠而成的小型结构，是神经干细胞、神经元和其他大脑细胞的混合体。迷你版大脑是用诱导多能干细胞培养得到的，有褶皱和隆起，模样

像极了人的大脑皮质。但是，它不能像人脑一样工作，因为它没有
跟人体相连。没有感觉器官输入信息，它既不能做出反应，也无从
学习；没有建立心脏或肺的反馈回路去调节激素的释放，也没有可
供它支配的肌肉，它几乎不能算一个大脑。但是，迷你版大脑也并
非一无是处，它为我们研究人类的脑部疾病提供了路径。

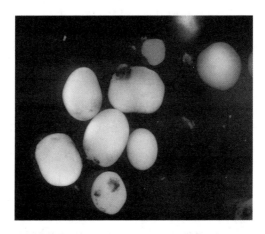

图 33　人类胚胎干细胞在培养皿中形成的数个迷你版大脑。黑色的斑点与染色
的上皮有关，位于类似眼睛的结构内

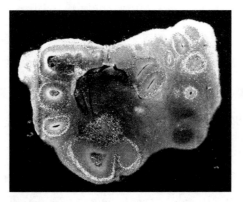

图 34　人类迷你版大脑横切面，可见神经元的层次，与大脑皮质结构十分类似

自 2015 年以来，大脑的类器官模型开始被大量应用于实验，因为当时的医生发现新生儿中小头畸形的病例数量出现了异常飙升。小头畸形的症状是头部偏小，大量脑组织缺失。绝大多数病例的病因都是母亲在怀孕期间或幼儿在发育过程中感染了寨卡病毒，这种病毒通过蚊子的叮咬传播。在卫生部门的快速反应下，寨卡病毒的传播虽然得到了控制，但病毒本身并未被根除，而且针对感染者，目前还没有有效的治疗方法。为了防止寨卡病毒以后卷土重来，我们最好能弄清楚为什么母亲在怀孕期间感染病毒后，有的孩子的大脑会发育异常，而有的不会。

通常情况下，涉及人类大脑的实验既不符合伦理，也不具有可操作性。显然，用活人的大脑做寨卡病毒感染实验是一件丧心病狂的事。不仅如此，有别于其他器官和组织，当研究对象是人脑时，用动物替代人进行实验的效果并不理想。这是因为相对于整个大脑的体积而言，人类大脑皮质的占比超过了其他任何动物。不管是人类的神经元，还是神经回路，它们处理信息的方式在自然界都是独一无二的。这种特殊性源于人类在发育早期、细胞还未分化的时候，就拥有数量远比其他动物庞大的大脑祖细胞。惊人的细胞数量，加上独特的神经回路，这似乎是人类的认知能力远超其他物种的原因；与此同时，要找到能类比人类大脑的实验对象却成了难题。为了研究人类大脑的发育方式，以及有哪些因素会阻碍它正常发育和发挥功能，只能用人类的脑组织进行实验，至少也得用灵长类动物的脑组织。幸运的是，迷你版大脑的出现让我们第一次能在符合伦理的情况下进行相关研究。

当时在约翰斯·霍普金斯大学任职的明国丽和宋红军利用寨卡

病毒感染发育到不同阶段的迷你版大脑，证明了寨卡病毒对大脑祖细胞极具攻击性。一旦感染了这些祖细胞，病毒就会限制它们增殖，为数不多的后代细胞最后通常也会死亡，因此，由同一批细胞形成的迷你版大脑，感染寨卡病毒的要比没有感染的体积小得多。[14] 这个发现当然不能用来治疗小头畸形，但它让我们对这种疾病的病因有了进一步的认识。

迷你版大脑还能为其他脑部相关疾病的起源和机制（以及研发可能的治疗手段）提供线索，比如阿尔茨海默病和孤独症。虽然在过去 10 年间，这两种疾病背后的遗传因素都受到了极大关注，但对至少 20% 的阿尔茨海默病患者来说，基因与他们的病症之间似乎没有什么关系。全世界仅有数百名阿尔茨海默病患者的病情是直接由基因导致的，只有不到 50% 的患者携带致病性的 *APOE*（载脂蛋白 E）基因，这会导致他们有更大的概率患上阿尔茨海默病——这种由突变基因抬高患病概率的情况已经是这种疾病与基因之间最密切的关联了。类似地，对于声称孤独症具有遗传性的说法，只要你深挖一下相关的研究，就会发现很多基因的突变都会增加孤独症的患病风险。显然，脑细胞利用基因的方式不止一种。导致这些脑部疾病的原因肯定也不只是基因，而迷你版大脑让我们有机会一窥细胞在这个过程中扮演的角色。

用胚胎干细胞培养类器官，并将这种技术与山中的重编程技术相结合，科学家就能得到胚胎细胞的个性化复制品。从理论上讲，他们可以用这种个性化细胞培养出构建特定组织和器官的各种细胞。比如，从一个患有神经系统疾病的人身上取出一些细胞并将它们放入分子"鸡尾酒"，促使它们转变成诱导多能干细胞；然后，将诱导多能干细胞放入另一种分子"鸡尾酒",促使它们形成迷你版大脑。你可以对这些个性化的类器官做任何想做的实验,比如,先弄清楚患者患病的原因和疾病发展的后果,再看看哪些药物对缓解他们的病情最有效。

尽管科学家还有很长的路要走,但目前有很多研究项目正在用类器官揭示细胞功能异常的原因。除了类似大脑的个性化结构,诱导多能干细胞还可以形成肌肉、胰脏和肠道的类器官。针对其中每一种类器官的研究,都为实现真正的再生医学增加了些许激动人心的可能性:试想有一天,你可以用自己身上的细胞培养完整的器官,满足自己的器官移植需要。

但眼下,对于细胞之间是如何相互作用的,我们的认识尚不完备。这些长在培养皿里的结构脱离了生物体,这里一块、那里一块,反倒让我们产生了某种不安的想法:会不会我们并不像自己认为的那样是一个完整的个体,而仅仅是一堆器官和组织拼凑而成的东西?

我花了很多年研究黑腹果蝇,因为我想从不同的角度理解基因、细胞和组织之间的关系。我也曾为想不通这些结构是如何形成的而垂头丧气。我早就知道在果蝇发育的早期阶段,大约是原肠作用期间,会有成群的细胞聚集在果蝇胚胎的特定区域,形成一个个小细胞团,它们被称为"成虫盘"。蛆从卵中孵化后,它们开始探索周围的环境,一边蠕动,一边进食。这些细胞团紧挨着其他活细胞,同它们一起吸收营养和生长。等到发育后期的某个时刻,蛆化为蛹。蛹里发生的事绝对会让人惊掉下巴:蛆的细胞死亡,而那些在原肠作用期间聚集到特定区域、体积已经不可同日而语的细胞团聚集起来，像堆乐高积木一样拼成昆虫的成体。深入的研究发现，每一个细胞团都对应着虫体的一个部分：这一团变成腿，那一团变成眼睛，还有一团变成翅膀，等等。成体每个部分的发育都互不相关，却能相互适配。这和培养皿里的迷你版大脑或迷你版肝脏不能说不类似，只不过胚胎里的器官并不是拼凑到一起，而是发育到一起的。

乍看之下，果蝇身体的组织方式似乎非常怪异，但类器官的存在暗示了人体的装配方式与此类似。如果我们能在培养皿里独立地培育出肠道、大脑和肝脏，我们人类与果蝇的差别很可能就没有那么大，各个器官装配到一起的过程或许比我们以为的要简单。

既然我们可以用诱导多能干细胞培育器官，尤其是培养大脑的类器官，有人就想到了用它们做别的事，比如克隆。他们认为，提取你身上的一个皮肤细胞，先把它变成诱导多能干细胞，再用诱导多能干细胞培养迷你版大脑、迷你版肠道、迷你版肝脏、迷你版胰脏，最后把这些迷你版器官拼起来，就像在果蝇体内发生的过程一样，看呀，这不就成了一个迷你版的人。

不过，别忘了你身上的每个细胞都是独一无二的，包括DNA的具体配置。山中的重编程技术同样会让细胞变得与原来不同。到头来，我们培养出的迷你版大脑不再是你的大脑了，就像CC猫与其供体"彩虹"毛色完全不一样。最重要的是，登上世界各大新闻媒体头条的迷你版大脑并不是真正的大脑，它的运作方式与人脑非常不同。在天然状态下，大脑中的神经连接是人类个体毕生经历积累的结果，而这种经历是实验室培养出的大脑的类器官所没有的。

生命的虚像

如果你有机会到瑞士玩，可以去湖边小镇纳沙泰尔走走。在当地的艺术与历史博物馆里，你会在一个圆形露天剧场的小舞台上看到三座外形酷似小孩的雕像，每一座高约 60 厘米，都穿着 18 世纪的服饰。一个音乐家、一个制图员，还有一个抄写员，这三件作品都出自钟表大师皮埃尔·雅克–德罗之手。如果你恰好在当月的第一个周六去了纳沙泰尔，那么你还能看到这些雕像动起来。

最先动的是音乐家，她优雅地弹奏着一架迷你羽管键琴，小小的手指拂过小小的琴键。接下来，制图员会拿起铅笔，从 4 个备选对象中挑一个为其画像，分别是国王路易十五、一对贵族夫妇、一条狗和驾驶战车的丘比特。他一边画，一边不时地把石墨碎屑掸掉。最令人拍案叫绝的要数抄写员，他把自己的羽毛笔伸进墨水瓶里，蘸上真的墨水，再用放在桌上的纸揩去多余的墨汁。做完这些，他才开始动笔。这个抄写员可以通过事先编程写出任何文字，只要长度不超过 40 个字符。书写的时候，他的眼睛会一直盯着笔下的字母。有人认为这个抄写员是世界上最早的可编程计算机，他由 6 000 个零部件组成，它们浑然一体、配合无间，其中用来设定书写内容的部分位于抄写员背部。

1770 年前后，当雅克–德罗潜心制作这些被称为"自动机"的奇妙装置时，世人正在为生物体由什么构成的问题而争得不可开交。当时，人类对行星物理学的认识还不足百年，一种模拟太阳系的机械模型（太阳系仪）非常流行。该模型模拟了每一颗行星的自转和公转，利用齿轮和轮盘，让它们在"叮叮当当"的声响中严丝合缝地维持着永恒的运动。既然宇宙可以是一台发条装置，生命系统为什么就不能如此呢？雅克-德罗的自动机正是这种想法的产物，他试图用齿轮、盘子和金属丝制造生命或者说生命的虚像。然而，即便是做工最精良的自动机，也缺少两个基本特征，而这两个特征足以区分生物和机械：自动机不会繁殖，也没有复原能力。

如果雅克-德罗生活在今天，那么他制作自动机时选用的材料一定是细胞，而不是金属。他不会用齿轮、盘子和金属丝，而是会用由细胞构建的类器官。不过，虽然雅克-德罗能控制自己作品的方方面面，通过编程决定它们活动的方式和时机，但在类器官里，一切都是细胞说了算。培育出类器官后，我们能做的就只是把细胞放到不同的环境里，然后看它们会做些什么。我们可以把一群细胞从一种药液转移到另一种药液里，并以直觉推断哪种信号、培养环境和物理条件会诱使它们变成迷你版肠道、迷你版肝脏或迷你版大脑。在某些实验流程中，细胞最后会做什么还带有相当一部分的运气成分。虽然类器官的照片十分令人惊叹，但我们应当承认，我们对细胞塑造的这些产物还不太了解。

不仅如此，培育（尤其是用胚胎干细胞培育）特定的类器官时，科学家无疑走了捷径。我们把细胞的分化引导到特定的方向上，却往往会忽略器官和组织应该长在胚胎里这个事实。器官和组织的种子细胞需要相互交换信息，这种沟通会深刻影响它们的发育。心脏需要内胚层细胞，而肠道需要中胚层细胞，只有这样二者才能正常发育。提取某一种类型的细胞是可能的，但如果真的这样做，事情的发展往往就会偏离正轨，最后形成的器官不仅不完整，而且会一直停留在胎儿阶段，无法像成年人的器官那样执行应有的功能。相比胚胎，类器官缺少丰富多样的细胞群。

这个想法启发了我，让我从 2003 年开始，把注意力从研究了 15 年的果蝇转移到了胚胎干细胞上。类器官的确令人着迷，但我们能否用胚胎干细胞培养出一种迷你版胚胎？那是一种五脏俱全的结构，而且那种胚胎上有许多（甚至是所有）组织和器官的种子细胞在按照正常的方式相互作用。在培养皿里，细胞的相互协作到底能掀起多大的风浪？

在培养皿里培养迷你版胚胎，虽然这种想法目前看来还不可能变成现实，但已经有人通过实验证明，小鼠的胚胎干细胞可以被植入其他小鼠的囊胚，而且接下来胚胎干细胞能同合子的后代细胞一起参与原肠作用，为胚胎的发育出力。既然胚胎干细胞可以融入其他胚胎，我们就肯定能找到某种办法，让体外培养的胚胎干细胞同样感觉宾至如归，然后翩翩起舞。

第 8 章

胚胎的再现

物理学家理查德·费曼曾在加州理工学院工作，他的办公室里挂着一块黑板，上面满是用粉笔写下的笔记。可想而知，其中许多都是方程式。有的是他布置的课后作业，还有的则是他用来指导自己或学生做研究用的公理。在所有这些笔记中，有一条占据了非常显眼的位置，再加上它被写到黑板上的时间大约就在费曼去世之前，所以它被科学家奉为传奇。这条笔记是："凡是我不能创造的，就是我还不理解的。"

费曼研究的是力的本质，但我认为他的这条笔记道出了现代生物学家在学术研究中面临的独特难题。倘若基因真的是生命之书，以及协助细胞构建生命体的操作指南，那么我们应当可以用它们复刻自身的生物系统。事实上，在过去的 20 年里，为了制造能帮助我们执行某些任务的基于基因的生物学回路，一个全新的产业已然兴起。在绝大多数情况下，这个产业所做的事都是对细菌的基因善加利用，比如CRISPR技术；也有的时候，最终产品是极富商业价值或生物医学价值的蛋白质，比如胰岛素。但我们也看到，当对象是组织和器官时，生物工程学就不灵了。光有基因组是不够的，除非你能保证细胞的类型正确，并且给细胞提供适宜的环境条件。即便如此，大多数时候我们对这个过程的原理仍然毫无头绪。本质上，生物学微调了费曼的笔记，它大声宣称："凡是我能创造的，都是我目前还不理解的。"

为了认识我们的身份和起源，我们必须弄清楚细胞是如何构建人体的。虽然我们已经学到了很多，可如果不能亲眼看到细胞在我们的诱导下变成了胚胎，那么我们学到的究竟是些什么呢？

盲人摸象

如果有人试图告诉你，果蝇是比人类更简单的生命形式，那么他根本不懂生物学。诚然，作为托马斯·亨特·摩尔根等一众科学家研究基因时的实验对象，果蝇不太可能写出《茶花女》，也不太可能发明苹果手机。但同绝大多数正常人一样，它们会睡觉，落单的时候会情绪低落，会用唱歌和跳舞互相取悦，甚至还会数数。[1] 就连果蝇生的病也经常跟人类所患疾病非常相似。在人类疾病相关的基因中，大约有75%也存在于果蝇体内，这使得我们能利用突变再现特定的人类疾病，然后观察它们对果蝇的影响。举个例子，如果将导致人类患帕金森病的基因突变导入果蝇体内，它们就会出现神经肌肉萎缩的现象，最终造成的结果是果蝇身体震颤，这很容易令人联想到帕金森病患者的表现。出于这个原因，果蝇成了一种非常有用的模式生物，让我们可以利用它们来研究基因功能异常与细胞功能异常之间的关系。

尽管果蝇实验对阐明细胞如何利用基因构建和维持生物体来说非常有用，但乍看之下，果蝇等昆虫的发育过程与脊椎动物有着明显的差别。正如我们在上一章看到的，果蝇身体的每个部分都是独立于其他部分发育的，这些独立的细胞团被称为成虫盘。类器官也可以独立发育，在某种程度上我们可以说器官是一种更复杂、更精巧的成虫盘。尽管相似的地方有很多，但果蝇和人类的发育策略是不一样的。而我们感兴趣的正是这些策略。

20 世纪 90 年代，我在剑桥大学带领的团队主要研究果蝇细胞如何发育成果蝇个体。我们对细胞构建特定的身体部位时如何实现有效的相互沟通尤其感兴趣，比如它们如何将数目正确的细胞分配到每一个成虫盘，以便一团细胞能正常地变成一只翅膀或一条腿。我们花了很多时间，去研究细胞如何利用 Wnt 和 Notch 信号分子使自己变得不一样，以及如何在这个基础上推动胚胎（尤其是翅膀）发育。我想说的并不是我们成功找到了答案，但我们的确为解答这些问题做出了贡献。当时，遗传学研究是毋庸置疑的前沿领域，因此我们与其他所有同行一样，竭尽所能地寻找基因与生物体功能之间的关联。你现在应该相当清楚这是怎样一种研究思路了：先寻找基因突变，然后看这些突变对生物体功能造成了怎样的影响。出于我们在第一章里提过的历史原因，果蝇一直是此类研究的不二选择，但这种生物的一生实在太仓促了：它们发育的速度太快，每个部位只需要几分钟到几个小时就能形成，以至于很难从它们的细胞中找到问题的线索。而我们能做的就只是遗传学的那一套：敲除或诱变一个基因，看看会发生什么，然后对实验结果进行解释。

从这些实验结果看，果蝇基因编码的蛋白质自带某种事先编好的程序，因此这种生物的基因似乎在主导发育过程。细胞和基因之间的相互作用如此迅速，基因突变造成的损伤又如此严重，以至于即使你认为是基因在掌控一切，也是情有可原的。冥冥之中，脑海里有某种声音告诉我，这只是因为事情发生得太快所造成的错觉。细胞在按照自己的意图使用基因，尤其是它们在发育过程中会利用信号分子（Wnt 和 Notch）来决定应该采取怎样的行动，以及如何与其他细胞进行交流，这些都有迹可循。

我们不可能采纳费曼的建议，即通过创造作为研究对象的生物体，来验证我们对它们的认识是否正确。果蝇虽然有干细胞，但那些是成体干细胞，类似于人类肠道里的那种。我们没有发现果蝇的胚胎干细胞，所以无法在体外培养它们的多能干细胞，也就无法让干细胞按照我们的意图分化，更不可能引导它们变成眼睛或脑。总之，你不可能用果蝇来推翻费曼的观点。就果蝇这种生物而言，任何发生在体内的过程都只能在活体内进行研究。换句话说，想要认识果蝇，你就必须研究它们的胚胎、幼虫或成体。

2000 年前后，我听说了胚胎干细胞。随着我对这些细胞的能耐有了越来越深入的了解，我开始思考如何才能用它们来探索生物学中某些极度令人困惑的问题。我考虑过汉斯·杜里舒的实验，就是第 4 章中介绍过的那个，他把胚胎发育过程中最早出现的两个细胞分开，然后得到了两个一模一样的海胆胚胎。但这个实验不能在果蝇身上复现，因为果蝇细胞的分裂方式非常特殊：它们的细胞核会先于细胞的其他部分发生分裂，直到细胞核的数量达到上千个，细胞才开始分裂。最根本的问题是，既然胚胎干细胞能够融入胚胎里的多能细胞，二者可以联手构建小鼠的身体，那么我想知道为什么我们无法诱导它们在培养皿里做同样的事。是因为缺了某种成分吗，只要我们把它补上，就能让体外培养的细胞相信它们其实并未离开胚胎，从而安心地继续工作？我认为这些胚胎干细胞还可以作为理想的实验体系，帮助我们认识细胞是如何利用信号分子构建生物体的。在果蝇胚胎发育成蛆的过程中，它们会分裂一次。经过深思熟虑，加上干细胞领域的先锋奥斯汀·史密斯提供的诸多帮助和建议，我在 21 世纪初将自己实验室的研究重心从果蝇转移到胚胎干细胞。当时，英国国内只有为数不多的研究团队在这样做，但我十分笃定，对于细胞如何做决定以及它们如何将自己做出的决定转化为生物体的构建过程，这些细胞一定能帮我们找到答案。

我们从小鼠的胚胎干细胞入手。当细胞周围的环境不同于原肠作用时期的分子环境时，这不利于细胞形成胚层——无论是中胚层（最终变成肌肉、骨骼和血液），还是内胚层（最终变成肠道和肺），我们惊讶地发现，细胞仍然会像在胚胎里一样，按照同样的步骤行事。从表达哪些基因，到各个基因表达的先后顺序和程序，再到基因表达的时机，全部一模一样。这证实了小鼠的细胞具有某种固有的基因回路，就算脱离了胚胎，它们也会沿固定的路径，从沃丁顿景观的山顶滚落至谷底。这也印证了我们之前的说法，即在一个细胞内，转录因子与基因组之间这种讲究先后顺序的相互作用方式形成了事情发展的"进程"，也就是一种形式的"时间"。即便如此，看到这些转录因子和细胞的命运在完整的生物体之外涌现，依然是一件令人奇怪的事，而细胞始终不肯组成胚胎或类似胚胎的结构也着实令人沮丧。

其他科学家取得的进展鼓励我们继续尝试。尤其是佐藤敏郎和汉斯·克拉弗斯找到一种能促进胚胎干细胞形成肠道类器官的方法，还有笹井芳树观察到胚胎干细胞可以自发形成视杯和类脑结构，这些消息都让我们深受启发。他们的实验有一个格外引起我们注意的共同点：两个课题组使用的细胞一开始都不是平铺在培养皿内的，而是被包裹在人工基膜里，紧紧地抱成团；人工基膜这种神奇的胶状物质模拟了胞外空间。对于培养皿为什么培养不出生命，该共同点透露了一条关键的线索：没有哪个胚胎是二维的。

胚胎是在三维空间里形成的，所以我们想知道细胞内是否存在某种东西，不仅能让细胞感知质量，还能让它们对其他细胞的数量心知肚明，直到所有细胞都同意为整个生物体的构建出一份力。除此之外，细胞似乎还需要被包裹在一种高度还原胞内和胞外环境的东西里。这也解释了为什么人工基膜看上去如此不可或缺，但它本身并没有那么重要，重要的仅仅是设法让细胞感觉它们从未离开生物体。

当然，并不是只有我们在思考这些问题。2013 年，我曾在一份专业期刊上意外发现了解开这个谜题的重要线索。[2] 当研究 *Brachyury* 基因的表达如何启动胚胎的早期发育过程时，夏威夷大学的村川泰裕及其同事观察到，体外培养的胚胎性癌细胞形成了一个个类似于蛙类早期胚胎的豆子形结构。最特别的是，*Brachyury* 基因的表达只局限在这种结构的其中一端，这表明身体部位的划分已经开始。而且，整个过程并不需要人工基膜的参与，这意味着我们或许可以设法让胚胎干细胞做同样的事。

我致信村川，询问他是否用胚胎干细胞做过同样的实验。他回复我试过了，但胚胎干细胞没有通过自组织形成类似的胚胎样结构。我又找到我实验室里的两位科学家苏珊·范登布林克和戴维·特纳，讨论我们是不是可以碰碰运气。我们的运气的确更好一点儿，只不过实验结果出乎所有人的意料。

胚胎的整体模型

对科学家来说，手头的实验朝着一个意料之外的方向发展是科研工作中最美妙的事之一。我总会想象笹井芳树看到胚胎干细胞里出现的视杯时，他的脸上究竟是怎样的表情；又或者，佐藤敏郎和汉斯·克拉弗斯发现他们好几天没管的肠道干细胞居然形成了一种空泡状的细胞团（迷你肠道）时，该有多么诧异。我们的团队本想培育"胚胎"，结果却得到了另一种东西。时至今日，事实证明它很有可能比培育出胚胎更有趣，也更令人大开眼界。

2013 年春天，我们利用自己研发的能促进体外胚胎干细胞分化的分子配方，成功使小鼠的胚胎干细胞形成了类似于村川在他的胚胎性癌细胞实验中看到的豆子状结构。同村川一样，我们也发现了 *Brachyury* 基因作为标记胚胎末端的信号分子，只在这种结构的一端表达。直到我们开始拍摄细胞的行为，我才意识到我们的实验和村川的实验之间最关键的区别在于，我们的细胞试图启动原肠作用。

作为实验的开端，我们把一些胚胎干细胞放入培养小孔，它们可以在里面聚集成球状细胞团。接下来的两天，这些细胞相安无事地生长着，总体上风平浪静，除了细胞团的某一极偶尔会出现微弱的 *Brachyury* 基因表达的信号。第三天，我们加入了一种能激活细胞团的 Wnt 信号通路的化学物质，结果球状细胞团变成了一头大、一头小的卵状，而表达 *Brachyury* 基因的细胞位于小的那一头。在细胞团的一端，细胞一边生长一边向外移动，直至形成一个突出部。从这个突出部的某一点开始，细胞继续移动，有的仍然向外形成突起，有的则开始环绕整个细胞团。从外表看，细胞团里的许多细胞之间没有区别，但通过分析每个细胞表达的基因，我们可以分辨出不同的细胞、组织和器官。6 天后，细胞团的一端发育出了尾巴，另一端则发育出了心脏细胞，这些心脏细胞有时甚至会同步搏动。[3] 我们看到了显现出肠道轮廓的机体腹侧，与之相对的背侧能看到脊髓的痕迹，还有肌肉和肋骨的前体细胞。细胞团上甚至出现了机体的中线，类似心脏的结构正好位于这条中线的其中一个端点。我们看到的东西绝对算不上完美，但已经有模有样了：一个粗糙的小鼠早期胚胎就这样出现在我们眼前。

由于这些结构体现了机体各个部位的分化，类似于原肠作用的产物，因此我们把它们命名为"类原肠胚"。类原肠胚的发现明确地告诉我们，细胞才是生命的建筑大师，因为基因组里根本就没有用于构建生物体的设计图。倘若细胞是按照基因组提供的图纸行事，那么这些胚胎干细胞理应像我们实验前的预期一样变成完整的小鼠胚胎，而不是这种外形粗糙的类器官。除此之外，生物体的形成靠的是匀称平衡的发育，而不只是一堆零件的拼凑，更不只是基因活动的总和。在这一点上，类原肠胚或许比类器官表现得更淋漓尽致。虽然细胞的体积相同，表达的基因相当，而且在平坦的培养皿中，胚胎干细胞也会根据外源添加的信号分子分化成不同类型的细胞，但它们永远也不会表现出像类原肠胚那样的自组织方式。

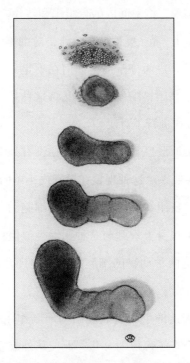

图 35　由胚胎干细胞发育而成的类原肠胚。类原肠胚的后端位于突出部的尖端（底图的右侧）。无论实验使用的是小鼠的还是人类的胚胎干细胞，结果都相似

　　在接下来的几年里，我们与来自瑞士及荷兰的一小批同行协作，合力研究类原肠胚是如何形成的，并将其与胚胎进行比较。尽管经过 5 天的培养，类原肠胚的长度仅为 0.5~1.0 毫米，但这种结构向我们展现了许多关于细胞分化和特化的细节。莱昂纳多·贝卡里与研究 *Hox* 基因的丹尼斯·杜布勒（他首先提出了动物体基本结构的发育沙漏模型）共同指出，对于所有属于 *Hox* 复合物的基因，它们在类原肠胚中表达的时空顺序与我们在胚胎的原肠作用期间所看到的别无

二致。我们又与当时在洛桑联邦理工学院任职的杜布勒的同事马蒂亚斯·卢托夫合作，一起详细研究了类原肠胚的细胞如何在缺少胞外线索的情况下，实现三维空间内的自组织和转化。[4]我们还与荷兰生物物理学家亚历山大·范·奥德纳登合作，对细胞内纷繁复杂的基因表达情况做了梳理，进而分析细胞如何在不足一毫米见方的空间里精准地调用上千个基因；随后，我们又将这种基因调用方式同正常胚胎的基因调用方式进行了对比。[5]

我们可以从类原肠胚看出，细胞能在没有外来指令的情况下进行自组织和建立参照系。这种现象在果蝇或小鼠的胚胎中都能看到。不仅如此，这种"自组织"能力很可能是细胞的一种基本属性。我们可以在海绵和水螅身上看到与这种属性类似但相对不那么复杂的版本：如果你把这两种动物的细胞打散，并且允许细胞自由聚集，它们就会再一次组成原来的个体。

除了在基因表达的层面上表现出与原肠作用相似的自组织性，虽然类原肠胚已经有了部位的分化，但仅从外表看，它们还缺少作为一个独立机体的标志性结构——原条。而且，类原肠胚没有大脑，这并非偶然。我们用于推动细胞形成类原肠胚的信号分子是Wnt，在胚胎发育的早期阶段，这种分子会抑制日后构成大脑的种子细胞的形成。即便如此，我们仍然在类原肠胚的前端发现了零星的细胞群。从基因表达的模式看，它们是与头部形成有关的细胞，换句话说，类原肠胚有脸而无脑。本质上，所有类器官都是器官脱离机体后的形态。在这个层面上考虑，胚胎干细胞能发育成一种有几分胚胎的神韵但没有大脑的结构，这个结果似乎也不那么令人震惊。

科学家早就知道如何让胚胎干细胞变成一种名为"类胚体"的

结构，只是在这种结构里，细胞的分化和特化算得上混乱不堪。那么，类原肠胚又为什么具有与胚胎相似的自组织方式呢？我们发现了两个至关重要的条件：一是上面所说的信号分子，二是起始的细胞数目。

起始的细胞数目特别重要，不是随便多少都可以。苏珊娜·范登布林克发现，只有以特定数目的少量细胞开启实验，才能保证类原肠胚顺利形成。范登布林克遵循金发姑娘原则①，先用极少量的细胞进行实验，结果什么都没发生。然后，她又用极大量的细胞进行尝试，结果得到了难以辨别的畸形结构。最后，她终于找到了"恰到好处"的细胞数目，结果成功地观察到类原肠胚的形成。对小鼠和人类来说，这个恰当的细胞数目大约是 400 个。当范登布林克用略超这个数目（比如多出 50 个）的细胞进行实验时，就有可能得到某些有趣的结果，比如连体胚胎。这个约为 400 的数目非常引人遐想，因为它与原肠作用期间的胚胎细胞总数差不多。细胞的基因从头到尾都不曾发生任何改变，但只有当细胞数目积累到足够多时，它们才开始把"手"伸进基因组并用里面的工具来构建生物体。这是细胞把基因当作工具，用它们来帮助自己实现野心，创造属于自己的空间和时间的又一例证。

类原肠胚有一个至今都令人感到诧异的独特之处：它们显然会经历体节发生，也就是体节形成的过程。生物体的躯干正是由这些原始体节造就的。类原肠胚中与体节形成有关的基因在表达时会严格遵循从后到前的顺序，这与胚胎中的情况相同。但奇怪的是，虽

---

① 金发姑娘原则：出自童话故事《金发姑娘和三只熊》，后被广泛用于各个领域，指做事要适量适度，毋缺毋滥。——译者注

然在基因层面上，具有体节发生特点的细胞在类原肠胚中占的质量分数与同类型细胞在胚胎中所占的质量分数相同，但类原肠胚并不会真的形成体节。我们再次看到，光有基因的表达是不够的。虽然手里握着遗传工具，但细胞决定不那么物尽其用：除了基因，细胞似乎还需要某些其他东西。

这可以证明，基因并不能指导细胞在何时或以何种方式构建胚胎。相反，细胞会对来自环境的力学和化学信号做出反应，并据此决定是否需要动用遗传工具来完成特定的任务。为了验证这个假设，我们把培养了三天的类原肠胚埋进人工基膜里。当与体节发生有关的基因开始表达时，我们惊讶地看到，凡是在这些基因表达的地方，细胞都会聚集起来并形成体节。柏林的耶瑟·韦恩福利特（Jesse Veenvliet）后来通过改进这个实验，成功引导细胞分化出有典型外观的体节，位置就在一个形似脊髓的结构两侧。

下面介绍的科研团队对胚胎干细胞的潜力也有深入的研究，它的领导者是剑桥大学的教授玛格达莱娜·泽尔尼卡-格茨。作为发育生物学家，泽尔尼卡-格茨在探究各种基本成分如何构成小鼠胚胎时采取了一种不同的思路。[6] 她的出发点是一个在遗传学领域尽人皆知的事实，即小鼠胚胎是通过与胚胎外组织的相互作用找到自己的定位的（胚胎外组织包括构成胎盘的滋养外胚层，还有胚外内胚层，后者负责形成胚胎发育早期的营养供应结构——卵黄囊）。胚胎干细胞几乎完全丧失了变成这些胚胎外组织的能力。正因为如此，类原肠胚缺少能与母体建立联系的辅助结构。在完全没有胚胎外组织的情况下分化到这一步，在某种程度上，这个事实更加凸显了类原肠胚非同寻常的惊人本领。

　　泽尔尼卡-格茨的研究团队先把胚胎组织的细胞和胚外组织的细胞混在一起，再加入信号分子，用于促进发育过程的启动。实验结果显示：其中一些细胞聚集而成的结构与即将开始原肠作用的小鼠胚胎极其相似。在少数几次实验中，细胞形成了小小的原条，这让身体开始有了前后之分，但它们始终没能发育出正常的身体结构。最近，利用经过改进的实验流程，泽尔尼卡-格茨的团队与以色列魏茨曼科学研究所的雅各布·汉纳课题组合作，成功得到一种不算完美的结构，但它与卡在杜布勒的发育沙漏模型瓶颈内的那个胚胎极其相似：具备了身体的各个部分，包括大脑的原基、一段尾巴，还有一颗搏动的原始心脏。[7]这种结构无法进一步发育，而且到目前为止，它们只出现在少数细胞培养实验中。可是，在没有精子和卵子参与的情况下，这种结构居然能够形成，从某种程度上体现了多细胞体系非比寻常的自组织能力。

图 36　天然胚胎（上图）和"合成胚胎"（下图）的对比。尽管整体相似，但二者在细节上存在显著的差异

在实验室里，研究人员利用构建胚胎的三种天然组织，培养出一种非常接近胚胎的东西，这个成果的确非常惊人，几乎到了可以驳斥费曼那条笔记的地步。但在我看来，现在高兴为时尚早，这些由细胞拼凑而成的结构并没有让我们对胚胎发育过程有更多新的认识，因为在绕了一大圈之后，我们又回到了问题的起点：胚胎本身。不过在未来，当培养这种结构的成功率变得更高时，我们就可以用它们去做一些过去不能在胚胎上做的实验，相信到那时我们一定能从中学到更多新的东西。

眼下，类原肠胚本身就有很多值得深究的问题，比如，在没有"罗盘"帮助的情况下，它们是如何找到自己的头尾的。没有胚胎外组织的引导，类原肠胚是如何划分生物体的各个部位的？它们如何知道细胞数目已经足够，而且正好适合进行自组织，得到组织和器官的原基？基因表达的景观与胚胎的形态究竟为什么会脱节，而当细胞被埋在人工基膜里时，二者又是如何被细胞整合到一起的？可以说，恰恰是因为类原肠胚的不完美，才让我们有了回答这些问题的机会。与此同时，类原肠胚也证明了，一群有关联的细胞具有相互协作的能力，细胞从自身所处的环境和其他细胞那里获取线索，然后决定自己应该在什么时候选用哪些基因工具。

成为人类：主旋律与变奏

在熟练掌握能促进小鼠细胞形成类原肠胚的方法后，我和我的同事很自然地想到，能否对人类的胚胎干细胞做同样的事。尽管人类和小鼠的相似之处有很多，但二者的胚胎干细胞的特性迥然不同，如果只是简单地套用小鼠类原肠胚培育实验的操作流程，我们也不确定这样的做法是否可行。不过，在密歇根大学研究干细胞力学的工程师傅剑平，成功地使细胞构建了一种结构，它与人类胚胎细胞在原肠作用开始前的排布非常相似，这给了我们持乐观态度的理由。对于人体在胚胎发育的第 14 天（相当于原条形成的时间）后究竟经历了什么，才确定了我们的形体构型，我们始终一无所知。所以，如果能成功培育出人类的类原肠胚，那将是一项重大突破——一夜之间，我们史无前例地拥有了一窥上述过程的机会。

但在设计实验的时候，我们很快就碰到了一个巨大的难题。这将会是我们第一次亲眼见到某种似是而非的人类原肠作用，对于由干细胞构建的结构，我们怎么知道应该如何对它进行修正和校准？

在显微镜下，胚胎和构建胚胎的细胞都是半透明的，这导致它们更难研究。虽然我们手头有早期胚胎的标本（比如卡内基科学研究所的那些藏品），但要看清它们的内部结构极其不易。过去有很多胚胎标本被肢解，研究者用胚胎切片去还原它们的内部结构；如今，我们有了更好的办法来看清和研究胚胎的内部结构。近年来的技术进步，让我们能以精确到每个细胞和每分钟的方式观察胚胎的形成过程。巴黎视觉研究所的神经生物学家阿兰·谢多塔尔，致力于用创新的染色技术揭示人类胎儿精美的细胞结构，他的作品远比伦纳特·尼尔森的专题摄影作品更奇幻。谢多塔尔的照片展现了不同的器官如何从它们的种子细胞中涌现：肺和血管发育时那盘根错节的分支结构，神经元寻找交流对象和构建功能网络时那扭转和弯折的形态，还有胎儿大脑及与大脑相连的眼睛那令人叹为观止的样子。但是，生而为人，我们的身份早在这些结构出现之前的原肠作用时期就确定了。

因此，让我们回到人类和小鼠的早期胚胎这个开端。不要忘记，在受精发生后，紧接着发生的事件并不是分化。细胞会先增殖，然后很快分成两派，分头构建小鼠的胚胎和胚胎外组织。当囊胚做好植入子宫的准备时，滋养外胚层的细胞开始移动，它们钻进子宫里，成为胎盘的一部分；与此同时，它们与原始内胚层联手，为胚胎打造一个容身之所。受精两周后，人类的胚胎细胞（与小鼠一样，此时的细胞数目为 400 个左右）已经自组织成圆盘状，并且被深深地包裹在一层膜内。同样是在这个阶段，小鼠的胚胎则是杯状的。就早期胚胎的外形而言，小鼠是哺乳动物中的例外。这着实令人好奇，因为只有啮齿动物的早期胚胎是杯状的，其他哺乳动物（包括猪、马、牛和我们人类）的早期胚胎则呈圆盘状。

然后，正如我们在第 6 章里看到的，在第 14 天或第 15 天，原条的雏形出现在圆盘状细胞团的一端，细胞舞会随即开始。

同其他物种的胚胎一样，人类细胞通过一支有众多细胞参与的舞蹈来启动原肠作用。这些细胞紧密地排成许多层，作为横亘在不同类型细胞之间的边界。随后，这些细胞层轮流发生翻折和弯曲，它们卷成的管道就是日后的肠道，它们围成的腔室后来则变成了心脏。受精 5 周后，人类胚胎变成了一个瘦长的细胞团，长约 2.5 毫米。此时身体的结构清晰可见：其中一头膨大成脑，下方紧挨着初具雏形的心脏；有几个体节和一条原始的神经管，在相应的位置上可见肝脏和肺的轮廓；有一条尾巴位于与大脑相反的另一头；稚嫩的心脏偶尔会搏动两下，胚胎全身上下能看到有血细胞在流动。很难想象这个东西居然在 8 个月后就会变成人类婴儿的模样，同样令人感到惊奇的是它与同一阶段的小鼠胚胎之间显而易见的相似性，这是我们与其他动物拥有相同祖先的生动例证，远比 DNA 直观。

但二者也有本质上的不同。首先，小鼠的原肠作用会持续大约 1.5 天，而人类的原肠作用会持续 6 天。其他不那么直观但同样重要的区别都与胚胎的外形有关：从此时开始，小鼠的胚胎变成了杯状，而人类的胚胎变成了圆盘状。我们早就意识到，不可能通过观察或实验的手段研究胚胎的外形差异会对发育造成怎样的影响，除非以人类的类原肠胚为研究对象。我的合作伙伴蒂娜·巴拉约最先展开这方面的研究，但后来是我实验室的另一名成员娜奥米·莫里斯以一种同样令人惊讶的方式达成了这个研究目标。

小鼠胚胎和人类胚胎的不同之处不仅仅在于外形，还有各个事件发生的时机和胚胎干细胞的状态。虽然我们用来培养小鼠类原肠胚的方法对人类细胞不奏效，但通过微调信号分子的成分和细胞的数量，我们总算得到了人类的类原肠胚。看着这些不怎么需要人为干预就能自发形成的多细胞结构，想着它们到底蕴藏了多少与我们有关的知识，一种奇怪的感受在我心中产生。[8]

乍看之下，人类的类原肠胚和小鼠的类原肠胚几乎一模一样。人类的类原肠胚也是一端长着一颗初具雏形的心脏，另一端拖着一条尾巴，中间是各种各样的种子细胞，整个结构犹如抽象版的人类胚胎。人类的类原肠胚同样不具备形成胎盘所需的胚胎外组织，没有原条，也没有大脑。在对哪些细胞在表达哪些基因进行分析时，我们看到有的细胞明明在本应是体节的位置上表达与体节形成有关的基因，但同小鼠类原肠胚一样并没有形成体节。我们意识到，这可以作为确定类原肠胚对应于哪个发育阶段的依据。为了确定体节发生的起始时刻，我们翻遍了卡内基科学研究所的藏品。18 天大的胚胎还没有体节，而 20 天大的胚胎已经有体节了，这表明人类的类原肠胚相当于受精后 20 天的胚胎。

许多异常发育状况都发生在原肠作用期间，因此人类的类原肠胚为相关研究开辟了一条激动人心的新路径。我们与世界各地的科学家分享了培养类原肠胚的方法，其中一些实验室还对我们的实验流程做了调整，用于探寻特定问题的答案。

细胞的通用地图

我们本想培养胚胎，最后得到的却是类原肠胚。显然，类原肠胚并不是胚胎，而且它们无意变成胚胎。虽然说这些话带着些许私心，但我认为这些结构比胚胎更有趣，因为它们可以告诉我们在没有胚胎外组织的帮助下，多能细胞如何尝试变成胚胎。令人想不到的是，这些细胞真的勾勒出了胚胎的轮廓，而且这并非偶然，它们一遍又一遍地证实了这一点。因此，我们肯定能透过它们的内部活动，窥见细胞构建胚胎的秘密。随着时间的推移，我的脑海中冒出了一个大胆的想法：类原肠胚揭示了某些与演化有关的东西。

原肠作用最重要的功能是建立一套坐标系，在组织器官的祖细胞落位时为它们提供参照物，这是生物体得以构建的前提。如前文所说，在哺乳动物的胚胎里，这种指示方位的罗盘其实是胚胎细胞与胚胎外细胞对话的结果。正因为如此，我才会一直对构成类原肠胚的胚胎细胞竟然只靠自己就能做到这一点感到十分惊讶。这意味着对细胞来说，通过自组织方式形成两侧对称的躯体是一种非常古老的属性，很可能同某些最早期的动物一样历史悠久，至少在伯吉斯页岩对应的时代，这种特性就已经出现了。毕竟，鱼、蛙、鸟类和我们拥有共同的祖先，这层亲缘关系不仅意味着这些物种继承了大量相同的基因，还意味着细胞的能力有很多共通之处。

受我们培养的类原肠胚启发，我的课题组里的研究员维卡斯·特里维迪、硕士研究生安德烈亚·阿塔尔迪和我的同事本·史蒂文顿合作，从数个斑马鱼的早期胚胎取出细胞并进行体外培养，然后观察这些外植体会做些什么。几小时后，外植体细胞形成了一种非常类似于小鼠类原肠胚的结构，它不仅有豆子状的外形，就连基本的组织形式也一样：心脏长在一端，尾巴长在另一端，该表达 *Brachyury* 基因的地方也在表达。当他们把没有标注的那些结构摆到我面前时，我根本分不清哪个是小鼠的类原肠胚，哪个又是斑马鱼的类原肠胚。这简直就是类原肠胚版的卡尔·恩斯特·冯·贝尔标本乌龙事件。通过查阅文献，我意识到英国国家医学研究所（位于伦敦市郊米尔山）的吉姆·史密斯和杰里米·格林，早在几年前就用早期蛙胚的细胞得到了类似的结构。只可惜他们没有对这种结构做深入研究，现在我们完全能辨认出他们培养的就是一种类原肠胚结构。这些实验结果说明，细胞天生具有强大的自组织能力，这种能力不仅由来已久，而且为许多物种所拥有。

不同于实验难度较高的小鼠胚胎（这也是我们对小鼠胚胎的早期发育知之甚少的原因），我们对鱼胚和蛙胚的了解更多，很多实验都是围绕它们设计的。有一种观点认为，胚胎的发育得到了某些分子模板的助力。出于这个原因，我们有必要将特里维迪和阿塔尔迪观察到的现象放到极端条件下进行检验。本·斯蒂文顿和他的学生蒂姆·富尔顿完成了这项任务。他们先把细胞打散，再让它们聚集，结果这些细胞变成了与原来一样的外植体。他们详细地检测了基因的表达模式，发现细胞正在构建鱼的躯体。[9]总而言之，他们的实验表明，在斑马鱼的早期胚胎中，细胞的自组织能力与小鼠的早期胚胎细胞不相上下，这一点毋庸置疑。他们把自己培养的结构称为"pescoids"①，同小鼠的类原肠胚一样，该结构的形成对起始细胞的数目也有明确的要求。除此之外，从基因表达的层面看，pescoids的机体结构与小鼠的类原肠胚类似。

相比我们用人类胚胎干细胞培养出的结构，pescoids更加惊人。你还记得杜布勒的发育沙漏模型吗？无论是在原肠作用开始之前，还是在原肠作用结束之后，鱼、蛙、小鼠和人类的胚胎彼此长得一点儿也不像。原肠作用开始之前的差异是由每种卵细胞独特的结构和性质造成的。卵细胞的空间几何性质不同，导致整体施加在每个子细胞上的机械压力不同，而这会影响胚胎的形成。比如，卵黄在鱼卵和蛙卵内占据了大量空间，而哺乳动物的卵几乎没有卵黄。发育沙漏模型的底座对应于胚胎发育的起点，它之所以会比瓶颈宽得多，最有可能的原因是它反映了每种卵的构造和卵内的物理限制。

回望过去，也许我们不必为细胞能根据实际需要调整构建机体的方式而备感困惑。以一种名为鳉鱼的热带鱼为例，鳉鱼栖息在每年都会干涸一次的湖泊里。没水的时候，它们可以靠细胞的力量存

---

① "pescoids"这个词由"pesc"（词根为意大利语pesce，意思是"鱼类"）和"oids"（意为"类似"）构成，与"类器官"的构词方式相同，尚无对应的标准中文术语。——译者注

活下来。在鳉鱼胚胎发育的早期阶段，细胞会分散并进入一种短暂的休眠状态，这种状态被称为"滞育"。随后，部分细胞聚集成团，身体的中线出现，最终胚胎形成。如果这些细胞碰巧在旱季到来之前进入了休眠状态，那么在湖水干涸后，它们会继续停留在滞育阶段。直到天降大雨、湖水充盈的时候，细胞才会通过某种我们目前尚不清楚的机制或信号聚集起来，并使胚胎恢复发育。仔细观察这些处于休眠状态的细胞团，你会发现它们很像类原肠胚。[10]

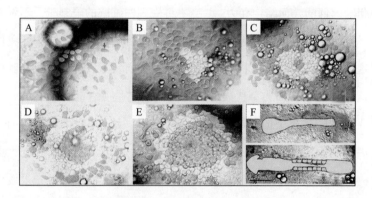

图 37　鳉鱼胚胎的早期发育阶段。细胞先分散，随后又聚成一个个小细胞团，经历一番变化后，最终形成一种类似于类原肠胚的长条状结构，而作为脊椎动物的基本结构将在这个基础上涌现（下排右图）

　　总之，这些实验的结果表明，通过将胚胎干细胞从卵细胞的限制下解放出来（正如我们在培养类原肠胚和pescoid的实验里所做的），我们就能看到它们聚集成一种有别于天然胚胎的奇特结构。你可以用气球来类比这种现象：把一个长条形气球扭成任何你喜欢的动物，无论你为此对气球施加了多大的力，只要这些力的限制消失，气球就会恢复到原先的长条形。胚胎细胞就像这个气球。除此之外，在原肠作用阶段，卵细胞强行施加的限制似乎被解除了。无论是哪种动物的胚胎细胞，都会在原肠作用期间形成相同的结构：一种简单的两极化机体，其中一端在表达 *Brachyury* 基因，另一端长着一颗稚嫩的心脏；身体不仅有了中线，还有了左右之分。换句话说，其实就是类原肠胚的结构。这多少会让人感到惊讶。

这些实验揭示了一种隐藏的普适规律，或者说一种基本的底层结构，它是塑造各种动物体的胚子。无论基因在生物体的发育过程中起着怎样的作用，真正影响并塑造生命形式的其实是构建机体时细胞团内部的几何结构和力。[11] 当不再受到卵细胞的限制时，不管是鱼、蛙、小鼠的细胞还是人类的细胞，都形成了同样的结构，我们把这种基本且保守的形状称为"形态发生的底层结构"。类原肠胚就是这种底层结构的典型代表之一，我相信它是所有动物共有的，而且它很可能起源于伯吉斯页岩对应的年代，由于那时的细胞（而非基因）在尝试构建不同的生物体，地球上才出现了动物物种的大爆发。我们曾在第 3 章提到，对地球生命来说，从单细胞祖先过渡到动物是一个具有里程碑意义的事件，而这个事件发生的基础是，细胞发现它们可以通过合作来占据并塑造周围的空间。

发育早期的胚胎细胞拥有自组织能力，这与刘易斯·沃尔珀特提出的位置信息理论（至少是最初版本的理论）相悖。你还记得音猬因子是如何决定手指数量的吗？位置信息这个概念以反映位置的信号在细胞群体内的扩散为基础，细胞对信号做出怎样的反应则由信号分子在局部的浓度决定。然而，在类原肠胚进行自组织的过程中，细胞并没有空间位置的参照物。这引出了两个问题：首先，细胞如何才能知道自己应该去哪里；其次，它们是否可以主动选择接收或忽略某些信号。

奇妙的是，我们可以从艾伦·图灵做过的一项研究中找到回答这两个问题的线索。破译德国的恩尼格玛密码让图灵名声大噪，他在自杀的前一年发表过一篇文章，题为《形态发生的化学原理》。图灵运用他的才智、数学知识储备和直觉，阐释了如何用化学物质构建自然界常见的图案。他以一个简单的思想实验作为这篇文章的开头：假设你有两种液态的化学物质，其中一种是红色的，另一种是蓝色的，将它们混合在一起，不难猜到随着时间的推移，这两种物质会慢慢扩散，最后形成一种紫色的混合物。随后，图灵计算了在什么条件下混合的化学物质能形成稳定的空间图案，比如金钱豹的斑点、斑马的条纹。最重要的是，为了让这种情况发生，这些物质必须能产生反应，以固定的方式发生相互作用，这样相应的图案才会出现。虽然这种说法听上去非常古怪，但图灵去世后，他的理论在多个纯粹的化学实验体系中均得到了证实。后来，德国物理学家汉斯·迈因哈特指出，同样的机制也可以在一群细胞内建立坐标系。自此，我们一直在用这种理论的变体解释有规律的花纹和图案是如何从混沌的生物学系统中产生的。[12] 一旦图案形成的模式被敲定，剩下的工作交给细胞就可以了，这正是位置信息理论阐述的内容。

简言之，我们都是细胞与空间里的其他细胞相互作用的产物。这无疑将我们同其他生物一起，放在了一个彼此平等的大家庭里，无论是卡尔·冯·贝尔、恩斯特·海克尔还是丹尼斯·杜布勒，他们当初都是这么做的。除此之外，这也迫使我们重新审视人类赋予自身和人类胚胎的特殊地位。

显微镜下的人类胚胎

　　无论是在子宫里自然受孕而来，还是在培养皿里经人工授精得到，最后只有大约 1/3 的受精卵能发育成足月分娩的婴儿。至于那失败的 2/3，绝大多数都是在原肠作用开始前的一刻或原肠作用进行期间出问题的。另外，每年平均每 100 个新生儿中就有 6 个出生时患有某种疾病或综合征，而其中只有不到 1/2 的病症与基因有关。从狭义的角度看，由基因组出问题而导致的病症其实不能算是"遗传病"[①]，因为遗传病需要与特定的基因突变挂钩。相反，基因组病恰恰体现了细胞如何利用基因组里的工具构建机体，许多新生儿的问题都被认为是原肠作用之舞出错的结果。

　　造成发育功能异常的一个关键原因很可能是，囊胚在形成过程中丢失了染色体，这种错误通常发生在有丝分裂的基因复制环节，尤其是发育早期的细胞分裂。出人意料的是，这种情况在人类的胚胎里竟然很常见。缺少必需的遗传工具，细胞自然无法为生物体的结构分化奠定基础，也就无法构建机体。一个多世纪前，首次用实验证明这个概念的人是德国的动物学家西奥多·博韦里。和他的同胞杜里舒一样，博韦里也以海胆为实验对象。博韦里改造了合子，使它们在分裂时会随机地丢失染色体，用这种合子得到的海胆胚胎细胞的 DNA 含量往往各不相同。随后，博韦里一丝不苟地记录了实验结果。细胞在发育过程中的能力与它们有多少条完整的染色体有关，完整的染色体数目越多，它们对胚胎正常发育的贡献就越大。

――――――――――――

① "遗传病"（genetic disease）也可以译作"基因病"。――译者注

尽管我们从海胆身上获得了很多与细胞如何利用基因构建生物体有关的知识，但这种动物与我们人类有极大的差异，这一点显而易见。鱼、蛙、鸡、绵羊乃至小鼠，这些在过去的一个世纪里为克隆和嵌合体实验立下过汗马功劳的动物也一样。但我们人类和这些物种使用的遗传工具基本上是一样的，所以区别就在于细胞使用工具的方式，以及它们用这些工具来构建什么。就这一点而言，原肠作用是一个绝佳的范例。比如，WNT3 基因是小鼠胚胎的原肠作用能正常推进的必要前提，在人类胚胎中却不然，因为缺少这个基因的人类胚胎依然能形成合理的结构布局，建立正常的坐标系。[13] 但是，这并不意味着人类胚胎的正常发育就完全不需要 WNT3：如果没有这个基因，胎儿的手臂和腿就无法正常发育。另一个例子是，小鼠心脏的形成需要转录因子 ISL1 的参与，如果这种分子的水平异常，小鼠就会得心肌病；而对人类来说，ISL1 似乎与羊膜（在妊娠期间包裹胚胎和胎儿的膜性结构）的形成有关，没有任何一种 ISL1 的变体与人类的心脏缺陷有关。

具体情况的细微差异不容小觑。就胚胎的形成而言，细胞利用基因构建特定组织和器官的方式因动物的种类而异。正因为如此，如果我们想认识人类胚胎以及与人类发育有关的异常和疾病，那么除了以人类胚胎为研究对象，我们不可能找到类似的替代品。

当然，考虑到我们赋予人类这个物种的特殊道德地位，现实问题比上文提到的还要复杂一些。沃诺克委员会制定 14 天规则的本意是在我们还知之甚少的情况下，尽力保护每一个胚胎，而当时绝大多数胚胎都不可能活到发育完成。研究为什么有的胚胎无法正常发育，将对我们大有帮助，无论是在情感、健康方面还是在经济方面。

没错，我们的确可以深入研究现成的胚胎标本，比如卡内基科学研究所的藏品，但我们只能从标本上看到时间的一个截面，其他许多东西都无迹可寻。为了弄清楚细胞和基因的关系究竟有着怎样的本质，为了聆听细胞从囊胚形成开始就早早启动的对谈，为了观察原肠作用之舞为何及从何时开始出现差错，我们需要借助那些目前严令禁止的研究。虽然用类原肠胚也能回答其中一些问题，但它们终究无法替代人类胚胎来解答我们所有的疑问，特别是与胚胎着床之前的发育情况有关的问题。

这个僵局并非无法打破。在得到捐献者的知情同意后，试管婴儿技术产生的多余胚胎可另作他用，这或许是将来破局的出路之一。通过使用这种来源的人类胚胎，相关研究使科学家得以在体外培养的环境中见识到受精卵发育成囊胚的惊人能力。不仅如此，许多辅助生育诊所还会对每一个植入子宫的胚胎进行录像。依靠这些影像，科学家知道了细胞分裂的时机，以及细胞在囊胚形成过程中的移动情况。随后，他们将观察到的这些特征与怀孕是成功还是失败进行比对，希望做到只需根据细胞在培养皿中的行为表现就可以判断胚胎最终能否存活。如果我们能明白细胞的移动方式背后的含义，很多有瑕疵的胚胎就不会被植入子宫了。一旦明确了新生儿有患遗传病的风险，如今的辅助生育诊所就会在胚胎着床前对其做基因诊断，并选取那些不含特定致病基因（包括与囊性纤维化及某些乳腺癌有关的基因）的胚胎。此外，胚胎还要进行染色体异常筛查，预防唐氏综合征和13-三体综合征。然而，基因和染色体的异常只影响了少数胚胎的发育。要说有哪一点正在变得越来越明朗，那就是许多关乎怀孕成功与否的秘密并不是藏在我们的DNA里。

2016 年，泽尔尼卡-格茨与纽约市洛克菲勒大学的阿里·赫马蒂·布里凡卢宣称，他们已经成功在体外将辅助生育治疗产生的多余胚胎培养到了原肠作用阶段。按照他们的说法，实验已及时终止，这样做纯粹是为了遵守 14 天规则。[14] 在他们的实验中，只有一小部分胚胎活到了第 14 天，可它们的状态看上去不太好。即便如此，这也仍然是一项确凿无疑的成果。于是，很多科学家开始四处游说，他们的诉求是修改 14 天规则，以便这种利用医疗活动产生的多余胚胎进行体外培养的实验能在胚胎活到第 14 天后继续进行，这样他们也许就可以观察到人类胚胎原肠作用的完整过程。2021 年，国际干细胞研究学会建议将人工授精胚胎的体外培养时限放宽到原肠作用开始之后，但究竟应该放宽多少天，至今还没有定论。[15]

对于把终点设置在哪里，有些建议（比如，稚嫩心脏的第一次搏动，脑细胞或感觉神经系统的出现）很可能会在非科学家团体中引发激烈的争论，就像当年沃诺克委员会的成员彼此吵得不可开交一样。如果还没有跟循环系统相连，那么心脏的搏动能代表什么？如果胚胎处在一种温暖、舒适的培养环境里，我们又如何知道神经细胞能否感到疼痛？无论如何，科学家之间似乎正在达成一种共识，那就是不应该对人工授精胚胎的体外培养实验设置任何期限。我们应该试试看，在脱离母体的情况下，细胞究竟愿意在构建胚胎这件事上坚持多长时间。之所以有这种想法，部分原因在于，这或许能让我们看到母亲的子宫会从哪些方面影响人类胚胎的发育。我基本上同意这种想法，但目前看来，还没有证据显示体外培养的人类胚胎能顺利完成原肠作用。

姑且不论体外培养的胚胎能做或不能做什么，相关的讨论经常忽略两个重要问题。一是我们需要谨慎考虑可用于此类实验的胚胎数量。有一种很常见的说法：即使不用来做实验，辅助生育治疗产生的多余胚胎最后也会被废弃。在我看来，废物利用并不足以成为大量动用这种胚胎的理由。不管在任何情况下，实验设计都必须合理且详尽。

这又引出了第二个问题，对于此类研究，这个问题可能更关键。你应该还记得，在正常情况下，约有 2/3 的胚胎活不到原肠作用完成，致使妊娠终止。到目前为止，没有一个体外受精的胚胎在培养实验的第 14 天仍能保持正常发育。那么，如果我们在实验中看到发育出现了问题，我们如何才能知道这些问题是由实验变量引起的，还是这个胚胎的正常结局呢？换句话说，对于体外受精胚胎的培养实验，我们应该拿什么作为"对照组"？

为了回答上面这些问题，我们必须对胚胎着床有更深入的认识。就人类而言，着床对妊娠的影响显然比原肠作用更大。研究其他动物的囊胚（比如猪的胚胎可以在不着床的情况下完成原肠作用），或许有助于我们认识胚胎在子宫内着床的位置会如何影响细胞间的信号传递，进而影响它们的自组织能力。

将胚胎在体外培养到第 14 天和将胚胎培养到做好启动原肠作用的准备，这两者并不是一回事。同样，培养类原肠胚和培养胚胎也不是一回事。奇怪的是，我们却看到这些结构的细胞做着同样的事，变成了相同的模样。它们都是活的，但它们都能发育成个体吗？我们需要思考这样的问题，因为由这些问题引申出的其他问题关乎人类是什么，以及人类存在的本质。

第 9 章

论人类的本质

卢比孔河是意大利北部的一条浅溪，位于迷人的海滨小镇里米尼西侧约 10 英里[①]的地方。这条小河是如此其貌不扬，以至于很多人可能想不到它具有多么重要的历史意义。公元前 49 年 1 月的某一天，恺撒违反禁令，率领军队从南岸跨越了卢比孔河，发动了战争。这是一个冒险的决定，没有任何反悔的可能，恺撒对此心知肚明。根据史书的记载，就在率军跨过卢比孔河的前一晚，恺撒曾喃喃道 "*Alea iacta est*"（骰子已经掷出），这表明他接下来的行动一旦实施，就不可能回头了。恺撒很幸运，他赌赢了。从那以后，"跨过卢比孔河"就成了西方的一句谚语，人们用它来形容严重违反规则的大胆行为。

原肠作用相当于胚胎的卢比孔河，因为一旦这个过程启动，胚

---

① 1 英里约等于 1.61 千米。——译者注

胎发育的骰子就算掷出去了，再无回头的可能。我们在这本书里用了相当多的篇幅，来探讨不同动物的胚胎如何跨过这条发育的卢比孔河。刘易斯·沃尔珀特将其视作生命最重要的时刻，而我们已然接受了这种看法，从未质疑过原肠作用的意义和重要性。对很多事情/物体/结构我们很难给出明确的定义，而只能说："我无法告诉你它是什么，但当我看见它的时候，我就能指认出它。"胚胎就属于这样的事物。我们对"胚胎"这个术语的使用非常宽泛，因为我们都认为别人能听懂我们在说什么。但是，当我们探讨的对象变成人类胚胎时，情况就有些不一样了，我们也不能再含糊不清了。这或许同安妮·麦克拉伦的建议有关，她认为原肠作用标志着个体降生在这个世界上。这条建议后来被写进了英国的法律。一旦探讨与人类有关的话题，个体和胚胎就成了两个无法分割的概念。因此，我们首先需要给一个很容易想当然的问题设定一个明确的答案。

什么是胚胎？

如果随便问一群人（或者更有针对性一点儿，专挑那些准备进行体外受精的人）什么是胚胎，你会得到五花八门的答案：子宫里的宝宝，胎儿，发育早期的生物体，一团说不清的东西，或者是民意调查最不希望得到的回答——"我不知道"。[1]那些虽然不清楚却敢大胆猜测答案的人经常会加一些修饰语，比如"可能"或"我不确定"。这并不代表我们的科学教育是失败的。事实上，即便是对研究发育的专家来说，这个问题的答案也没有那么简单直白。不过，考虑到接下来我们准备探讨最新的科学前沿问题，尤其是类似胚胎的结构如何从胚胎干细胞里涌现，我们应当首先弄清楚自己在这个领域里的立场，以及未来该往哪里去。当然，这条路上布满了伦理和法律地雷，但我们仍要一往无前。

体外受精技术发明之后的观点认为，人类胚胎是指卵子和精子结合的产物。克隆技术的出现对这种认识构成了挑战，导致有些国家提出了更细化的定义，将克隆体囊括在内。其他国家则没有主动修改原先的定义，以免相关研究受到过多的干扰。这个定义其实非常重要，因为我们已经看到，胚胎同样享有权利。

在我看来，"胚胎"这个术语是指这样一种多细胞结构，它具备生物体（无论是人类还是其他动物）各个部位的轮廓，组织和器官的祖细胞已就位。胚胎是原肠作用的产物，正如我们在前文探讨时所说，它是在原肠作用过程中涌现的结构。关键是，胚胎应当具有发育成完整生物个体的潜力，能产生一种动物身上所有的器官，并且这些器官都能正常工作。

有的人听完这个定义后可能会说，那些形成囊胚的细胞（先是在哺乳动物发育早期迅速生长，然后在子宫上着床的细胞团）应该可以算作胚胎。虽然我们经常用"胚胎"一词指代这个结构，但我不这么认为。这团细胞确实有变成胚胎的"潜力"，但它缺少躯体的轮廓，这意味着它还没有发挥这种潜力，至少暂时没有。不仅如此，我们已经说过很多次了，如果分割这团细胞，那么它会变成两个或三个胚胎，所以它还不是一个独立的个体，而个体的定义是"不可分割"。

这团细胞需要经历原肠作用才能发挥它的潜力，但绝大多数时候，细胞们还来不及进入这个阶段，或者还没等到这个阶段结束就遭遇了滑铁卢。我与沃诺克委员会的观点的相同之处是，都认为原肠作用具有重要意义，并把细胞团和个体之间的界线划在这个过程启动的时刻。更重要的是，发育成完整个体的潜力发挥离不开胚胎外组织（胎盘和卵黄囊）的支持，它们能让胚胎与母体互动，为胚胎的生长发育保驾护航。出于这个原因，我认为对哺乳动物胚胎的定义只有将这些支持细胞包含在内才有意义。

根据这样的定义，我相信，将"一团细胞具有形成完整个体的潜力"同"这团细胞在事实上形成了胚胎、胎儿，并最终变成了一个新生儿"划清界限，并不是不可能的。

这些微妙的语义差别对于我们理解人类的发育至关重要，因为有了它们，我们才能谈论用胚胎干细胞培育出来的各种细胞结构，探讨这些实验室培养的东西究竟是什么以及有多重要。比如，2021年夏天，有两个课题组的科学家宣称他们用干细胞培养出了人类的类囊胚，或者说某种类似囊胚的结构。[2] 其中一个课题组的负责人是墨尔本蒙纳士大学的何塞·波罗，该团队通过诱导的方式，将人类的皮肤干细胞转化成多能干细胞，由此得到类囊胚。该校的校报盛赞这个成果"将给揭示人类生命诞生早期的分子奥秘带来变革"。虽然这个课题组的研究人员明确指出，类囊胚并不是真正的胚胎，因为它不能发育成个体，但不少媒体仍然宣称，这个实验室用皮肤制造出了一个"胚胎"，就好像这些科学家用皮肤凭空缝制了一个人。同我们在上一章介绍的那些用干细胞培养的结构一样，类囊胚也可以绕过卵子和精子的限制。

没有哪个研究领域能杜绝媒体的炒作。正如当年的恩斯特·海克尔夸大了不同动物胚胎之间的相似性，今天在筹集研究经费的压力下，加上个人的些许虚荣心，有的科学家开始从媒体获取关注，以显示自己有多努力。作为交换，媒体很有可能为了追求新闻的话题性而曲解科学，抹杀研究的微妙之处和复杂性。事实上，这种情况屡见不鲜。当涉及用干细胞培养大脑的类器官或类似胚胎的结构时，这种炒作现象尤为严重，因为类似的研究触及了我们作为人类的本质问题。通常来说，我们科研工作者在与媒体沟通时要非常谨慎，一旦我们说的话与实际情况不符，这种落差就会削弱大众对科研工作的信心，尤其是在与上述话题有关的情况下。

　　仔细观察波罗实验室和另一个课题组（他们使用的是更传统的胚胎干细胞）培养的类囊胚，你会发现在某些关键的地方，这些细胞结构与天然的囊胚存在重要的区别。最突出的一点是，在发育的各个阶段，由皮肤干细胞培养得到的类囊胚都带有一团种类不明的细胞，而且这种类囊胚不含能发育成胎盘的细胞。[3] 因此，这些结构永远都不可能变成完整的个体。

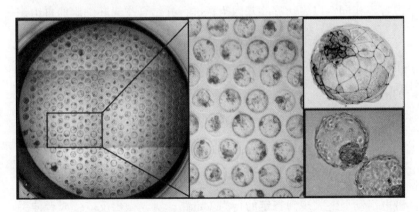

图 38　用人类胚胎干细胞培育得到的类囊胚。左图为一排排正在形成类囊胚的人类胚胎干细胞，右图为类囊胚的精细结构

　　就在波罗课题组的实验取得令人瞩目的成果后不久，有两个研

究团队宣布他们成功培养出更接近天然囊胚的结构。奥地利分子生物技术研究所的尼古拉斯·里夫龙和如今在埃克塞特大学任职的奥斯汀·史密斯，通过实验得到的类囊胚拥有天然状态下构成胚胎所需的全部三类细胞，而且只有这三类主要的细胞。[4]让人不解的是，他们的实验与先前的同类实验相比，最主要的不同之处竟然只在于初始的培养条件。理论上，这不应该造成差异，因为不仅他们使用的细胞一样，就连细胞的DNA也一样。细胞似乎会因为自己处在不同的培养环境里而发生改变。既然已经读到这里，我相信你不会对此感到惊讶。

至于里夫龙和史密斯培养的类囊胚能否发育成完整的个体，那就是另一个问题了。为了衡量类囊胚与真正的囊胚有多相似，研究人员在基因表达的层面上对二者的细胞做了分析。囊胚应该有且只有三类细胞（胚胎细胞和两种胚胎外细胞），每类细胞的基因表达情况各不相同。以表达哪些基因为标准，并结合类囊胚细胞的自组织方式，我们发现里夫龙和史密斯培养的结构与囊胚的差距已经非常小了。要是不深究的话，我们就可以认为它们具有发育成完整个体的潜力。

但是，无论细胞、组织和器官在表达哪些基因，它们的身份总归是由它们做了什么和它们的涌现行为决定的。按照这种标准，神经元之所以是神经元，是因为它们能向其他神经元传递电信号，这种电活动最终表现为特定的行为（走路，对光做出反应，或者伸手抓住某件我们想要的东西）；红细胞之所以是红细胞，是因为它们能为其他细胞输送氧气；胰腺中的胰岛 β 细胞之所以是这样，则是因为它们能分泌胰岛素。同样的道理，囊胚的细胞应当能帮助囊胚在子宫内着床。因此，要检验类囊胚有多像囊胚，就得看看它在子宫内着床的情况。但问题是，拿人类的类囊胚进行测试并不现实，原因很简单：我们不能用人体做这样的实验。尽管如此，已经有人在小鼠身上完成了类似的验证实验。令人意想不到的是，虽然小鼠的类囊胚表现出一定的着床能力，但它们没有继续发育和启动原肠作用，而是被母体吸收了。这再一次表明，胚胎是细胞活动的产物，而子宫显然能感知细胞活动的差别。

接下来，如果想测试人类类囊胚的活动和极限，我们就要建立一套模拟或绕过子宫的实验体系，这样才能确定这种多细胞结构是否拥有与囊胚同等的身体地位和道德地位。倘若类囊胚与囊胚极其相似，以至于我们不可能对二者的行为和命运做出有效的区分，那么我们是否应该对类囊胚和囊胚一视同仁？不要忘了，14 天规则的本意是禁止在体外将囊胚培养到原肠作用启动之后的阶段，但或许用不了多久，我们的技术就能让囊胚在子宫外顺利地存活到原肠作用启动的时候了。当这一天来临，我们应该怎么办？

这不禁让我想到了同事娜奥米·莫里斯提出的一个有趣的问题。莫里斯现在在弗朗西斯·克里克研究所工作，她曾问道：囊胚究竟是一种结构，还是一种过程？过程是指从卵子受精到胎儿形成，囊胚只是其中承前启后的一环，这种认识基本上等价于胚胎的传统定义。囊胚仅仅是一团细胞吗，就算它们实际上聚成了一个整体？还是说，囊胚是一种必须由合子在子宫里发育才能形成的结构？如果我们保守一点，认为囊胚只是一种过程，那么类囊胚就不是囊胚，因为二者的起点不同。这让我们能赋予类囊胚不同于天然囊胚的道德地位，或许能减少对于实验室环境中使用类囊胚的限制。但如果我们选择另一种看法，认为囊胚是一种结构，就应当对类囊胚和囊胚一视同仁。考虑到目前已有的规定，这将意味着除非出台新的规则，否则一旦类囊胚启动原肠作用，相关的研究就必须终止。

我认为囊胚和类囊胚属于结构的范畴，而且这些结构的形成过程同等重要。这种重要性可以从小鼠实验中看出来：子宫能接受囊胚着床，却不能接受基因完全相同的类囊胚。类囊胚无法正常着床的原因可能是，它的细胞没有处在同囊胚细胞一样的环境里，没有发生类似于囊胚细胞之间的互动。哺乳动物胚胎的形成需要母体细胞的帮助，子宫内的细胞能识别出类囊胚和囊胚的不同。另一个原因是，受精卵不会形成类囊胚。因为类囊胚的培养不需要合子，我们可以用来源相同的胚胎干细胞和诱导多能干细胞分别培养出大量类囊胚，然后对二者进行比较，为相关研究提供更好的实验模型。理论上，只要取得生殖细胞捐献者的知情同意，可以说类囊胚就是一种取之不尽用之不竭的研究素材。

这些严肃的问题事关重大，而且我们尚无明确的答案。类囊胚的使用在针对生育和胚胎早期发育的研究方面取得了巨大的成功，但由于它们可能会变成胚胎，我们在划定自己行为的边界时必须小心谨慎，尽可能多地听取不同的意见和看法。另外，利用诱导多能干细胞培养出的类囊胚其实非常接近克隆体。同当年的沃诺克委员会一样，我相信对以上问题的思考需要科学家、医生、宗教领袖、政治家、律师、生物伦理学家和大众的共同参与。

对大多数人来说，"胚胎"这个术语是指所有在卵子受精后形成的结构，包括囊胚和原肠胚。我完全明白这样做的原因，也知道这或许是一种行之有效的做法，它能让发言者免于陷入辨析术语的尴尬泥潭。但是，当进行保护性立法时，我们就要力求定义的准确性。近年来，随着科学家不断利用胚胎干细胞和生物工程技术在针对人类早期发育的研究方面取得进展，这种需要也变得更为迫切。我虽不是律师，也不是伦理学家，但作为科学家，结合自己在这个快速发展的领域里深耕多年的经历和所见所闻，我对目前这种进退维谷的局面有自己的看法。囊胚是一团有可能形成胚胎的细胞，但它本身还不算生物个体。如果这团细胞想变成个体，那么它必须先变成胚胎。尽管囊胚在发育过程中的地位非常重要，但由它变成的胚胎才是最重要的。

这是因为"个体"这个概念讲求身为人类的敏感性和情感。联合国在 1948 年通过了《世界人权宣言》，开篇第一条就提到，我们都"赋有理性和良心"，这是个人权利产生的基础。沃诺克委员会提出我们的细胞在原肠作用发生之前并不享有人类个体的权利，我对此表示认同，但这并不意味着它们不是活物。我们的细胞在原肠作用开始前的确是活的，但它们还没有聚集起来，也没有变成一个胚胎该有的样子，更不是人类个体。出于这样的原因，虽然我们在思考囊胚的权利以及设计实验时需要考虑它们的发育潜力，但我认为不能也不应该把囊胚当作个体看待。同样的看法也适用于类囊胚。我与沃诺克委员会的观点分歧在于个体出现的时间点。沃诺克委员会把这个时间点定在了原肠作用的起始时刻，以原条的形成为标志。但我认为这时的胚胎仍然是一团细胞，原条的出现只代表机体构建过程的开始，而躯体完全成形还需数天时间，这个过程不可能在发育的第 4 周前就完成。直到进入第 4 周、胚胎形成，细胞才开始精诚合作，一起为个体的诞生而努力。

寻找结构的意义

在历史上的绝大多数时候，我们都没办法亲眼见到人类原肠作用的过程。体外受精技术的发明让观察离体的原肠作用成为可能，但几乎转眼之间，14 天规则就把这种希望扼杀了，原肠作用的秘密又被深深地埋回子宫壁里。尽管如此，在摸索人类胚胎干细胞的性质时得到的那些类似胚胎的结构，终究还是帮我们泅过了生物学的卢比孔河。

2022 年 8 月，一则宣称科学家利用胚胎干细胞培养出完整小鼠胚胎（更确切地说，是一种迄今为止最接近我所认为的合成胚胎的结构）的消息，将我们引入了一个全新的领域。[5]无论这些结构有多不完美，培养的成功率有多低，它们都很像我在前文中定义的胚胎。虽然这次实验用的是小鼠细胞，但过不了几年，用人类胚胎干细胞培养相同的结构也很有可能成为现实。这将是跨越卢比孔河的重大突破，因此我们需要做好准备，想想这样的实验会带来哪些伦理问题，然后主动解决它们而不是等它们找上门来。类似的结构有助于我们认识人类的原肠作用，也有观点认为我们可以用它们来培养移植用的器官和组织。在我看来，这应该被当作一种非常规手段，并且只能在没有其他备选方案时使用。我相信，合理的备选方案总是有的，所以我们其实并不需要动用这种技术。

针对胚胎干细胞和类器官的研究不仅势头迅猛，而且进步飞快，但它们依然无法与生物体相媲美。换句话说，实验室终究无法百分之百模拟自然界，无法构建出结构和功能都足以乱真的器官。胚胎拥有而类器官缺少的是一种由细胞间复杂的相互作用构成的环境，在结构涌现的过程中，这种环境负责决定结构内的相对位置，以及掌控结构本身的装配。这对某些器官的发育来说至关重要，比如我们之前介绍过的心脏。辛辛那提儿童医院的詹姆斯·威尔斯一直在研究如何通过人为制造这样的环境来培养消化道的结构组分。肠道由来自三个胚层的组分构成，威尔斯的课题组分别独立地培养了这三个胚层组分的衍生物，然后人为触发了肠道形成所需的细胞间相互作用，像组装家具一样把各个组分整合起来。[6] 他们最终得到的结构虽保留了自主性，但相比经典的类器官，它们更像胚胎的器官。

　　另一种方法是让细胞通过自组织来实现这种相互作用。这时候，类原肠胚就可以作为我们观察原肠作用（更确切地说是原肠作用的结果）的潜在手段，让我们能轻易实现细胞之间的相互作用。最重要的是，类原肠胚不涉及伦理问题，因为它们没有发育成完整个体的潜力。类原肠胚既没有脑，也缺少与母体建立联系所需的胚胎外细胞。在继续发育的过程中，如果没有这些附属物的支持，任何类似胚胎的结构都会难以为继，遑论发育成熟或变成完整的生物体了。即便类原肠胚含有构建脑组织的祖细胞（我确定，这会在未来的几年内成为现实），它们也不可能轻易地发育到胎儿阶段，变成成熟的个体就更无从谈起了。这就是为什么类原肠胚本身既不算胚胎，也不算合成胚胎，而是"胚胎的模型"。出于这个理由，我相信类原肠胚及基于干细胞的相关胚胎结构能帮助我们解决现代生物学最大的难题之一：如何在不能使用胚胎的前提下，研究哪些结构属于或不属于胚胎的范畴；搞清楚为什么早期发育这么容易失败，只有一小部分胚胎能取得成功。

　　类原肠胚抛出了一些让人意外的发现，以及一些令人困惑的、与人类有关的胚胎生物学方面问题。比如，我们知道在细胞构建躯体并决定哪里是上下、哪里又是左右时，负责参与原条形成的胚胎外组织可以充当指示位置的内在罗盘。那么，当胚胎细胞只能靠自己时，它们为什么也能做到同样的事？倘若机体的划分和形成不需要原条参与，那么我们是否应该考虑降低这个结构在发育中的关键性地位？安妮·麦克拉伦及她所在的沃诺克委员会将原条开始形成作为个体诞生的标志，但这种做法只代表当时的科学认知和成见。今天我们不仅知道得更多，而且无论是胚胎实验的操作流程，还是对胚胎的认识，都不可同日而语。对于原条和生物体结构之间是什么关系，我们的观点已经改变了。正是出于这个原因，国际干细胞研究学会才会主动建议修订 14 天规则。

同样令人感到意外的是，类原肠胚揭示了生物体结构形成的过程。我们通过大量的遗传实验得知，胚胎细胞会利用 *Hox* 基因改变自己的形态和功能，而改变的依据是它们在体轴上所处的位置。类原肠胚表达 *Hox* 基因的空间和时间顺序与胚胎相对应，我们可以借助它们来研究细胞利用基因回路塑造时间和空间的确切方式。

由于类原肠胚的发育节奏和模式与胚胎相同，它们让我们得以再现发育早期的病理过程，并以新的方式对其进行研究。最重要的是，有了类原肠胚，我们就可以在致畸物测试实验中减少动物的使用。尽管致畸物测试实验非常重要，但目前非人类实验模型不太可能充分反映人类胚胎的实际表现。如果结合其他胚胎模型，类原肠胚还能用作研究疾病的模型。为此，我们需要与患者合作，因为实验的第一步是从确诊患有某种疾病的人身上提取细胞，并将它们诱导成干细胞，然后我们才能借助相应的实验操作，使其形成类原肠胚。京都大学的坎塔斯·阿莱夫和娜奥米·莫里斯，已经在用这种实验研究人群中较为常见的家族性或散发性先天脊柱侧凸和分节不良了。其他研究也会陆续跟进。

　　类似的实验之所以可行，是因为使用类原肠胚并不违反目前的伦理规范。尽管如此，我们在用诱导多能干细胞培养类原肠胚时仍需保持谨慎，尤其是在细胞的捐献者是患者的情况下。我们不希望再经历拉克斯家族的悲叹。人类的类原肠胚虽然既不是克隆体，也不是捐献者的复制品，但它们终究来自人类个体。出于对他人的尊重，我们要确保捐献者明确知道自己的细胞会被用来培养类似胚胎的结构——如实相告，既不添油加醋，也不遮遮掩掩。

　　同现实中一样，跨越卢比孔河的路有很多条，其中有些路可能会让我们身陷险境。生殖细胞携带着基因组的一部分，它们是创造下一代的神奇载体。对于生殖细胞的产生，胚胎模型可以揭示多少背后的秘密，这个问题尤其令我着迷。生殖细胞是原肠作用中最先出现的特化细胞，它们也许是细胞和基因之间达成的那份浮士德式协议的必要条款。但是，为了完成自己的使命，生殖细胞必须进一步变成配子（卵子和精子），这个转变过程离不开与性腺组织的相互作用。类原肠胚也可以产生生殖细胞，但因为性腺组织出现在发育晚期，所以到目前为止，类原肠胚还没有性腺组织。生殖细胞是生物学的圣杯，这不只是因为它们担负着传承下一代的使命，还因为精子和卵子的结合会触发神奇的发育过程。

　　过去 10 年间，有一些大胆的实验已经在给未来的新发现铺路了。比如，京都大学的斋藤通纪课题组成功地用小鼠的胚胎干细胞培养出功能正常的小鼠合子。[7] 他们的做法是，先用胚胎干细胞培养出生殖细胞，然后将生殖细胞与性腺组织混合，使其成熟。这个令人赞叹的实验蕴藏着治疗不孕不育的希望。小鼠和人类的生殖细胞之间存在关键性的区别，比如它们在产生新细胞时所用的蛋白质不同。提出这一点的是我的同事、剑桥大学格登研究所的阿齐姆·苏拉尼，他发现了这两个物种之间的一些关键性区别，即不同的物种在以各自的方式使用基因组里的工具（这个事实应该已经不会让你感到惊讶了吧）。正因为如此，我们距离用胚胎干细胞培养出人类配子依然很遥远，但套用雅克·莫诺说过的一句话：在小鼠身上行得通的办法，在人类身上也行得通。目前，相关的研究正在以惊人的速度推进，不知道到了本书出版的时候，它们会进展到怎样的程度。

类囊胚、类原肠胚和合成胚胎（这些结构往往被统称为"干细胞胚胎模型"）引出了关于人类自我认识的根本问题：我们究竟是谁，或者说我们究竟是什么？胚胎外组织形成的胎盘和卵黄囊不是在怀孕期间被耗尽，就是在妊娠结束时被废弃，这些辅助结构对人类胚胎的发育究竟起到多大的作用？为什么生殖细胞的兴衰与胚胎发育的成败息息相关？首批实验的结果表明，未来我们或许可以通过改变胚胎早期发育的环境（无论是体内环境还是体外环境）去影响细胞协作和组合的方式，由此操控胚胎的发育，使其变成独特的个体。届时，我们又应当给这类实验设置怎样的限制条件呢？一旦我们在如何混合和匹配细胞及如何利用生物化学因子"修正"胚胎发育的环境方面有了更丰富的经验，一些关键问题就会浮出水面。这些问题涉及我们究竟是谁，以及到底是什么定义了人类这个物种。

血统 vs 身份

以干细胞胚胎模型和类器官为实验对象的前沿科学研究，导致"基因造就了我们"的观点难以为继。生物体的发育过程和组织功能维持的确需要基因，但从生物体结构的筑基到神经系统的形成和运作，全部是细胞在主导基因的表达，这才使我们变成了该有的样子。

整个20世纪，有一种普遍的假设是"我们的身份与自己的DNA密切相关"，这种观点一直流行到了今天。虽然这种说法有一定的道理，正如莎士比亚的名句"凡是过往，皆为序章"，但就发育而言，细胞和基因之间的关系与这种历史悠久的观点大相径庭。考虑到这样的渊源，在这里我们有必要暂停一下，对基因组主宰了我们的存在这个观点的成因做一番简要的梳理。该观点源于DNA的本质，DNA链上碱基G、C、A、T的组合字母串如同编码了基因组的五金商店货品清单。数百万年来，这份清单不断地更新，而且每个人的清单都不一样（并不是说基因组提供的工具不一样，而是工具的颜色和设计有微妙的差别）。这种微妙的差别让我们能追溯基因组的演变过程。根据遗传密码的异同及二者的关联，我们可以梳理出基因组的演变史，这就好比梳理电子产品的发展历程，看看它们如何从20世纪50年代的笨重计算机演变成你手里的智能手机。再给这些发展脉络加一些说明（或者说谱系学），你就有了祖先和血统的概念。这些概念将你与遥远的先人及地点联系起来，只要你追溯得足够远，那么所有的人都可以是亲戚。

人类对归属感有强烈的需求，渴望知道自己的起源。正因为过去数百年里我们一门心思地扑在基因上，才会一直用遗传学的语言书写人类的起源故事。盛极一时的商业DNA测序公司Ancestry.com和23andMe，收录了总计超过3 000万人的基因组序列。基于这些数据，有人可能会告诉你，你有37%的西班图血统、27%的日耳曼血统、26%的苏格兰血统和10%的尼日利亚血统，数据的误差在10%~20%；或者有人会对你说，你有2%的DNA来自尼安德特人（这是平均数值，所有现代智人都有尼安德特人的血统，这与智人的演化史有关）。有的公司宣称，它们可以将你的DNA与生活在数千年前的族群做比对，比如维京人、古埃及人和丘马什印第安人等。想想身为法老王的后裔是怎样一种感觉！与如此遥远的人、地点和时代建立联系，是多么诱人的尝试。但正如科学智识组织（Sense About Science）对此类话术的评价，"它们不过是遗传学版的占星术"。遗传学家亚当·卢瑟福指出，只要追溯的时间足够久远（更何况人类的历史也没有多久远），人人之间都存在血缘关系。这的确是事实。作为动物，作为灵长类，作为人类，每个人都离不开基因组提供的遗传工具，就算我们的基因组有很多的相同之处，也没什么可大惊小怪的。

用基因衡量的血统是可量化的，比如，我们有50%的这个或25%的那个。但这些数字究竟是什么意思呢？它们是否真能代表今天的我们？基因组里也许蕴藏着我们这个物种的演化史，但我们的身份并不是由我们的基因组决定的。

对于人类的前世今生，另一个同演化一样有趣的视角是发育，即细胞如何通过一次又一次的分裂造就了我们。从合子的第一次分裂开始，差异和分化在发育的过程中不断积累。回忆一下，由卡尔·恩斯特·冯·贝尔首先注意到的胚胎发育特征：原肠作用刚结束

时，我们的样子同鸡、鱼和蛙非常相似。动物胚胎的相似性将我们
与世界上最早的多细胞生物联系起来。真核细胞自此开始以新颖的
方式利用基因组，它们控制着基因，以便能联合起来形成一种强健、
高效的生物体，进而征服整个地球。为了实现这个目标，细胞找到
了几种行之有效的方法，比如两侧对称的身体结构和原肠作用。所
有动物都用同一套工具奠定身体的基础，然后在原肠作用结束后分
道扬镳。随后，根据细胞之间的相互作用方式，加上哺乳动物的胚
胎细胞与母体细胞之间的相互作用方式，每种动物构建各自的物种
特征，并成为独一无二的生物个体。细胞构建机体的活动并不是在
人出生的时候就终止了，而是持续终生；干细胞一直在产生新的细
胞，让我们身体的运作维持良好的状态。

　　无论DNA测序公司的广告说得多么天花乱坠，基因都不能代表
我们的身份。事实上，这些公司把客户的测序结果用于研究如何治
疗由单个基因突变引起的疾病。换句话说，他们其实知道基因只是
工具，并且有的工具可以被修复，而他们的真正目的是设法从中获
取经济利益。但DNA测序公司并不是唯一想从我们对基因的误解中
获利的企业。

性状与什么有关？

　　2022 年夏天，我们仍身陷 21 世纪的头一场全球性流行病，并
且对每天的不确定性感到手足无措。就在这时，一个名叫奥雷娅·斯
密格罗茨的婴儿诞生了。她的降生靠的是体外受精技术，但有一点
使她从包括路易丝·乔伊·布朗在内的众多试管婴儿中脱颖而出。奥

雷娅的独特之处在于，研究人员在筛选通过体外受精获得的胚胎时，采取的标准既不是哪些胚胎的最初几次细胞分裂表现不错，也不是哪些囊胚看起来更有可能顺利着床，而是基因组。诚然，在产前筛查遗传病和染色体异常成为现代医学通行做法的当下，医生都会检查胚胎是否患有囊性纤维化、亨廷顿病、镰状细胞贫血，以及其他由单个基因突变引起的疾病。奥雷娅的相关筛查超出了这个范畴。她被选择的理由是，有关人士认为她的基因组不会让她在成长和衰老的过程中患心脏病、糖尿病和癌症。所以，这个女孩是基因中心论的产物。

与奥雷娅有关的胚胎选择工作（或者有的人更想称之为"实验"）是由一家名为Genomic Prediction（基因组预测）的公司负责的。这家公司向父母们保证，他们有能力预测各种疾病的发病风险，包括糖尿病、冠状动脉病变和乳腺癌。这则声明的基础是，我们相信自己可以用统计学方法分析DNA序列，通过定位和综合评估整个基因组里的基因突变，就能判定一个人可能比普通人更容易出现某种特定的性状。你拥有某种特征的可能性被称为"多基因评分"，顾名思义，评判这种概率的基础是多个基因。

作为一种较新的事物，多基因评分是2000年人类基因组工作草图公布（首次披露全基因组序列）后出现的副产品。人类全基因组序列的公布引发了基因检测狂潮，人们纷纷开始寻找有哪些基因可能会导致疾病。很快，全基因组关联研究（GWAS）立项，科学家通过一次性检测许多人的基因组，寻找那些似乎有遗传倾向的病症（它们的传递具有家族性）与基因之间的联系。除了一些显而易见且得到确认的例子，这类研究从未兑现当初的诺言，即揭示基因和表型之间的简单相关性。有的疾病（包括 2 型糖尿病、冠心病和肥胖症）曾被认为与单个基因存在某种弱关联，但进一步核实实验数据后，我们发现二者之间的联系很可能只是偶然。

从令人沮丧的实验结果中缓过神后，科学家又提出了一个新颖的假说。他们认为，在大多数情况下，疾病或许并不是由一个出错的基因导致的，而是由一众有缺陷的基因"联手"导致的，其中每一个基因只起到很小的作用。产生这种想法并没有什么错，就像他们说的那样，生命是一个复杂的整体。但是，在基因组里搜罗类似的缺陷是一件极为困难且耗时的工作，因为人类的基因数量太多了，而且对于绝大多数基因，我们根本就不知道它们是什么样子，也不知道它们有什么功能。因此，基于这种新的全基因组关联研究，科学家开始从表型（疾病的症状或性状）入手：对于具有某种表型的群体，他们反过来寻找这些人是否有同样的 DNA 序列。在把某些统计学手段用于解决这样的问题之后，多基因评分就被发明出来。

我们并不能简单地把多基因评分理解为"估算有什么样的基因就有多大的发病概率"。这个评分最重要的特点在于，它估算的是基因组结构的变化（基因型）和我们眼睛能看到的变化（表型）。另外，我们讨论这个评分的时候有一个默认的前提，那就是导致疾病的原因是突变的积累和叠加。这是因为在人群中，不仅很少看到两个得同一种病的患者拥有百分之百相同的致病基因，也很少看到一种疾病的遗传率（又称遗传力、遗传度，指基因对某种性状的贡献程度）能百分之百归因于某一段 DNA 序列。因此，要计算多基因评分，我们需要考虑有多大比例的人拥有某种比例的某段序列，以及某种疾病的遗传因素占了多大百分比；我们还要考虑你的基因组里有多少个与这种疾病有关的位点，最后算出你得这种疾病的概率有多大。这个指标不仅计算方法复杂，解释起来也很拗口。

不出所料，对多基因评分的释义给了很多人耍花招的机会。举个例子，假设根据多基因评分，在西方白色人种群体里，某种流行病有20%的患者涉及总共100个DNA标记。换句话说，这100个DNA标记与1/5的病例有关。反过来，这种病症的遗传率有80%不能用某段目前已知的DNA序列来解释。接下来就是问题的关键所在：这种指标只能宽泛地衡量你在人群中所处的相对位置，它并不能告诉你作为一个个体，你身上究竟会发生什么。因此，在我看来，根据这样的多基因评分采取应对行动是有问题的，毕竟这种评分并不等同于你的命运。

对于多基因评分及其他全基因组关联研究的衍生产物，我们还有别的理由对它们的价值提出批评乃至质疑。一是数据本身，二是它们的应用。最重要的一点是，用于计算评分的人群数据主要来源于北美洲和欧洲的富裕白色人种。那些对在筛查和治疗中使用多基因评分表示赞成的医务工作者总在提醒公众：目前发现的关联可能无法外推到这些研究没有涵盖的人群。这在逻辑上是说不通的。对于生活在地球上的所有人，任何两个人的DNA都有超过99.5%的部分是完全一样的，至于一样的部分具体是哪些，情况未必总是相同。如果说一个人的成长环境和生活方式会影响多基因评分，那不正好说明基因组是一个糟糕的预言者吗？你可以想象一下，如果当初牛顿说"注意！引力只适用于英国，因为我的观察只是基于英国的苹果"会怎么样。当然，要想提升多基因评分的预测能力，我们只需要把网撒得更大一点儿；但如果把足够多的等位基因纳入考虑范围，你甚至会发现患上某种疾病和成为人类也是有关联的。

　　不仅如此，目前的多基因评分都是基于成年人的数据，也只被应用于成年人。几乎可以肯定地说，大批的基因一定也参与了发育的其他过程，如果在选择时将它们（或者其中的一部分）排除在外，那么囊胚着床的成功率或组织器官顺利发育成熟的概率可能也会降低。

　　事实上，要不是多基因评分在临床上的风头越来越盛，它就只是统计学和生物学交叉领域的一个鲜有人问津的新奇概念。英国正在推进一项计划，旨在为每一个新生儿做DNA测序，然后利用多基因评分，在国民出现任何疾病症状前提醒他们寻求治疗。可想而知，市面上将出现更多像Genomic Prediction这样的公司。今天，这些公司对赌的是健康风险，而未来他们很可能会把目光投向智力、受教育水平、运动素质、社交能力和寿命。

　　在沿这条道路高歌猛进之前，我们应该考虑一下这样做会有哪些潜在的后果。这可不是危言耸听。全基因组关联研究和多基因评分已被应用于农业领域，目的是筛选具有特殊价值的养殖动物品种。比如后代的鸡肉产量较高的雄性肉鸡或种鸡，这种鸡比培育高产蛋鸡所用的雄性种鸡更具攻击性；再比如，用于配种的狐狸通常性情温顺，因为它们的后代无论毛色还是花纹都更丰富。[8] 其实我们并不完全明白细胞是如何利用基因构建生物体的，因此，仅仅根据哪些基因的组合更容易导致某种特定的疾病（通常只是成年人的常见病），就对人类的胚胎进行筛选，这样的做法可能会导致新生儿出现我们不希望看到的性状，反倒弄巧成拙。[9]

　　用来计算多基因评分的DNA标记大多不是某个基因，在很多情况下，它们只是DNA序列上的一个个小"脚印"。这些标志性的突变位点被称为"单核苷酸多态性"（SNP）。每一个单核苷酸多态性都代表DNA序列上的一处变化，这种变化对所涉及基因的影响通常是未知的。正因为如此，每每有新闻报道宣称有人在考虑用多基因评分来评估更复杂的人类特质（比如性格和智力），我都会忧心忡忡。我们可以推测，这些人类特质的涌现与整个基因组那30亿个碱基字母对中的数千个乃至数万个字母发生改变有一定的关系；相比之下，我们非常确定，人的性格和智力是脑细胞相互作用的结果。在这个问题上，我们没有理由认为基因组比细胞更重要。因此，在有更多的相关研究和更深入的认识之前，我们不应该相信多基因评分在精准预测某些人类特质方面的表现，因为心理和情感是我们的细胞相互作用的产物。

　　当说到决定某种性状的因素不是基因时，人们会立刻把目光转投向环境。每次看到这种"不是先天，就是后天"的古老思维，我都会备感沮丧。在这种语境中，"先天"代表基因组，"后天"则指家庭和社会。在过去的几年里，表观遗传学将二者串联起来，但表观遗传学也不过是一种新的基因科学。在这类争论中，细胞始终处于"消失"的状态。但如果不通过细胞，我们就无法从基因跳到健康（或者疾病）。很少或者说极少有全基因组关联研究会勉为其难地往这个方向靠一靠，它们至多心不在焉地探讨一下单核苷酸多态性的效应，看一眼这些DNA序列的细微改变可能会对细胞的行为表现造成怎样的影响。我相信，相关研究的未来并不是把针对基因的统计学分析结果解释成某种确定的命运。细胞持续不断地塑造和重塑着我们，而统计学的意义就在于让我们认识这种神奇的动态过程。或许按照这里所说的思路，我们就能知道上面那些数字的含义究竟是什么了。

命运的先兆

依据我们的基因组预测未来并不比依据茶叶渣预测未来容易多少，因为我们想找的很多东西根本不在基因组里。你的未来是由细胞决定的，事实上，很多东西是由你的干细胞决定的。作为一群特殊的细胞，干细胞确保了你的肠上皮能每周更新一次，你的皮肤能每月更换一次。不仅如此，每一个新生细胞的基因组都与之前的细胞不一样。每个细胞在诞生的时候都有一定的概率发生突变（虽然这种概率很小，但总归是有的），从而导致基因组撕毁与细胞达成的协议，试图反客为主。绝大多数时候，细胞都能通过启动自杀程序或向免疫细胞发送信号来平息叛乱。

我们常常理所当然地认为，癌症是由 DNA 的突变引起的，但有的时候末日的征兆会以另一种面目出现。比如奥利维娅和伊莎贝拉，她们是出生在英国布罗姆利的一对同卵双胞胎。两姐妹出生时都很健康，但在过完两岁生日后不久，奥利维娅患上了急性淋巴细胞白血病（一种血液和骨髓癌）。这种白血病与一种基因突变有关：基因 *TEL* 和基因 *AML* 发生了融合。姐妹二人都携带了这个突变，但光有这个突变并不足以致癌。即便如此，双胞胎的父母和医生也担心伊莎贝拉出现白血病的症状不过是时间问题，毕竟作为同卵双胞胎，她们的 DNA 完全一样。然而，伊莎贝拉一直安然无恙。

为了进一步了解奥利维娅的病因，同时监测伊莎贝拉的健康状况，医生为她们做了详细的DNA分析。奇怪的是，当医生检测她们父母的DNA时，发现两人都没有 *TEL-AML* 融合突变，而且在双胞胎姐妹身上，这个突变也只存在于血细胞，并没有出现在其他类型的细胞里。除此之外，奥利维娅的血细胞还有另一个突变（伊莎贝拉没有），正是这个突变把她推进了白血病的深渊。

经过一番刑侦破案般的摸排工作，当时分别就职于牛津大学和伦敦癌症研究所的塔里克·恩维尔和梅尔·格里夫斯找到了答案。[10] 上面提到的这两个双胞胎女孩在她们的母亲刚怀孕时都很健康，后来变成奥利维娅和伊莎贝拉的合子最初没有携带任何会导致白血病的基因突变。但就在原肠作用启动没多久的某个时刻，当她们的身体结构逐渐成形时，伊莎贝拉体内的一个造血干细胞发生了 *TEL* 和 *AML* 融合的突变。由于双胞胎此时共用一套循环系统，这个突变的干细胞进入了奥利维娅体内，并在她的骨髓里发展壮大，正是在那里发生了第二次致命的突变。最终，两种突变引发了奥利维娅的癌症，但这两个基因突变并没有发生在整个基因组的层面上，它们仅仅发生在奥利维娅体内的一个造血干细胞里，而这个造血干细胞来自她的双胞胎姐妹。

科学家正在进一步研究，看哪些细胞有能力阻止基因组单方面撕毁浮士德式协议。如今最被看好的是"CAR-T疗法"（嵌合抗原受体T细胞治疗），它的事实基础是许多癌细胞会用特殊的表面蛋白伪装自己，借此躲避包括T细胞在内的免疫细胞，达到扩散和大肆破坏机体的目的。CAR-T疗法通过改造T细胞，让T细胞搭载一种能识别肿瘤细胞表面蛋白的分子。为此，医生需要从患者的血液里提取 T 细胞并对它们进行改造，使它们能识别癌细胞的表面蛋白，然后将经过体外培养的改造 T 细胞注射到患者体内，让它们大显身手。这种疗法确实有效，很多患者都靠 CAR-T 疗法治好了癌症。

在上面的两个例子中，细胞既是疾病的先兆也是健康的希望。对奥利维娅来说，她的白血病的确可以归咎于那两个基因，或者说它们是导致疾病的元凶。同样的道理，我们也可以把 CAR-T 疗法的成功归因于对 T 细胞基因组的改造。在这两个例子里，我们大可以把基因看作患病和康复的关键。但是，这种理解就好比我们看着一个手脚生疏的工匠随意使用着自己的工具箱，做出了一件不堪入目的东西，然后他一边打磨工具，一边抱怨工具不行。从根本上说，是使用者定义了工具的价值，决定了能否用它们做出充满创意的物件。而在我们身上，这个"工具使用者"就是细胞。

CODA

早在 19 世纪末，生物学家就已经意识到细胞是构成生物体的基本单位了。但除了少数人，他们都没有把细胞看作一种空间和时间的载体。相反，他们觉得细胞是一种被动的客体，是构成且从属于组织和器官的结构单位。细胞构成组织，组织构成器官，器官最终构成生物体，仿佛生物体从一开始就"知道"要拿什么来组成自身。

汉斯·杜里舒和汉斯·斯佩曼从各自的实验中得出的结论也是如此：生物体操控着细胞，对它们发号施令；总而言之，处于主导地位的是生物体。杜里舒曾把生物体比作一台"机器"，甚至到后来，当他被海胆的早期胚胎打了个措手不及时，他的反应依然是绞尽脑汁地思考究竟什么样的机器能完成如此不可思议的壮举。你还记得杜里舒的实验吗？他发现在胚胎发育早期，每个细胞都能发育成完整的个体，而不是发育成完整个体的一部分。他最后得出的结论是，能做到这一点的机器根本不存在。杜里舒深思熟虑后认为，这将是"一种非常奇怪的机器，它的每个部件都完全相同"。他没能找到摆脱这种困境的答案，或者说没能为他的机器论找到合理的解释，便在心灰意冷之后转向了活力论。[11]

杜里舒没能像今天的我们一样看待细胞。在那个年代，没有人能预见到显微镜下那些一动不动的方块背后还隐藏着如此丰富多样的活动和结构。杜里舒设想的机器是存在的，只不过这种机器由细胞构成。作为机器的部件，每个细胞都一模一样，而且它们有能力重建整台机器，所需的工具打从一开始就整整齐齐地摆在它们的细胞核里。杜里舒缺少的另一块拼图是细胞的涌现性质：细胞通过彼此之间以及与环境之间的相互作用，构建的整体超越了各个结构组分的简单相加，由此造就的行为表现和活动，以及组织时间和空间的能力，是生物体结构和功能的基础。

在本书勾勒的设想中，基因组编码了各种各样的零件、工具和材料。当这些东西全都汇集在细胞内并被细胞有选择地使用时，它们就获得了每个部分单独存在时所不具备的性质。在这个基础上，细胞便能通过指令控制基因组的活动，让后者为生物体的构建和运作服务。基因组或许（仅仅是或许）对第一个细胞的诞生来说是不可或缺的，而一旦合子开始分裂，由一个细胞变成两个细胞，新世界的大门就打开了。细胞之间的相互作用决定了基因组的活动，细胞开始利用基因组扩张版图和操控时间。在发现和承认这种涌现性质之后，我们对细胞的认识就从一种静态实体变成了一种动态实体。

对于细胞是何种动态实体，我们只是略有所知，这既是对以往观点的修正，也翻开了细胞科学的新篇章。细胞不再是一种名字五花八门的静态结构，与我们在义务教育阶段的课堂上或大学的细胞学课程中学到的不同，它们是复杂的、动态的，而且充满创造力；它们能学习、移动、计数、估量空间和时间，还能相互作用和交流。细胞的这些活动在原肠作用和体外培养组织器官的过程中，表现得比在任何其他地方都更淋漓尽致，但我们对这些过程的遗传程序一无所知。为了与细胞沟通并将它们的力量引导到特定的方向上，我们使用了它们的语言，即它们用来构建生物体的化学和力学信号。我们的确根据它们表达的基因、对细胞的类别做了划分，但就像我们认为人类的DNA是标识个人身份的条形码一样，我们将基因的表达情况视作识别细胞身份的条形码：每种类型的细胞都有各自的基因表达谱，这可以用作区分它们的标识。但我们不应该忘记，细胞远不只是它们表达的基因，而是所有细胞行为的总和。

21世纪伊始，有三位知名的生物学家详细阐述了他们对未来的看法。他们把这种未来称作"分子活力论"，这个名字引发了不少争议。[12] 他们在论述中暗示了一种以动态的方式看待细胞的视角，将它们的分子构成同它们在生物体发育过程中的行为联系起来。他们的论文还以一种含蓄的口吻号召大家接纳与生物学系统的涌现性质有关的研究，并笃信类似的研究将有助于我们认识生物学如何把不同层面的事物整合到一起，使它们奇迹般地变成了我们看到的自然界。

不管你看向哪里——镜中的自己还是远方的树林，你看到的一切都是细胞的作品。你的心跳、你的想法和情感，还有你阅读这段文字的能力，这些都与神经元、它们的电活动以及它们之间的对话和协作有关。你的肠道、血液、皮肤的功能和存亡，还有你奔跑、书写和抓握的能力，这些陪伴你终生的身体结构和生存本领依靠的同样是细胞，只不过是一群特殊的细胞——干细胞，这种细胞的活动会通过不止一种方式影响你的健康。当然还有一类不能不提的细胞，因为你的子孙后代和未来都在这些特殊的载体里，它们在人类发育初期就早早地被分拨到了一边，而后又将基因传递给被我们称为配子的下一代。数十亿年前，地球上出现了第一个真核细胞，随着多细胞生命形式的登场，真菌、植物和动物开始对空间和时间进行探索，而我们正是这个故事未尽的一部分。从我们的合子形成的那一刻起，我们就身在这个故事之中了。我们的未来并不从属于我们的基因，而是像我们的过去一样从属于我们的细胞。

后记

进入 21 世纪，我们依依不舍地对活力论进行了最后一次审视，只为强调我们终需超越对细胞的蛋白质和 RNA 成分的基因组分析（这也会在不久后过时），转而关注分子、细胞和生物体功能的"活力"特性……基因型，无论我们对它做多么深入的分析，也无法用它来预测实际的表型，它只能为我们提供关于表型的海量可能性。

——马克·基施纳，乔纳森·格哈特，蒂莫西·米奇森，
《分子活力论》

我认为我们正在发掘某些非常重要的概念。我不确定最终能否得到一套有助于理解生物学的宏观定律。但皮埃尔–弗朗索瓦·莱内说得没错，如果只盯着微观的东西，那么我们什么也得不到。自从我们开始用分子生物学和遗传学研究发育过程，胚胎实验就成了宾果游戏里的表格，我们只会在上面勾选不同

的基因或分子通路扮演的角色；正因为如此，我们才会只盯着微观的东西。而我们确实需要回到这些概念本身，设法用新的方式将它们整合起来，我认为这就是我们正在做的事。现代技术蕴含的潜力将帮助我们对发育的认识发生质的飞跃。

——本·斯蒂文顿，往来通信，2018 年

1864 年，查尔斯·达尔文的演化论仍然算是比较新鲜的事物。当人们热火朝天地争论他的观点时，时任英国首相本杰明·迪斯雷利决定对此发表自己的看法。人可能是猿的后代，这种想法让很多人感到震惊和厌恶，尤其是在一个宗教基础非常坚实的社会里。"如今最令人感到惊异的是哪个问题？是哪个问题被一帮巧舌如簧的人摆到了这个社会面前？"迪斯雷利问道，"这个问题是这样的：人到底是猿，还是天使？"首相的这番话引得听众哄堂大笑。"我的主啊，"他继续说道，下一句就是他想甩的包袱，"我可是天使那一边的。"今天，在这个太多争论都属于二元对立、非此即彼的年代，我们究竟是基因还是表观遗传的产物？对此，我必须借用迪斯雷利的句式来回答：我是站在细胞那一边的。

20 世纪是基因的世纪。这个时代开始的标志是格雷戈尔·孟德尔的研究重见天日，以及人们证实了遗传的本质与某种代代相传的、承载着生物信息的离散单元有关。随着时间的推移，一连串令人欢欣鼓舞的发现将这种遗传单元定位在染色体上。人们发现它们可以发生改变或变异，而其中一些会影响我们的健康。最关键的发现是，研究表明基因由 DNA 构成，而 DNA 具有标志性的双螺旋结构。后续研究很快就阐明了遗传编码的方式、基因被翻译成蛋白质的机制，

以及细胞如何借此实现各种各样的功能，比如，将氧气输送到全身各个部位，还有配置细胞骨架。最后，基因与发育被联系在一起。随着人类基因组工作草图的公布，这个世纪终于落下了帷幕。一种大获全胜的感觉油然而生，因为我们已经可以阅读"生命之书"了（近年来，我们甚至有了改写这本书的能力）。正如查尔斯·德利西所说，这些发现使人们激动地宣称，我们掌握了"与发育有关的全套指令，它们决定了心脏、中枢神经系统、免疫系统及生命所需的其他各种器官和组织形成的时机与细节"。[1]有了一个这么神奇的故事可讲，也难怪基因会令我们如此疯狂。然而，我们已经看到，基因组既不是生物体的设计图，也不是它的缔造者。如果非要说基因组是什么东西的设计图，那么它只能是另一套基因组的模板，而不是生物体的模板。

当然，如果说基因与我们的身份毫无关系，那就太愚蠢了。它们其实与我们的身份有关，只是并不像很多人认为的那样主宰了我们的存在和命运。人们经常把遗传工具箱的概念挂在嘴边，却对是谁或什么在选取和使用这些工具视而不见。正如我们在本书里看到的，这个难以捉摸的主体就是细胞。

尽管存在这些问题，但基因中心论依然深入人心，成了一种专横的观念：基因不仅主宰了我们的过去，也主导着我们的现在和未来。作为这种观点的极端形式，心理学家、遗传学家罗伯特·普罗明曾说道，在完成受孕的那一刻，有关我们的几乎一切（包括我们是谁、什么样，以及我们会变成谁和什么样）就已经因为基因而注定了。[2]他认为社交互动和环境几乎无法撼动基因的力量，我们只能认清和接受遗传学上的自我，然后稍做变通。这是"基因组包含了所有指令"的观点顺理成章的延展。

但我们已经看到，如果没有细胞，那么基因组的意义其实很有限。对从病毒到人类的各种生物来说，是细胞通过将核苷酸序列翻译成蛋白质，赋予这些序列意义；是细胞利用这些蛋白质在照料和修复自己。最重要的是，细胞同其他细胞一起构建了生物体。细胞决定了在什么时候用哪些基因来实现怎样的意图，而不是反过来任由基因摆布。这种非凡的能力在胚胎的发育过程中展现得淋漓尽致。

19世纪晚期，科学界普遍认为细胞是生物学系统最基本的单位。但这种认识后来没有了下文，起初是因为我们对细胞的工作方式不了解，后来则是因为我们沉迷于基因不能自拔。这种情况现在终于得到了纠正，因为我们发现，不动用基因组，只使用细胞的语言（BMP，Wnt，FGF，Shh等分子）进行沟通，就能引导细胞的行动，让它们朝我们希望的方向发育，在实验室里形成类似胚胎的结构。

这真的非常了不起。如果你在平坦的表面上培养细胞，它们可能会铺开，也可能会聚拢，具体情况取决于培养基的性质。这些细胞甚至可能会启动程式化的基因表达，分化出不同类型的细胞，但它们无论如何都不会参与器官的形成，更别说胚胎了。而把同样的细胞放在三维空间内培养，根据起始的细胞数目不同，它们要么变成一团乱糟糟的东西，要么变成类似胚胎的结构（先排列成致密的层状，再变成各种不同的形状，比如管状的肠道和脊髓、球状的心脏，还有卷曲折叠的大脑）。当得到类似胚胎的结构时，我们就能看到为什么拥有相同基因的细胞会以不同的方式使用这些基因了：它们在不同的时间创造出不同的空间，并利用这些空间构建各种各样的组织和器官，最后得到的便是我们。同样的基因，不同的结果，原因在于细胞直接接触的环境不同。从数万亿个细胞之间的相互作用和沟通中，我们涌现出来。细胞才是缔造者，是生命的建筑大师。

反对者可能会提出抗议，认为我通过将细胞的地位置于基因之上，把一些神秘的能力赋予细胞，这样做并不比还原论者的遗传学更高明，也无益于加深我们对生命现象的认识。没错，对于细胞群体的工作机制，比如它们为原肠作用做出了怎样的贡献，又如何变成手臂或心脏，我们的认识才刚起步。但如果一味地寻找细胞在表达哪些基因，那么我们显然不可能取得任何进展。我们需要将涌现性质考虑在内，因为在细胞诞生的背后有这种特性，在细胞协作的结果背后依然有这种性质。我们要找到造就这种特性的要素，并学会控制它们。枚举、检测和比对，这些适用于DNA和基因突变的研究手段在细胞身上并不总能奏效，但我们依然拥有一些可用于观察细胞活动的技术，尤其是观察它们怎样相互交流和彼此协调。神经元网络的电活动可以用脑电图等扫描技术进行记录，心脏的表现可以用心电图进行监测，免疫系统的功能可以根据特定的表现（以躯体反应的形式）间接进行衡量。尽管目前我们没有类似的技术用于监测胚胎和组织里的细胞活动，更无法用定量的方式研究细胞如何在胚胎发育的过程中创造空间和时间，但我们正在努力。

通过研究类似胚胎的结构，我们对细胞工作方式的认识将逐渐深入。将来，我们可以更详尽地探究细胞和基因之间关系的本质，书写生物学的新篇章。细胞或许也会在除癌症之外的情况下，失去或放弃对基因的控制。倘若如此，那会是多么奇妙的一件事：终其一生，每个活的生物体都在不停地围绕一份浮士德式协议翻来覆去地进行谈判。但是，除非我们能认识到细胞具有怎样的力量，否则我们永远也看不见生物学系统动态的一面。

基于我们从干细胞胚胎模型和类器官中看到的细胞的行为表现，我确信细胞拥有基因难以企及的创造潜力。基因只是为转录和复制过程提供了底物，细胞却在雕琢组织和器官、构建胚胎和完整生物体的过程中，凭借错综复杂的蛋白质网络，展开了形式更为多样的活动。人们经常会问，如此相似的基因组为什么能构建出像果蝇、蛙、马和人类这样差异巨大的动物物种？事实上，比这更神奇的问题是：同样的基因组为什么能在同一个生物个体内构建出眼睛、肺等迥然不同的结构？所以，让我们给予细胞它们应得的认可。

从细胞的角度看待生命，有时或许会让人感觉混乱。相比通过研究基因建立的那种审视自我的数字化抽象视角，这种视角绝对要麻烦和混乱得多，但我们应当记住，这只是生物学新篇章的开头，同科学发展史上的其他篇章一样，新的开端总会有那么一点儿云遮雾罩。细胞拥有直觉和社会性，能以复杂的涌现方式对环境进行感知并做出反应。它们的行为并不是简单地打开或关闭某个开关就可以实现的。

从细胞的角度看待生物学，将会丰富我们对自己的存在及过去的认识。它将详细地阐述，当动物首次出现在地球上时，自私的基因和天性团结的细胞之间发生了怎样的斗争，以及它们经历过怎样的拉扯。双方最终找到了解决争端的方案：细胞可以掌控基因组，探索如何充分利用它们固有的创造力；与此同时，细胞需要专门分出一小部分，也就是生殖细胞，负责把基因安全地传递给下一代。之后，同样的故事一再上演。从细胞的角度审视自我，会让我们看上去更像其他动物：回想杜布勒的发育沙漏模型的瓶颈，不同动物物种在细胞层面的交集远超在基因组层面的交集。动物发育早期的离奇相似性体现了生命宏大的底层设计，对此，我们才刚知道了一点儿皮毛。

只要你意识到基因并不能决定生物学现象的每一个细节，它只是细胞活动的其中一个组成部分，再回头看类似于"我们是如何诞生的"和"我们是谁"的问题，你就会发现自己的认识发生了某种转变。我可以预见到，在未来从细胞的角度认识生物学系统，一定会比目前这种以基因为中心的视角更有助于我们对抗疾病，更有利于提升我们的生活质量。我们可以从免疫疗法取得的成功中窥见这样的端倪，该疗法的原理是训练免疫系统的细胞，让它们搜寻并摧毁肿瘤。另外，在可预见的将来，我们还将破解细胞衰老的奥秘，并有望逆转这个过程。随着细胞吐露它们的秘密，向我们展现它们的结构和功能如何平行发展，再生医学为我们带来的可能性几乎趋于无限大。我们对细胞群体如何有效地利用基因组仍知之甚少，但这个问题的答案就摆在那里，在那些类似胚胎的结构和类器官的形成机制中。如今我们已经进入了细胞的世纪，并一直身处其中。

致谢

我从事科研工作已有 40 余年，但受制于科学的规则（包括客观的数据收集、分析和释义），研究这种活动本身很容易使人对研究对象产生偏见。这本来无伤大雅，但当我们与学生、同事及朋友讨论自己的成果和经验时，问题便显露出来。所以，我们应该（有时是不得不）在更大的背景下深挖某项研究工作的意义。无论是表达我们对某个研究课题的热情，还是猜测我们可能会有什么发现，类似的探讨都能让我们在研究工作中发现出人意料的意义和影响。本书就是对此最好的例证，它是在我多年的教学和茶歇期间的思考基础上，本着上面所说的精神创作而成的。

我在英国生活的 40 年里，先是在剑桥大学的动物学系工作，后又转到了该校的遗传学系。大部分时候，我都在思考生物体是如何从一个细胞开始形成的。我很幸运，一是因为这 40 年恰好是该领域发生天翻地覆的变化的时期，二是因为我亲眼见证了这些进展。这让我能面对细胞在生物体形成过程中占据核心地位的事实，并正视主流的生物学观点依旧建立在基因的基础之上的现实。本书正是这种感悟的成果。我的初衷是描述动物胚胎在发育过程中展现的美，同时回顾我们研究这个奇妙过程的历史。然而，当顺着这个主题往下想时，我发现胚胎发育显然与基因、细胞和生物体之间的某种深刻的联系有关。只要深入思考就会发现，这种想法与目前我们看待生物学和自我的基因中心论大相径庭。与编辑罗宾·丹尼斯的讨论重塑了本书的主题，我非常感谢她为此付出的努力；她还教会了我一种写作方法，我希望这种方法能让本书易于理解。

虽然本书阐述的都是我个人的观点，但这些观点是在过去许多年里，由他人、书籍和谈话慢慢积累形成的。其中，与迈克尔·贝特、丹尼斯·杜布勒、杰里米·古纳瓦德纳和本·斯蒂文顿的交流尤为重要，他们不仅让我了解了原本不知道的东西，还教会了我如何寻找问题的答案。关于基因、细胞和生物体（及更多主题）的论点，大多要归功于我与阿德里安·弗雷迪的讨论：在过去三年间，我们用Zoom（视频会议软件"瞩目"）进行了不知有多少个小时的谈话。在长达25年的时间里，弗雷迪一直在耐心地指引我"从基因的角度看待生命"，他始终想改变我对这种观念的抵触态度。阿德里安仔细阅读和评论了书稿的每一页，当然这不意味着书里的内容代表他的观点。我非常感激他，感谢他愿意花大量宝贵的时间与我分享他海量的生物学知识。

许多学生和课题组的成员都在无意中为本书的创作做出了贡献，他们问的问题或灵光乍现的想法将我的思绪引向了有趣的方向，我很感谢他们。我还要感谢以下这些人：迈克尔·阿卡姆、拉米罗·阿尔贝里奥、保拉·阿洛塔、巴兹·鲍姆、豪梅·贝特兰特梅蒂特、詹姆斯·布里斯科、安东尼奥·加西亚·贝利多、若尔迪·加西亚·奥哈尔沃、妮科尔·戈芬基尔、杰尔姆·格罗斯、凯特·哈贾托纳基斯、尼克·霍普伍德、皮埃尔·弗朗索瓦−莱内、马蒂亚斯·卢托夫、胡安·莫多莱利、娜奥米·莫里斯、阿尔卡迪·纳瓦罗、马丁·佩拉、安德烈亚斯·普洛科普、尼古拉斯·里夫龙、伊纳基·卢伊斯−特里略、史蒂夫·拉塞尔、艾尔温·斯卡利、克里斯蒂安·施勒特尔、马里萨·西格尔、奥斯汀·史密斯、沙赫剌吉姆·塔杰巴赫什、戴维·特纳和约翰·韦尔奇，感谢他们对本书的各个部分发表的各种看法。感谢贝尔纳黛特·德巴克、米格尔·孔查、玛德琳·兰开斯特、普利斯卡·利贝拉利、马蒂亚斯·卢托夫、珍妮·尼科尔斯、乔治亚·夸德拉托和尼古拉斯·里夫龙用作图的方式详细阐述了我的某些论点。

我还想感谢刘易斯·沃尔珀特用许多发人深思的谈话和演讲影响了我。他不仅是发育生物学的领军人物，也为如何与专业或非专业人士交流科学问题树立了典范。

如果没有我做的研究，本书就不可能成形，我的研究既是问题的源泉，也为解答这些问题提供了机会。正是出于这个原因，我要特别感谢剑桥大学、欧洲研究理事会，还有近来刚刚达成合作的西班牙加泰罗尼亚研究所（ICREA），感谢它们为我的研究兴趣提供支持，使我能开展相应的研究，为本书的核心观点打下基础。

我尤其感谢我的经纪人海梅·马歇尔。这个项目经历了许多挫折，但海梅始终认为值得一试，他给了我机会和支持，使这一切得以成为现实。感谢约翰·英格利斯，我多年的老朋友，谢谢你把我介绍给海梅，没有你就没有这本书。感谢Basic Books出版社的托马斯·凯莱赫对本项目的信任，感谢他鼓励我尝试此前怯于涉足的领域。布兰登·普罗亚出色地完成了校对终稿的任务；还有塞尔玛·A.塞拉，本书的某些内容总是过于抽象，感谢她将这些内容转化成引人入胜的精美插图。

最后，我要感谢苏珊·加特利，没有她的支持，本书永远也写不完。另外，她的远见卓识，以及超群的编辑和写作技巧，在本书创作的某些关键时刻发挥了十分重要的作用。

写论文和写书经常依赖于情绪、环境和灵感，这个项目也不例外。本书的写作开始于瑞士雷梦湖畔的小镇莫尔日，那时我在和马蒂亚斯·卢托夫一起休假；创作的过程主要发生在英国的剑桥大学，最终结束于西班牙的巴塞罗那。这些地方都给本书中的故事和思考留下了印记。

注释

第 1 章

1. J. Li et al., "Limb Development Genes Underlie Variation in Human Fingerprint Patterns," *Cell* 185 (2022): 95–112.

2. E. B. Lewis, "A Gene Complex Controlling Segmentation in *Drosophila*," *Nature* 276 (1978): 565–570.

3. E. Wieschaus and C. Nüsslein-Volhard, "The Heidelberg Screen for Pattern Mutants in Drosophila: A Personal Account," *Annual Review of Cell and Developmental Biology* 32 (2016): 1–4.

4. W. J. Gehring, "The Master Control Gene for Morphogenesis and Evolution of the Eye," *Genes to Cells* 1 (1999): 11–15; P. Callaerts, G. Halder, and W. J. Gehring, "Pax-6 in Development and Evolution," *Annual Review of Neuroscience* 20 (1997): 483–532.

5. T. J. C. Polderman et al., "Meta-analysis of the Heritability of Human Traits Based on Fifty Years of Twin Studies," *Nature Genetics* 47 (2015): 702–709.

6. R. Joshi et al., "Look Alike Humans Identified by Facial Recognition Algorithms Show Genetic Similarities," *Cell Reports* 40 (2022): 111257.

7. N. L. Segal, "Monozygotic Triplets: Concordance and Discordance for Cleft Lip and Palate," *Twin Research and Human Genetics* 12 (2009): 403–406.

第 2 章

1. G. Y. Liu and D. Sabatini, "mTOR at the Nexus of Nutrition, Growth, Ageing and Disease," *Nature Reviews Molecular Cell Biology* 21 (2020): 183–203.

2. Z. Li et al., "Generation of Bimaternal and Bipaternal Mice from Hypomethylated ESCs with Imprinting Regions Deleted." *Cell Stem Cell* 23 (2018): 665–676.

3. L. Sagan, "On the Origin of Mitosing Cells," *Journal of Theoretical Biology* 14 (1967): 255–274.

4. D. A. Baum and B. Baum, "An Inside-Out Origin for the Eukaryotic Cell," *BMC Biology* 12 (2014): 76.

第 3 章

1. A. Sebé-Pedros et al., "Early Evolution of the T-Box Transcription Factor Family," *Proceedings of the National Academy of Sciences of the United States of America* 110 (2013): 16050–16055.

2. D. Duboule, "The Rise and Fall of Hox Gene Clusters," *Development* 134 (2007): 2549–2560.

3. G. S. Richards and B. M. Degnan, "The Dawn of Developmental Signaling in the Metazoa," *Cold Spring Harbor Symposia on Quantitative Biology* 74 (2009): 81–90.

第 4 章

1. C. B. Fehilly, S. M. Willadsen, and E. M. Tucker, "Interspecific Chimaerism Between Sheep and Goat," *Nature* 307 (1984): 634–636.

2. J. B. Gurdon, T. R. Elsdale, and M. Fishberg, "Sexually Mature Individuals of *Xenopus laevis* from the Transplantation of Single Somatic Nuclei," *Nature* 182 (1958): 64–65.

3. I. Wilmut et al., "Viable Offspring Derived from Fetal and Adult Mammalian Cells," *Nature* 385 (1997): 810–813.

第 5 章

1. M. P. Harris et al., "The Development of Archosaurian First-Generation Teeth in a Chicken Mutant," *Current Biology* 16 (2006): 371–377; T. A. Mitsiadis, J. Caton, and M. Cobourne, "Waking Up the

Sleeping Beauty: Recovery of the Ancestral Bird Odontogenic Program," *Journal of Experimental Zoology* 306B (2006): 227–233.

2. M. G. Davey et al., "The Chicken talpid3 Gene Encodes a Novel Protein Essential for Hedgehog Signaling," *Genes & Development* 15 (2006): 1365–1377; K. E. Lewis et al., "Expression of ptc and gli Genes in talpid3 Suggests a Bifurcation in Shh Pathway," *Development* 126, no. 11 (June 1999): 2397–2407. doi: 10.1242/dev.126.11.2397.

3. L. Wolpert, "Positional Information and the Spatial Patterning of Cellular Differentiation," *Journal of Theoretical Biology* 25 (1969): 1–47.

第 6 章

1. J. G. Dumortier et al., "Hydraulic Fracturing and Active Coarsening Position the Lumen of the Mouse Blastocyst," *Science* 365 (2019): 465–468.

2. S. F. Gilbert and R. Howes-Mischel, "'Show Me Your Original Face Before You Were Born': The Convergence of Public Fetuses and Sacred DNA," *History and Philosophy of the Life Sciences* 26 (2004): 377–394.

3. E. Sedov et al., "Fetomaternal Microchimerism in Tissue Repair and Tumor Development," *Developmental Cell* 20 (2022): 1442–1452.

4. M. Johnson, "A Short History of In Vitro Fertilization," *International Journal of Developmental Biology* 63 (2019): 83–92.

5. M. H. Johnson et al., "Why the Medical Research Council Refused Robert Edwards and Patrick Steptoe Support for Research on Human Conception in 1971," *Human Reproduction* 25 (2010): 2157–2174.

6. M. Roode et al., "Human Hypoblast Formation Is Not Dependent on FGF Signalling," *Developmental Biology* 361 (2012): 358–363; K. Niakan and K. Eggan, "Analysis of Human Embryos from Zygote to Blastocyst Reveals Distinct Expression Patterns Relative to the Mouse," *Developmental Biology* 375 (2013): 54–64.

7. A. McLaren, "Where to Draw the Line?" *Proceedings of the Royal Institution of Great Britain* 56 (1984): 101–121.

8. Ibid.

9. N. Hopwood, "Producing Development: The Anatomy of Human Embryos and the Norms of Wilhelm His," *Bulletin of the History of Medicine* 74 (2000): 29–79.

10. A. Poduri et al., "Somatic Activation of AKT3 Causes Hemispheric Developmental Brain Malformations," *Neuron* 74 (2012): 41–48; M. Lodato et al., "Aging and Neurodegeneration Are Associated with

Increased Mutations in Single Human Neurons," *Science* 359 (2018): 555–559.

11. Ibid.

12. S. Bizzotto et al., "Landmarks of Human Embryonic Development Inscribed in Somatic Mutations," *Science* 371 (2021): 1249–1253; S. Chapman et al., "Lineage Tracing of Human Development Through Somatic Mutations," *Nature* 595 (2021): 85–90; T. H. H. Coorens et al., "Extensive Phylogenies of Human Development Inferred from Somatic Mutations," *Nature* 597 (2021): 387–392.

第 7 章

1. L. Hayflick and P. S. Moorhead, "The Serial Cultivation of Human Diploid Cell Strains," *Experimental Cell Research* 25 (1961): 585–621.

2. A. Pozhitkov et al., "Tracing the Dynamics of Gene Transcripts After Organismal Death," *Open Biology* 7 (2017): 160267.

3. P. S. Eriksson et al., "Neurogenesis in the Adult Human Hippocampus," *Nature Medicine* 4 (1998): 1313–1317.

4. K. L. Spalding et al., "Retrospective Birth Dating of Cells in Humans," *Cell* 122 (2005): 133–143.

5. J. Till and E. A. McCulloch, "A Direct Measurement of the Radiation Sensitivity of Normal Mouse Bone Marrow Cells," *Radiation Research* 14 (1961): 1419–1430; A. Becker, E. McCulloch, and J. Till, "Cytological Demonstration of the Clonal Nature of Spleen Colonies Derived from Transplanted Mouse Marrow Cells," *Nature* 197 (1963): 452–454.

6. T. Sato et al., "Single Lgr5 Stem Cells Build Crypt-Villus Structures in Vitro Without a Mesenchymal Niche," *Nature* 459 (2009): 262–265.

7. G. Vlachogiannis et al., "Patient-Derived Organoids Model Treatment Response of Metastatic Gastrointestinal Cancers," *Science* 359 (2018): 920–926.

8. S. Yui et al., "Functional Engraftment of Colon Epithelium Expanded In Vitro from a Single Adult Lgr5[+] Stem Cell," *Nature Medicine* 18 (2012): 618–623.

9. K. Takahashi and S. Yamanaka, "Induction of Pluripotent Stem Cells from Mouse Embryonic and Adult Fibroblast Cultures by Defined Factors," *Cell* 25 (2006): 663–676; K. Takahashi et al., "Induction of Pluripotent Stem Cells from Adult Human Fibroblasts by Defined Factors," *Cell* 131 (2007): 861–872.

10. Ibid.

11. M. Eiraku et al., "Self-Organizing Optic-Cup Morphogenesis in Three Dimensional Culture," *Nature* 472 (2011): 51–56; T. Nakano et al., "Self-Formation of Optic Cups and Storable Stratified Neural Retina from Human ESCs," *Cell Stem Cell* 10 (2012): 771–785.

12. Ibid.

13. M. Lancaster et al., "Cerebral Organoids Model Human Brain Development and Microcephaly," *Nature* 501 (2013): 373–379.

14. X. Qian et al., "Brain-Region-Specific Organoids Using Mini Bioreactors for Modeling ZIKV Exposure," *Cell* 165 (2016): 1238–1254.

第 8 章

1. M. Bengochea et al., "Numerical Discrimination in *Drosophila melanogaster*," *BioRxiv* (2022) doi: https://doi.org/10.1101/2022.02.26.482107.

2. Y. Marikawa et al., "Aggregated P19 Mouse Embryo Carcinoma Cells as a Simple In Vitro Model to Study the Molecular Regulations of Mesoderm Formation and Axial Elongation Morphogenesis," *Genesis* 47 (2009): 93–106.

3. S. C. van den Brink et al., "Symmetry Breaking, Germ Layer Specification and Axial Organization in Aggregates of Mouse Embryonic Stem Cells," *Development* 141 (2014): 4231–4242.

4. L. Beccari et al., "Multi-axial Self-Organization Properties of Mouse Embryonic Stem Cells into Organoids," *Nature* 562 (2018): 272–276.

5. S. C. van den Brink et al., "Single Cell and Spatial Transcriptomics Reveal Somitogenesis in Gastruloids," *Nature* 582 (2020): 405–409; D. Turner et al., "Anteroposterior Polarity and Elongation in the Absence of Extraembryonic Tissues and of Spatially Localized Signalling in Gastruloids: Mammalian Embryonic Organoids," *Development* 144 (2017): 3894–3906.

6. B. Sozen et al., "Selg Assembly of Mouse Polarized Embryo-Like Structures from Embryonic and Trophoblast Stem Cells," *Nature Cell Biology* 20 (2018): 979–989; G. Amadei et al., "Inducible Stem-Cell Derived Embryos Capture Mouse Morphogenetic Events In Vitro," *Developmental Cell* 56 (2021): 366–382.

7. S. Tarazi et al., "Postgastrulation Synthetic Embryos Generated Ex Utero from Mouse Naïve ESCs," *Cell* 185 (2022): 3290–3306; G. Amadei et al., "Synthetic Embryos Complete Gastrulation to Neurulation and Organogenesis," *Nature* (2022). doi: 10.1038/s41586-022-05246-3.

8. N. Moris et al., "An In Vitro Model of Early Anteroposterior Organization During Human Development," *Nature* 582 (2020): 410–415.

9. T. Fulton et al., "Axis Specification on Zebrafish Is Robust to Cell Mixing and Reveals a Regulation of Pattern Formation by Morphogenesis," *Current Biology* 30 (2020): 2984–2994; A. Schauer et al., "Zebrafish Embryonic Explants Undergo Genetically Encoded Self Assembly," *Elife* 9 (2020): e55190. doi: 10.7554/eLife.55190.

10. L. Pereiro et al., "Gastrulation in Annual Killifish: Molecular and Cellular Events During Germ Layer Formation in *Austrolebias*," *Developmental Dynamics* 246 (2017): 812–826.

11. B. Steventon, L. Busby, and A. Martinez Arias, "Establishment of the Vertebrate Body Plan: Rethinking Gastrulation Through Stem Cell Models of Early Embryogenesis," *Developmental Cell* 56 (2021): 2405–2418.

12. J. B. A. Green and J. Sharpe, "Positional Information and Reaction Diffusion: Two Big Ideas in Developmental Biology Combine," *Development* 142 (2015): 1203–1211.

13. S. Niemann et al., "Homozygous WNT3 Mutation Causes Tetra-amelia in a Large Consanguineous Family," *American Journal of Human Genetics* 74 (2004): 558–563.

14. A. Deglincerti et al., "Self-Organization of the In Vitro Attached Human Embryo," *Nature* 533 (2016): 251–254.

15. A. Clark et al., "Human Embryo Research, Stem Cell–Derived Embryo Models and In Vitro Gametogenesis: Considerations Leading to the Revised ISSCR Guidelines," *Stem Cell Reports* 8 (2021): 1416–1424; R. Lovell-Badge, "Stem-Cell Guidelines: Why It Was Time for an Update," *Nature* 593 (2021): 479.

第 9 章

1. E. Haimes et al., "'So, What Is an Embryo?': A Comparative Study of the Views of Those Asked to Donate Embryos for hESC Research in the UK and Switzerland," *New Genetics and Society* 27 (2008): 113–126; I. de Miguel Beriain, "What Is a Human Embryo? A New Piece in the Bioethics Puzzle," *Croatian Medical Journal* 55 (2014): 669–671.

2. L. Yu et al., "Blastocyst-Like Structures Generated from Human Pluripotent Stem Cells," *Nature* 591 (2021): 620–626; X. Liu et al., "Modelling Human Blastocysts by Reprogramming Fibroblasts into iBlastoids," *Nature* 591 (2021): 627–632.

3. C. Zhao et al., "Reprogrammed Blastoids Contain Amnion-Like Cells but Not Trophectoderm," *BioRxiv* (2021). doi.org/10.1101/2021.05.07.442980.

4. H. Kagawa et al., "Human Blastoids Model Blastocyst Development and Implantation," *Nature* 601 (2021): 600–605; A. Yanagida et al., "Naive Stem Cell Blastocyst Model Captures Human Embryo Lineage Segregation," *Cell Stem Cell* 28, no. 6 (2021): 1016–1022.

5. S. Tarazi et al., "Postgastrulation Synthetic Embryos Generated Ex Utero from Mouse Naïve ESCs," *Cell* 185 (2022): 3290–3306; G. Amadei et al., "Synthetic Embryos Complete Gastrulation to Neurulation and Organogenesis," *Nature* (2022). doi: 10.1038/s41586-022-05246-3.

6. A. K. Eicher et al., "Functional Human Gastrointestinal Organoids Can Be Engineered from Three Primary Germ Layers Derived Separately from Pluripotent Stem Cells," *Cell Stem Cell* 29 (2022): 36–51.

7. M. Saitou and K. Hayashi, "Mammalian In Vitro Gametogenesis," *Science* 374 (2021): eaaz6830.

8. J. Mench, "The Development of Aggressive Behaviour in Male Broiler Chicks: A Comparison with Laying-Type Males and the Effects of Feed Restriction," *Applied Animal Behaviour Science* 21 (1988): 233–242; Z. Li et al., "Genome Wide Association Study of Aggressive Behaviour in Chicken," *Scientific Reports* 6 (2016). doi:10.1038/srep30981. See also L. Trut, I. Oskina, and A. Kharlamova, "Animal Evolution During Domestication: The Domesticated Fox as a Model," *BioEssays* 31 (2009): 349–360.

9. P. Turley et al., "Problems with Using Polygenic Scores to Select Embryos," *New England Journal of Medicine* 385 (2021): 78–86.

10. D. Hong et al., "Initiating and Cancer-Propagating Cells in *TEL-AML1*-Associated Childhood Leukemia," *Science* 319 (2008): 336–339.

11. H. Driesch, *The Science and Philosophy of the Organism*, Gifford Lectures, 1907, vol. 1 (London: Adams and Charles Black, 1911).

12. M. Kirschner, J. Gerhart, and T. Mitchison, "Molecular Vitalism," *Cell* 100 (2000): 79–86.

后记

1. C. DeLisi, "The Human Genome Project," *American Scientist* 76 (1988): 488–493.

2. R. Plomin, *Blueprint: How DNA Makes Us What We Are* (Cambridge, MA: MIT Press, 2018).

第 1 章

这一章简要地回顾了基因何以在我们的生活以及文化中占据核心地位。与此同时，本章着重探讨了这种观点的缺陷，尤其是它为什么不适合用来解释我们的发育过程。关于基因的历史，穆克吉写的故事《基因传》（Mukherjee，2016）非常动人，他的这本书可以和 Zimmer 的作品（*She Has Her Mother's Laugh*，2018）一起看，就基因研究对我们的历史和日常生活造成了什么样的影响而言，后者阐述了一些非常不同但不失精妙的想法。Mawer 的作品（2006）轻快地阐述了遗传学的早期发展。

遗传学通过研究生物变种找到了许多基因，这些基因都有自己的名称和字母缩写，我也在这里列出部分回顾这些研究的参考资料，它们解释了如今无处不在的基因名称和缩写是从何而来的。其中大多数作品的关注点都是基因那神奇的力量及其对我们的生活产生的影响，至于这跟胚胎有什么关系，相关的讨论则少得多，有人详实地介绍过果蝇（Gehring，1998；Gaunt，2019；Lipshitz，2005）、鱼（Nüsslein-Volhard，2012；Mullins et al.，2021）以及小鼠（García-García，2020）的情况。

想了解女性在遗传学发展史上做出的重要贡献，可以参考Korzh和Grunwald（2001）、Richmond（2001），以及Steensma，Kyle与Shampo（2010）的论述。

最后，尽管如今很难看到对基因中心论的批评，但诺布尔的著作《生命的乐章》（Noble，2008），还有Bhalla（2021）对于一个介绍CRISPR技术发展史的故事的评价，都是带有这种意图的不错范例。保罗·纳斯的书《五堂极简生物课》（Nurse，2020）对从基因和细胞的角度看待生命形式的现存观点做了总结。

Bhalla, J. 2021. "We Haven't Really Cracked the Code." *Issues in Science and Technology* 37, no. 4. https://issues.org/code-breaker-doudna-isaacson-bhalla-review.

García-García, M. J. 2020. "A History of Mouse Genetics: From Fancy Mice to Mutations in Every Gene." In *Animal Models of Human Birth Defects*, edited by A. Liu. Advances in Experimental Medicine and Biology 1236. Singapore: Springer.

Gaunt, S. 2019. *Made in the Image of a Fly*. N.p.: Independently published.

Gehring, W. J. 1998. *Master Control Genes in Development and Evolution:*

The Homeobox Story. New Haven, CT: Yale University Press.

Korzh, V., and D. Grunwald. 2001. "Nadine Dobrovolskaïa-Zavadskaïa and the Dawn of Developmental Genetics." *BioEssays* 23: 365–371.

Lipshitz, H. 2005. "From Fruit Flies to Fallout: Ed Lewis and His Science." *Developmental Dynamics* 232: 529–546.

Mawer, S. 2006. *Gregor Mendel: Planting the Seeds of Genetics*. New York: Harry N. Abrams.

Mukherjee, S. 2016. *The Gene: An Intimate History*. New York: Scribner.

Mullins, M., J. Navajas Acedo, R. Priya, L. Solnica-Kreel, and S. Wilson. 2021. "The Zebrafish Issue: 25 Years On." *Development* 148: 1–6.

Noble, D. 2008. *The Music of Life: Biology Beyond Genes*. Oxford: Oxford University Press.

Nurse, P. 2020. *What Is Life? Understand Biology in Five Steps*. Oxford: David Fickling Books.

Nüsslein-Volhard, C. 2012. "The Zebrafish Issue of Development." *Development* 139: 4099–4103.

Richmond, M. L. 2001. "Women in the Early History of Genetics: William Bateson and the Newnham College Mendelians, 1900–1910." *Isis* 92, no. 1: 55–90.

Steensma, D. P., R. A. Kyle, and M. Shampo. 2010. "Abbie Lathrop, the 'Mouse Woman of Granby': Rodent Fancier and Accidental Genetics Pioneer." *Mayo Clinic Proceedings* 85, no. 11: e83.

Zimmer, C. 2018. *She Has Her Mother's Laugh: The Powers, Perversions, and Potential of Heredity*. New York: Dutton.

第 2 章

细胞是一种看得见摸得着的事物，想要描写这样的东西，尤其是清楚地阐述一群细胞有怎样的本领并实现了怎样的成就，其实是一件困难的差事。在过去的几年里，显微技术的进步已经让我们能够追踪细胞的生命历程，而且经常是以实时的方式追踪，由此揭示了一个哪怕是仅仅 20 年前的人们也难以想象的世界。这让本章的写作极具挑战性。为了弥补枯燥地罗列各种结构的不足，我试着用文字去构建画面，但在超过某个限度后，文字描述根本无法完全替代所见。因此，我鼓励读者朋友去网上观看相关的视频："The Inner Life of the Cell Animation" 以及 "Organelles of a Human Cell (2014) by Drew Berry and Etsuko Uno wehi.tv"，这两个视频用精彩的画面展示了细胞质膜内发生的事。对于我在本章介绍的内容，如果想对背后的科学理论稍做拓展，Alberts 等人所著的基础教科书（2019）会很有用。

关于我们如何一步步意识到细胞的存在以及它们所扮演的角色，可以参考《细胞的起源》（Harris，1999），不过他的文笔偏学术；而关于林恩·马古利斯的开拓性研究及其影响，可以参考 Sagan（2012）、Gray（2017），以及 Sagan 与 Margulis（1992）。马古利斯的理论衍生的某些观点同样可以在 Baum 与 Baum（2020）、Martijn 与 Ettema（2013），以及 Martin, Garg 与 Zimorski（2015）这些文章中看到。Arendt（2008）探讨了细胞类型的演化，Carvalho-Santos 等人（2011）探讨的则主要是神秘莫测的中心体，这两篇文章的观点都非常新颖有趣。

　　我还想推荐Bray在 2011 年出版的图书（*Wetware*），篇幅不长，但犀利地指出脑细胞是思维的实体，我猜想类似的观点在几年后将被更多的人接受。生物化学家尼克·莱恩在*Transformer*（Lane，2022）中探讨了与新陈代谢和生命起源有关的问题。

　　"涌现"的核心问题非常晦涩，感兴趣的读者可以阅读物理学家菲利普·安德森发表的探讨该主题的论文（Anderson，1972），这是最标准的参考资料。

Alberts, B., Karen Hopkin, Alexander Johnson, David Morgan, Martin Raff, Keith Roberts, and Peter Walter. 2019. *Essential Cell Biology*. 5th ed. New York: W. W. Norton & Company.

Anderson, P. W. 1972. "More Is Different: Broken Symmetry and the Nature of the Hierarchical Structure of Science." *Science* 177: 393–396.

Arendt, D. 2008. "The Evolution of Cell Types in Animals: Emerging Principles from Molecular Studies." *Nature Reviews Genetics* 9: 868–882.

Baum, B., and D. A. Baum. 2020. "The Merger That Made Us." *BMC Biology* 18, no. 1: 72. doi: 10.1186/s12915-020-00806-3.

Bray, D. 2011. *Wetware: A Computer in Every Living Cell*. New Haven, CT: Yale University Press.

Carvalho-Santos, Z., J. Azimzadeh, J. B. Pereira-Leal, and M. J. Bettencourt-Dias. 2011. "Evolution: Tracing the Origins of Centrioles, Cilia, and Flagella." *Journal of Cell Biology* 194, no. 2:

165–175. doi: 10.1083/jcb.201011152.

Gray, M. W. 2017. "Lynn Margulis and the Endosymbiont Hypothesis: 50 Years Later." *Molecular Biology of the Cell* 28, no. 10: 1285–1287. doi: 10.1091/mbc.E16-07-0509.

Harris, H. 1999. *The Birth of the Cell.* New Haven, CT: Yale University Press.

Lane, N. 2022. *Transformer: The Deep Chemistry of Life and Death.* London: Profile Books.

Martijn, J., and T. J. G. Ettema. 2013. "From Archaeon to Eukaryote: The Evolutionary Dark Ages of the Eukaryotic Cell." *Biochemical Society Transactions* 41, no. 1: 451–457. doi: 10.1042/BST20120292.

Martin, W. F., S. Garg, and V. Zimorski. 2015. "Endosymbiotic Theories for Eukaryote Origin." *Philosophical Transactions of the Royal Society B: Biological Sciences* 370, no. 1678: 20140330. doi: 10.1098/rstb.2014.0330.

Sagan, D. 2012. *Lynn Margulis: The Life and Legacy of a Scientific Rebel.* White River Junction, VT: Chelsea Green.

Sagan, D., and L. Margulis. 1992. *Acquiring Genomes: A Theory of the Origin of Species.* New York: Basic Books.

第 3 章

从单细胞生物到多细胞生物的转变是生物演化史上的飞跃，有关这个过程，我们还有很多不甚明了的问题。这种转变与关乎细胞命运的细胞通信信号通路以及转录因子家族的出现息息相关。从细胞的角度看，这种转变与克隆多细胞性有关，也就是关乎从同一个细胞衍生出的细胞具有各种命运的现象。关于这个过程的探讨仍在继续，想了解这方面的观点可以参考Ros-Rocher等人（2021）、Grosberg与Strathmann（2007），以及Brunet与King（2017）。一旦被多细胞性攫住了想象力，科学家就进入了新的探索阶段，斯蒂芬·杰·古尔德在他的经典作品《奇妙的生命》（Gould，1990）中用气势恢宏的文笔描绘了这个时期。

我在这一章里提出，多细胞性的涌现不光是生物学的基因中心论需要面对的难题，更重要的是，它还对道金斯在自己的经典作品《自私的基因》与《延伸的表型》（Dawkins，1976；1999）中提出的"基因视角下的演化"构成了挑战，类似的探讨可以参考Agren（2021）。Szathmáry与Maynard Smith（1995）对多级选择做了解释。关于复杂的动物如何在基因的语境下涌现，Martindale（2005）的讨论非常值得一读。以细胞的生物学机制来看待演化在当下面临着哪些挑战，对这个问题感兴趣的读者应当读一读Kirschner与Gearhart的著作（2006）。

Agren, A. 2021. *The Gene's-Eye View of Evolution*. Oxford: Oxford University Press.

Brunet, T., and N. King. 2017. "The Origin of Animal Multicellularity and Cell Differentiation." *Developmental Cell* 43: 124–140.

Dawkins, R. 1976. *The Selfish Gene*. Oxford: Oxford University Press.

Dawkins, R. 1999. *The Extended Phenotype: The Long Reach of the*

Gene. Oxford: Oxford University Press.

Gould, S. J. 1990. *Wonderful Life*. New York: W. W. Norton & Company.

Grosberg, R. K., and R. R. Strathmann. 2007. "The Evolution of Multicellularity: A Minor Major Transition?" *Annual Review of Ecology, Evolution, and Systematics* 38: 621–654.

Kirschner, M., and J. Gearhart. 2006. *The Plausibility of Life: Resolving Darwin's Dilemma*. New Haven, CT: Yale University Press.

Martindale, M. Q. 2005. "The Evolution of Metazoan Axial Properties." *Nature Reviews Genetics* 6: 917–927.

Ros-Rocher, N., A. Perez-Posada, M. M. Leger, and I. Ruiz-Trillo. 2021. "The Origin of Animals: An Ancestral Reconstruction of the Unicellular-to-Multicellular Transition. *Open Biology* 11, no. 2: 200359. doi: 10.1098/rsob.200359.

Szathmáry, E., and J. Maynard Smith. 1995. "The Major Evolutionary Transitions." *Nature* 374: 227–232. doi: 10.1038/374227a0.

第 4 章

终于有人开始着手探究基因和细胞之间的神秘关系了，挑战这个难题的是约翰·格登以及他的蛙类克隆实验（Gurdon，2009）。多莉羊的诞生不仅将格登的发现拓展到了哺乳动物身上，更是把一个科学发现变成了广为流传的佳话。Myelnikov 与 Garcia Sancho Sanchez（2017）详实地讲述了这段往事，而 Kolata（1997）则从更整体的视角回顾了克隆技术的发展历程。Peluffo（2015）认为，这些重编程实验为建立发育的"遗传程序"概念提供了契机。这个概念的发现与分子生物学的兴起有相当多的交集，霍勒斯·贾德森在他的经典作品《创世纪的第八天》（Judson，1996）中以一种引人入胜的方式讲述了来龙去脉。针对本章故事的关键部分，可以参考雅各布的自传（Jacob, 1988），这本书中有他与莫诺在进行那项开创性研究时往来的第一手资料。克隆与分子生物学的组合催生了一些有趣的点子，比如"灭绝动物复活"，具体可以参考贝丝·夏匹罗的《复活猛犸象》（Shapiro，2015）。关于多莉羊的细胞是如何被挑选出来的，可以参考Callaway（2016）。

Moris, Pina 与 Martinez Arias（2016）探讨了沃丁顿对发育研究的影响，而Pisco, Fouquier d'Herouel 与 Huang（2016）则精妙地剖析了沃丁顿理论中的误解。

Callaway, E. 2016. "Dolly at 20: The Inside Story on the World's Most Famous Sheep." *Nature*. June 30. www.scientificamerican.com/article/dolly-at-20-the-inside-story-on-the-world-s-most-famous-sheep.

Gurdon, J. 2009. "Nuclear Reprogramming in Eggs." *Nature Medicine* 15: 1141–1144.

Jacob, F. 1988. *The Statue Within: An Autobiography*, translated by Franklin Philip. New York: Basic Books.

Judson, H. F. 1996. *The Eighth Day of Creation: The Makers of the Revolution in Biology*. Cold Spring Harbor, NY: Cold Spring Harbor Laboratory Press.

Kolata, G. 1997. *Clone: The Road to Dolly and the Path Ahead*. New

York: William Morrow and Company.

Maienschein, J. 2014. *Embryos Under the Microscope*. Cambridge, MA: Harvard University Press.

Moris, N., C. Pina, and A. Martinez Arias. 2016. "Transition States and Cell Fate Decisions in Epigenetic Landscapes." *Nature Reviews Genetics* 17: 693–703.

Myelnikov, D., and M. Garcia Sancho Sanchez, eds. 2017. *Dolly at Roslin: A Collective Memory Event*. Edinburgh: University of Edinburgh.

Peluffo, A. E. 2015. "The Genetic Program: Behind the Genesis of an Influential Metaphor." *Genetics* 200: 685–696.

Pisco, A. O., A. Fouquier d'Herouel, and S. Huang. 2016. "Conceptual Confusion: The Case of Epigenetics." *BioRxiv*. doi: https://doi.org/10.1101/053009.

Shapiro, B. 2015. *How to Clone a Mammoth: The Science of De-extinction*. Princeton, NJ: Princeton University Press.

第 5 章

对鹳鸟送子传说的讨论在网上随处可见，只要随便搜一下就能找到。关于鹳从巴黎领孩子的故事变体也是一样。不过，到头来这些故事最后都与卵有关：卵堪称细胞的终极杰作。Cobb（2007）讲述了寻找哺乳动物那看不见的卵的故事。如果你想知道在被DNA迷得神魂颠倒之前，我们从胚胎身上学到了哪些东西，那么可以参考斯蒂芬·杰·古尔德的经典之作（Gould，1977），以及Abzhanov（2013）。尽管如此，基因仍在胚胎发育和演化的奥秘上留下了自己的印记，相关的内容可以参考Duboule（2022，这篇文章也探讨了发育沙漏模型），还可以参考Richardson（1995）。

在胚胎发育成个体的现象中，有一个核心过程及一个重要概念，这个过程是原肠作用，概念则是位置信息。杰出的科学家及科学传播者刘易斯·沃尔珀特对二者的普及做出了贡献（Wolpert，1996；2008）。至于沃尔珀特声称原肠作用比生死还重要的轶事，则出自Hopwood（2022）。

体节发生时钟的故事可以参考Pourquié（2022），而鸟类意外长出牙齿的故事则可以参考Mitsiadis, Caton与Cobourne（2006）。

胚胎科学有自己的代表人物，但要论魅力和争议，谁也比不上恩斯特·海克尔。Hopwood（2015），Richards（2008），以及Richardson与Keuck（2002）记述了这位颇具影响力的生物学家的跌宕人生。还有一些值得一读的作品，分别讲述了著名的居维叶-若弗鲁瓦大辩论（Appel，1987），哈勒与沃尔夫的不和（Roe，1981），以及斯佩曼学派的由来（Hamburger，1988）。

Abzhanov, A. 2013. "Von Baer's Law for the Ages: Lost and Found Principles of Developmental Evolution." *Trends in Genetics* 29: 712–722.

Appel, T. 1987. *The Cuvier-Geoffroy Debate: French Biology in the Decades Before Darwin*. Oxford: Oxford University Press.

Cobb, M. 2007. *The Egg and Spoon Race*. New York: Simon & Schuster.

Duboule, D. 2022. "The (Unusual) Heuristic Value of Hox Gene Clusters: A Matter of Time?" *Developmental Biology* 484: 75–87.

Gould, S. J. 1977. *Ontogeny and Phylogeny.* Cambridge, MA: Harvard University Press.

Hamburger, V. 1988. *The Heritage of Experimental Embryology: Hans Spemann and the Organizer.* Oxford: Oxford University Press.

Hopwood, N. 2015. *Haeckel's Embryos.* Chicago: University of Chicago Press.

Hopwood, N. 2022. "'Not Birth, Marriage or Death, but Gastrulation': The Life of a Quotation in Biology." *British Journal for the History of Science* 55: 1–26.

Mitsiadis, T., J. Caton, and M. Cobourne. 2006. "Waking-Up the Sleeping Beauty: Recovery of the Ancestral Bird Odontogenic Program." *Journal of Experimental Zoology* 306B: 227–233.

Pourquié, O. 2022. "A Brief Story of the Segmentation Clock." *Developmental Biology* 485: 24–36.

Richards, R. J. 2008. *The Tragic Sense of Life: Ernst Haeckel and the Struggle over Evolutionary Thought.* Chicago: University of Chicago Press.

Richardson, M. 1995. "Heterochrony and the Phylotypic Period." *Developmental Biology* 172: 412–421.

Richardson, M., and G. Keuck. 2002. "Haeckel's ABC of Evolution and Development." *Biological Reviews* 77: 495–528.

Roe, S. A. 1981. *Matter, Life, and Generation: 18th Century Embryology and the Haller–Wolff Debate*. Cambridge: Cambridge University Press.

Wolpert, L. 1996. "One Hundred Years of Positional Information." *Trends in Genetics* 12: 359–364.

Wolpert, L. 2008. *The Triumph of the Embryo*. Oxford: Oxford University Press.

第 6 章

　　虽然要观察人类胚胎在子宫内的发育情况非常困难，但过去的 150 年见证了我们在这个问题上取得的非凡成果。关注这个话题的读者，一定不能错过 Morgan 的作品（2009），它不但详细地讲述了这段历史，而且将其置于社会和人类学背景下进行讨论。Nilsson（1965）使胚胎和胎儿的形象深入人心。

　　感兴趣的读者应该读一读有关沃诺克委员会工作的报道（Warnock，1984；1985）。

Morgan, L. 2009. *Icons of Life: A Cultural History of Human Embryos*. Berkeley: University of California Press.

Nilsson, L. 1965. *A Child Is Born*. New York: Dell.

Warnock, M. 1984. *Report of the Committee of Inquiry into Human Fertilization and Embryology*. London: Her Majesty's Stationery Office.

Warnock, M. 1985. "The Warnock Report." *British Medical Journal* 291, no. 6493: 489.

第 7 章

生物学在过去的几年里发生了剧变。20 世纪七八十年代，对生命系统进行分子分析的技术改变了我们对发育、疾病和演化的认识；与此类似，21 世纪初的我们意识到细胞才是隐藏在这些过程背后的驱动力和主角。想了解更多关于细胞的内容，回头看看第 2 章和第 3 章的参考资料是明智的选择。

有关细胞培养技术的进步可以参考 Landecker（2007），而 Witkowski（1980）则回顾了卡雷尔和他的不死细胞那引人入胜的故事。《永生的海拉》（Skloot，2010）讲述了海瑞塔·拉克斯的故事以及她的细胞如何改变了细胞生物学，并使我们意识到细胞与人作为个体的关系。Grimm（2008）讲述了核武器试验助力生物学研究的神奇故事。

Maehle（2011）介绍了干细胞的故事，而 Evans（2011）则总结了胚胎干细胞的发现历程。如果你感兴趣，那么这对你阅读那些介绍如何利用胚胎干细胞培养器官和组织的书应该会有帮助（Corsini 与 Knoblich，2022；Dutta, Heo 与 Clevers，2017；Sasai, Eiraku 与 Suga，2012）。

关于怎样设法通过细胞来认识组织和器官的形成方式，菲利普·鲍尔的著作《如何制造一个人》（Ball，2019）是一本通俗易懂的好书。

Ball, P. 2019. *How to Grow a Human*. Chicago: University of Chicago Press.

Corsini, N. S., and J. Knoblich. 2022. "Human Organoids: New Strategies and Methods for Analyzing Human Development and

Disease." *Cell* 185: 2756–2769.

Dutta, D., I. Heo, and H. Clevers. 2017. "Disease Modeling in Stem Cell-Derived 3D Organoid Systems." *Trends in Molecular Medicine* 23: 393–410.

Evans, M. 2011. "Discovering Pluripotency: 30 Years of Mouse Stem Cells." *Nature Reviews Molecular Cell Biology* 12: 680–686.

Grimm, D. 2008. "The Mushroom Cloud's Silver Lining." *Science* 321: 1434–1437.

Landecker, H. 2007. *Culturing Life: How Cells Became Technologies.* Cambridge, MA: Harvard University Press.

Maehle, A. H. 2011. "Ambiguous Cells: The Emergence of the Stem Cell Concept in the Nineteenth and Twentieth Centuries." *Notes and Records of the Royal Society of London* 65: 359–378.

Sasai, Y., M. Eiraku, and H. Suga. 2012. "In Vitro Organogenesis in Three Dimensions: Self-Organizing Stem Cells." *Development* 139: 4111–4121.

Skloot, R. 2010. *The Immortal Life of Henrietta Lacks.* New York: Crown.

Witkowski, J. A. 1980. "Dr. Carrell's Immortal Cells." *Medical History* 24: 129–142.

第8章

细胞能够在体外重现胚胎发育过程的许多步骤，这是一个非常新颖且有前景的研究领域，但迄今为止相关著述很少。前面提到的鲍尔的著作《如何制造一个人》（Ball，2019）有所涉及。

Zernicka-Goetz 与 Highfield（2020）从个人的视角回顾了用干细胞培育胚胎的工作。如果想了解更多技术层面的讨论，可以参考 Martinez Arias, Marikawa 与 Moris（2022），Rivron et al.（2018），以及 Shahbazi, Siggia 与 Zernicka-Goetz（2019）。

如果想进一步了解人类的胚胎，Institut de la Vision（视觉研究所）的网站上有大量精美的资源。

Ball, P. 2012. *Unnatural: The Heretical Idea of Making People*. New York: Vintage Books.

Martinez Arias, A., Y. Marikawa, and N. Moris. 2022. "Gastruloids: Pluripotent Stem Cell Models of Mammalian Gastrulation and Body Plan Engineering." *Developmental Biology* 488: 35–46.

Rivron, N., J. Frias-Aldeguer, E. J. Vrij, J.-C. Boisset, J. Korving, J. Vivié, R. K. Truckenmüller, A. van Oudenaarden, C. A. van Blitterswijk, and N. Geijsen. 2018. "Blastocyst-like Structures Generated Solely from Stem Cells." *Nature* 557: 106–111.

Shahbazi, M., E. Siggia, and M. Zernicka-Goetz. 2019. "Self-Organization of Stem Cells into Embryos: A Window on Early Mammalian Development." *Science* 364: 948–951.

Zernicka-Goetz, M., and R. Highfield. 2020. *The Dance of Life*. New York: Penguin.

第 9 章

　　由胚胎干细胞能够产生形形色色的胚胎样结构，这种发育方式不仅让我们对胚胎的性质和工作方式产生了疑问，还使我们对人类的本质有了怀疑。围绕有关这些问题的讨论，Maienschein（2005）简单地涉及其中相对容易理解的几个方面。纳菲尔德生物伦理委员会会议纪要（Nuffield Council on Bioethics，2017）包含了许多来自辩论双方的有趣观点，是难得的阅读材料。在更偏物质的层面上，杰米·戴维斯的书《生命的成形》（Davis，2015）写得不错，而Hopwood, Flemming 与 Kassell 的文集（2018）对梳理和回顾历史很有帮助。Franklin（2013）对胚胎和相关的问题做了相当完备的讨论。

　　亚当·卢瑟福《我们人类的基因》（Rutherford，2016）关于人类遗传多样性的讨论非常清晰详实。尽管现在很难找到一本用通俗易懂的语言讲解"多基因评分"这个复杂概念的非专业图书，但Torkamani, Wineinger 与 Topol（2018）或许能为你提供一些有用的指导。凯瑟琳·佩奇·哈登的作品《基因彩票》（Harden，2021）引发了广泛的讨论，我鼓励你读一读，并争取在多基因评分有什么意义这个问题上有自己的看法。最后，Sapp 在 2003 年的作品中清晰且坦率地揭示了生物学思想在过去两个世纪内的演变。

Davis, J. 2015. *Life Unfolding*. Oxford: Oxford University Press.

Franklin, S. 2013. *Biological Relatives: IVF, Stem Cells, and the Future of Kinship*. Durham, NC: Duke University Press.

Harden, K. P. 2021. *The Genetic Lottery: Why DNA Matters for Social*

Equality. Princeton, NJ: Princeton University Press.

Hopwood, N., R. Flemming, and L. Kassell, eds. 2018. *Reproduction: Antiquity to the Present*. Cambridge: Cambridge University Press.

Maienschein, J. 2005. *Whose View of Life? Embryos, Cloning, and Stem Cells*. Cambridge, MA: Harvard University Press.

Nuffield Council on Bioethics. 2017. *Human Embryo Culture: Discussions Concerning the Statutory Time Limit for Maintaining Human Embryos in Culture in the Light of Some Recent Scientific Discoveries*. London: Nuffield Council on Bioethics.

Rutherford, A. 2016. *A Brief History of Everyone Who Ever Lived: The Stories in Our Genes*. London: Weidenfeld & Nicolson.

Sapp, J. 2003. *Genesis: The Evolution of Biology*. Oxford: Oxford University Press.

Torkamani, A., N. E. Wineinger, and E. Topol. 2018. "The Personal and Clinical Utility of Polygenic Risk Scores." *Nature Reviews Genetics* 19: 581–591.

后记

看起来，细胞似乎终于在基因组的围墙面前抬起了头。悉达多·穆克吉的《细胞之歌》（ *The Song of the Cell*，2022）一书的观点与本书相近，它呼吁我们接受细胞在生物学中的地位，并探究它们在解释人类的生物学特质方面可以发挥哪些重要作用。

Mukherjee, Siddhartha. 2022. *The Song of the Cell*. New York: Scribner.

译后记

这本书的最后一点翻译收尾工作是在飞机上完成的。说来巧合，前一天的大雨和当天早上的地震导致航班两度推迟，原本下午三点多就能落地的飞机直到晚上七点才缓缓滑进桥廊。

回看这本书的翻译过程，从深秋到隆冬，经过新年，再到春暖花开，乃至暑气渐盛，可以算是按部就班，大体顺利，却也不乏挑战和波折。截稿时间将近，我想就姑且以这个版本为准，不揣冒昧。

感谢中信出版·鹦鹉螺的尹涛老师，如果没有记错，这是和尹老师的第三次合作。每次合作都能深入读一本好书，我觉得受益良多。接下去要和尹老师合作第四本书，而且题材与本书相近，春去秋来，待到夏末，希望能有新的收获。

眼下，工作告一段落，飞机停稳，舱门打开，五湖四海的乘客像发育早期的动物胚胎一样，从不同的地方登上同一趟航班，在经历两个多小时相同的旅程后，现在又要奔向四面八方。而我，身为在延误的航班上看完稿件的那一个"细胞"，知道要去出口处找那个把我带上了翻译这条路的朋友。

感谢侯新智和王粤雪在接下去的几天里提供住处。虽然我并没有把翻译当成终身事业的打算，但不能否认，侯新智在九年前一个不经意的翻译邀请决定了这些年乃至此后更多年的许多事。我很期待这种互动里还能涌现怎样的东西。

祝锦杰

2024 年 4 月 4 日于深圳

　　图 4、图 6、图 8、图 19 和图 24 为公版图片，图 26 修改自贝尔纳黛特·S. 德巴克提供的一张图片，图 30 经由普利斯卡·利贝拉利和科恩·奥斯特提供，图 31 经由马蒂亚斯·卢托夫提供，图 32 经由珍妮·尼科尔斯提供，图 33 经由乔治亚·夸德拉托提供，图 34 经由玛德琳·兰开斯特提供，图 36 经由雅各布·汉纳提供，图 37 经由米格尔·孔查提供，图 38 经由尼古拉斯·里夫龙提供，其他图片均由塞尔马·A. 塞拉提供。